能源与动力工程测试技术

张师帅　编

华中科技大学出版社

中国·武汉

内 容 提 要

本书系统介绍能源与动力工程测试技术。全书分为10章。第1章介绍测量系统及测量误差等基础知识;第2~9章着重介绍能源与动力工程中主要热工参数的测量原理、测量方法、测量仪器以及误差分析等,具体包括温度、压力、流速、流量、转速、功率、振动、噪声、气体成分和液位等参数;第10章介绍微机在测试系统中的应用。理论与实践并重,实用性强,是本书的最大特点。

本书可作为能源与动力工程专业本科生教材,也可供相关专业研究生、科研人员及工程技术人员参考。

图书在版编目(CIP)数据

能源与动力工程测试技术/张师帅编. —武汉:华中科技大学出版社,2018.9(2022.1重印)
普通高等院校能源动力类精品教材
ISBN 978-7-5680-4105-8

Ⅰ. ①能… Ⅱ. ①张… Ⅲ. ①能源-测试技术-高等学校-教材 ②动力工程-测试技术-高等学校-教材
Ⅳ. ①TK

中国版本图书馆 CIP 数据核字(2018)第 217643 号

能源与动力工程测试技术
张师帅 编

Nengyuan yu Dongli Gongcheng Ceshi Jishu

策划编辑:王新华
责任编辑:王新华
封面设计:潘 群
责任校对:刘 竣
责任监印:周治超
出版发行:华中科技大学出版社(中国·武汉) 电话:(027)81321913
　　　　　武汉市东湖新技术开发区华工科技园 邮编:430223
录　　排:华中科技大学惠友文印中心
印　　刷:武汉科源印刷设计有限公司
开　　本:787mm×1092mm　1/16
印　　张:18.5
字　　数:465千字
版　　次:2022 年 1 月第 1 版第 2 次印刷
定　　价:43.00 元

前　言

随着科学技术的迅速发展,能源与动力工程测试技术也发生了深刻的变化,特别是计算机技术、传感器技术以及激光技术的应用,为测试技术注入了大量新内容。有鉴于此,作者在编写本书时既注意介绍能源动力工程传统的基本测试技术,又力求反映国内外测试技术的新成就、新发展和新趋势。

全书内容共分 10 章,第 1 章重点讲述测量系统及测量误差等基础知识,主要使读者能从测量系统的角度对测试技术有一个总的认识。第 2～9 章着重介绍能源与动力工程中主要热工参数的测量原理、测量方法、测量仪器以及误差分析等内容。其中既包含传统的测试方法,又包含新发展起来的测试方法。主要帮助读者掌握能源与动力工程中所需的测试技术,提高解决实际问题的能力。第 10 章介绍微机在测试系统中的应用,为读者掌握计算机测试技术打下一定基础。

理论与实践并重,实用性强,是本书的最大特点。本书可作为能源与动力工程专业本科生教材,也可供相关专业研究生、科研人员及工程技术人员参考。

在本书编写过程中,得到了华中科技大学能源与动力工程学院郑正泉老师、姚贵喜老师、马芳梅老师、戴汝平老师以及研究生智博文、陈俊君、陈文昊和郑钧国的支持和帮助。在本书出版过程中,得到了华中科技大学教材基金的资助,同时还得到了华中科技大学出版社的大力支持。在此一并致以深深的谢意!

限于编者水平有限,书中不足之处在所难免,恳请广大读者批评指正,不胜感激。

张师帅

2018 年 7 月于武汉

目　　录

第1章 测量系统与测量误差

在能源与动力工程中,要想通过纯理论的方法来提高机器设备的性能是不可能的,因为它们的实际工作过程极为复杂。尽管目前已有许多简化的理论模型,但它们都与实物差别较大。因此,用试验测量的方法来解决能源与动力工程中一些基本问题就显得十分重要。

为便于分析测量参数的可信度,在学习测试技术之前,先介绍有关测量系统和测量误差的基本知识。

1.1 测量系统

1.1.1 测量系统的基本概念

1.被测量

在能源与动力工程中,常常需要对某些物理量的大小进行检测,通常把要检测的物理量称为被测量或被测参数。在能源与动力工程测试中经常遇到的被测量有压力、温度、流速、流量、液位、运转机械的转速、功率、振动频率及噪声等。按被测量在测试中的变化情况,被测量可分为静态量和动态量两种。

(1)静态量

所测量的物理量在整个测量过程中其数值始终保持不变,即被测量不随时间变化而变化,这种量称为静态量。例如,稳定状态下流体压力、温度和速度。

(2)动态量

所测量的物理量在测量过程中随时间变化而不断改变其值,这种量称为动态量。例如:汽轮机启动过程中的转速、功率;非稳定工况下流体的压力、温度和速度。

2.测量过程

要知道被测量的大小,就要用相应的测量仪表来检测它的数值,而仪表的测量过程就是把被测量的信号,以能量的形式进行一次或多次转换和传递,并与相应的测量单位进行比较的过程。例如,弹簧管压力计对压力的测量过程是,被测压力作用在弹簧管上使其发生角变形,再通过杠杆传动机构的传递和放大以及齿轮机构的传动,角变形变成压力表指针的偏转,最后与压力刻度标尺上的测压单位进行比较而显示出被测压力的数值。又如,用热电偶测量温度时,它是利用热电偶的热电效应,把被测温度转换成热电势信号,然后把热电势信号转换成毫伏表上的指针偏转,并与温度标尺相比较而显示出被测温度的数值的。

3.测量方法

根据获得测量结果的方式不同,测量可分为直接测量和间接测量两种。

(1)直接测量

凡是将被测参数直接与测量单位进行比较,其测量结果可以直接从测量仪表上获得的测量称为直接测量。直接测量又可以分为直读法测量和比较法测量两种。

①直读法。

被测参数可以直接从仪表上读出,如水银温度计、压力表等,这种方法的优点是使用方便,但一般精度较差。

②比较法。

这种测量方法一般不能从测量仪表上直接读得测量结果,而往往要使用标准量具,因此,测量手续麻烦,但测量仪表本身的误差往往能在测量中抵消,故测量准确度比直读法的高。比较法又分为如下三种。

a.零值法。

在测量时,使被测量的作用与已知量的作用相抵消,使总效应为零,这种方法称为零值法。这样被测量就等于已知量,例如,用电位差计来测量热电偶在测量温度时产生的热电势的大小。

b.差值法。

若测出被测量 X 与已知量 a 之差为 $(X-a)$,则有

$$X = (X-a)+a$$

这种方法称为差值法。例如,用热电偶和毫伏计测量温度 t 时,从毫伏计上得到的电动势,应是被测温度 t 与冷端温度 t_0 之差所产生的热电势,然后根据冷端温度 t_0,在相关表上查出一个热电势,二者相加就得到所要求的热电势,再根据它求得被测温度。

c.代替法。

在被测量无法直接测量的条件下,可选择一个可测的能产生相同效应的已知量代替它,这种方法称为代替法。例如,用光学高温计测量钢水的温度。

(2)间接测量

在由若干基本物理量组成的一个新物理量中,有许多量是不能用直接测量方法测出的。例如:汽轮机、内燃机和压缩机的轴功率;管道中介质的流量;运行机组的效率等。这时就需要用间接测量方法对它们进行测量。

所谓间接测量,就是在所求量与若干相关变量的关系中,先对各相关变量进行直接测量,然后将所得数值代入某关系式进行计算,从而求得未知量的数值的测量。在间接测量中,未知量 Y 可以表示成

$$Y = f(X_1, X_2, \cdots)$$

式中:$X_1, X_2, \cdots$ 是用直接测量方法得到的变量值。例如,透平机械的轴功率可表示为

$$P = \frac{2\pi Mn}{60 \times 10^3} \tag{1-1}$$

式中:P 为透平机械的轴功率,kW;

M 为透平机械传递的扭矩,N·m;

n 为主轴转速,r/min。

若先分别对扭矩 M 和转速 n 进行直接测量,再将它们代入上式,就可以计算出轴功率 P 的数值。

4.测量系统

测量过程中所使用的一切量具、仪器仪表及各种辅助设备统称测量系统。有些测量只要用一种简单仪表就能完成测量任务,有些则需要多种仪器仪表及辅助设备,才能完成测量任务。因此,测量系统有简单与复杂之分。

(1)简单测量系统

例如,水银温度计中,装水银的小球感受到温度变化后,在玻璃体的毛细管内水银体积随之变化,这时有刻度的玻璃管就将水银的体积变化转换成温度变化。又如,半导体点温计中,装有热敏电阻的感温元件感受到温度变化后,热敏电阻值就会随温度的变化而变化,通过桥式电路的电流值也跟着变化,这反映在表盘上相应的值就是温度变化。上述两种都是简单测量系统。

(2)复杂测量系统

用声级计测量噪声的系统是一种复杂测量系统,如图 1-1 所示。声音信号经电容式(或压电式)传声器变成电信号,此信号经信号调节器放大或衰减,再经信号处理器中计权网络滤波,最后在显示器的表盘上显示出噪声值的大小。在精密声级计中有频谱分析仪。频谱分析仪能将不同频率段的噪声分检出来,然后在显示器的表盘上显示出来或由自动记录仪记录下来,这些组成元件需供电施以能量。

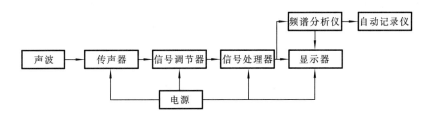

图 1-1 声级计测量噪声的系统

5. 测量元件

从上述可知,任何一个测量系统,都要有三个主要作用元件:感受元件、传递元件及显示元件。下面将分别叙述它们的功能及对它们的要求。

(1)感受元件

感受元件直接与被测对象发生联系,但并不一定要直接接触,它的作用是感受被测量的变化,随之内部产生变化,并向外发出一个相应的信号。

水银温度计的感温泡能感受被测介质的温度变化,并按温度高低发出与之相应的水银柱位移信号,这就是水银温度计感受元件的作用。

作为测量系统的感受元件,必须满足下列条件:

①只能感受被测参数的变化而发出相应的信号。如被测量是压力,感受元件只能在压力变化时发出信号,其他量变化时就不应发出同样的信号。

②感受元件发出的信号与被测量之间呈单值函数关系,最好是线性关系。

事实上有些仪表不能完全满足上述两个条件,经常遇到感受元件在非被测量变化时也会产生内部变化,在这种情况下,只好限制这类无用信号的量级,使它远远小于有用信号。例如,用金属热电阻测量温度时,要忽略压力变化对电阻的影响。有时用理论计算的方法(如引入修正系数)或用试验手段(如在线路上加补偿装置)来消除附加因素的影响。

(2)传递元件

传递元件的作用是将感受元件发出的信号,经过加工或转换传递给显示元件。例如,电阻应变片在工作时发出的信号是电阻变化值,它通过电桥变成电压信号,再由直流电压表来显示。当感受元件发出的信号过小(或过大)时,传递元件应将信号进行放大(或衰减),使之成为能被显示元件接收的信号。

用测压探针和 U 形管测量压力时,连接它们之间的橡皮管就是传递元件,这种简单的传递元件,一般只有在感受元件发出的信号较强和感受元件与显示元件之间的距离不大时才能应用。当感受元件发出的信号较弱或感受元件与显示元件距离较远时,往往要将感受元件发出的信号加以放大,甚至改变信号性质,才能进行远距离传送。

传递元件中的放大方式有两类:一类是将感受的信号利用机械式的机构(杠杆、齿轮等)放大,如用弹簧管压力表测压时,压力信号使弹簧管发生角变形,此变形量很小,需由拉杆和齿轮机构加以放大;另一类是将感受的信号利用电子电路加以放大,例如,用热电偶和电位差计测温时,电位差计中的晶体管电路就能将热电偶产生的温差电动势放大。

当选用测压探针为测量系统的感受元件,而选用压力巡回检测仪做显示元件时,由于它要求输入循环码电信号,这样,传递元件的任务就在于通过本身的转换装置,将压力信号单值地转换成显示元件能接收的循环码电信号。数字编码压力传感器就能完成上述的转化功能。

(3)显示元件

显示元件直接与测量人员发生联系,它的作用是根据传递元件传来的信号向观测人员显示出被测量在数量上的大小和变化。根据显示方式的不同,仪表可分为指示式、记录式和数字显示式(简称数字式)三种。

①指示式仪表是以指针、液面和标尺的相对位置来显示被测量的数值的。例如,弹簧式压力计是以指针偏转角度来显示压力大小的,U 形管是以液面高低来显示压力大小的,大气压力计是以标尺的位置来显示大气压力的。指示式仪表只能指出被测量当时的瞬时值,如要知道被测量随时间的变化而变化的情况,就需要用记录式仪表。

②记录式仪表可以将测量值记录在随时间变化而连续移动的纸上,如 X-Y 记录仪、磁带记录仪及电子电位差计等。

③数字式仪表是将模拟量,通过模数(A/D)转换器转换成二进码的数字量,再由译码器将二进制数字量译成十进制数字量,并通过数码管直接向观测人员显示被测量的数值和单位的仪表。数字频率计和数字电压表是最典型的数字式仪表。

除上述三种显示方式的仪表以外,还有一种信号式仪表,它不需要显示正常运转状态下的瞬时值,而只要求机器出现异常时它能够报警。例如轴位移指示器,当转子的轴向窜动过大时,它能够以灯光闪烁的方式向观测人员报警,实现机器的自动保护。

1.1.2 测量仪表的主要性能

为了正确地选择和使用仪表,应当对测量仪表的主要性能和指标有所了解。下面对测量仪表中常用的性能作简要介绍。

1. 量程

仪表的量程是指仪表能测量的最大输入量与最小输入量之间的范围,量程也可称为测量范围。

选用仪表时,首先要对被测量有一大致估计,务必使测量值落在仪表量程之内(最好落在 2/3 量程附近),因为在测量过程中,如被测量超过仪表量程,时间长了就会损坏仪表或使仪表精度降低。

2. 精度

仪表的精度(精确度)是指测量某物理量时,测量值与真值的符合程度。仪表的精度常用满量程时仪表所允许的最大相对误差的百分数来表示,即

$$\delta = \frac{\Delta_{\max}}{A_o} \times 100\% \qquad (1-2)$$

式中：δ 为仪表的精度；

$\Delta_{\max}$ 为仪表所允许的最大误差；

A_o 为仪表的量程。

例如，某压力表的量程是 10 MPa，测量值的误差不允许超过 0.02 MPa，则仪表的精度为

$$\delta = \frac{0.02}{10} \times 100\% = 0.2\%$$

即该仪表的精度等级为 0.2 级。

仪表的精度等级如下：

Ⅰ级标准表：0.005、0.02、0.05 级；

Ⅱ级标准表：0.1、0.2、0.35、0.5 级；

工业仪表：1.0、1.5、2.5、4.0 级。

仪表的精度越高，其测量误差越小，但仪表的造价越昂贵。因此，在满足使用要求的条件下，应尽可能选用精度较低的仪表。

3. 灵敏度

灵敏度是指用仪表作静态测量时，输出端的信号增量 ΔY 与输入端的信号增量 ΔX 之比，即

$$K = \Delta Y / \Delta X \qquad (1-3)$$

显然 K 值越大，仪表灵敏度越高。

仪表的用途不同，其灵敏度的表示方式也不同。对于电量压力传感器，灵敏度常用 mV/Pa 表示，而对于指示型压力表，灵敏度则用小格/Pa 表示。

4. 分辨率

分辨率是指仪表能够检测出被测量最小变化的能力。在精度较高的指示仪表上，为了提高分辨率，刻度盘的刻度又密又细。

5. 稳定性

仪表的稳定性是指在规定的工作条件下和规定的时间内，仪表性能的稳定程度。它用观测时间内的误差来表示。例如，用毫伏计测量热电偶的温差电动势时，在测点温度和环境温度不变的条件下，24 h 内示值变化 1.5 mV，则该仪表的稳定度为 $\frac{1.5}{24}$ mV/h。

6. 重复性

重复性通常表示为在同一测量条件下，对同一数值的被测量进行重复测量时，测量结果的一致程度。重复性误差用 R_N 表示，即

$$R_N = \frac{\Delta R_{\max}}{Y_{\max}} \times 100\% \qquad (1-4)$$

式中：$\Delta R_{\max}$ 为全量程中被测量最大的重复性差值；

$Y_{\max}$ 为满量程输出值。

7. 温度误差

仪表的输出特性将随工作环境温度的不同而变化。当工作环境温度偏离仪表的定标温度（20 ℃）时，其输出值的变化称为温度误差。温度误差通常用相对误差 δ_t 表示，即

$$\delta_t = \frac{Y_t - Y_{20}}{Y_{max}} \times 100\% \qquad (1-5)$$

式中：Y_t 和 Y_{20} 分别为在同一输入量条件下，仪表在 $t\ ℃$ 和 $20\ ℃$ 工作环境温度下的输出值；

　　Y_{max} 为仪表在 $20\ ℃$ 工作环境温度下满量程的输出值。

8. 零点温漂

零点温漂是指仪表工作环境温度偏离 $20\ ℃$ 时，零位的温度误差随温度变化而变化的变化率，表示为

$$X_{st} = \frac{Y_{0,t} - Y_{0,20}}{Y_{max,20} \Delta t} \times 100\% \qquad (1-6)$$

式中：$Y_{0,t}$、$Y_{0,20}$ 分别为仪表工作环境温度在 $t\ ℃$ 和 $20\ ℃$ 时，零位的输出值；

　　$Y_{max,20}$ 为仪表在 $20\ ℃$ 以下满量程的输出值；

　　Δt 为仪表的工作环境温度相对于 $20\ ℃$ 的温差。

为了确定仪表的零点温漂，需要对仪表进行不同环境温度的试验。

9. 动态误差与频响特性

在对随时间变化而变化的物理量进行测量时，仪表在动态下的读数和它在同一瞬间相应量值的静态读数之间的差值，称为仪表的动态误差或动态特性。

一台仪表可以看作一个振动系统，一般可通过拉普拉斯变换来求解其微分方程，获得传递函数 $H(j\omega)$。当仪表输入一个正弦信号 $x(t) = X\sin(\omega t)$，输出一个信号 $y(t) = Y\sin(\omega t + \varphi)$ 时，仪表的传递函数为

$$H(j\omega) = \frac{y(t)}{x(t)} = \frac{Y\sin(\omega t + \varphi)}{X\sin(\omega t)} \qquad (1-7)$$

其复数形式为

$$H(j\omega) = R(\omega) e^{j\varphi(\omega)} \qquad (1-8)$$

它可分解成幅频特性 $R(\omega)$ 和相频特性 $\varphi(\omega)$ 两部分。因此，传递函数 $H(j\omega)$ 又可称为幅相频特性或仪器的频响特性。式(1-8)中，$R = Y/X$ 为输出与输入信号的幅值比，φ 为输出与输入信号的相位差。若以角频率 ω 为横坐标，以 R 和 φ 为纵坐标，则可画出幅频特性和相频特性的曲线来。在动态测量中，要求仪表具有良好的频响特性，也就是说，它的幅值比 $R = Y/X$ 在所要求的频率范围内不能有大的变化，这也就是要求该系统的动态误差很小，同时在这个频率范围内相位差 φ 也很小。若相位差太大，将会导致仪表失真。

1.2　测　量　误　差

测量的目的是求出被测量的真实值，然而在任何一次试验中，不管使用多么精密的仪器，测量方法多么完善，操作多么细心，都不可避免地会产生误差，使得测量结果并非真值而是近似值。因此，对于每次测量，需知道测量误差是否在允许范围内。分析研究测量误差的目的在于：找出测量误差产生的原因，并设法避免或减少产生误差的因素，提高测量的精度；其次是通过对测量误差的分析和研究，求出测量误差的大小或其变化规律，修正测量结果并判断测量的可靠性。

1.2.1　测量误差的分类

根据误差的性质及其产生原因，误差可分为系统误差、过失误差及随机误差三种。下面分

别叙述它们的特点。

1. 系统误差

系统误差的特点是:在同一试验中,其误差值的大小及符号或是固定不变,或是按一定规律变化。

系统误差产生的原因可能是仪表制造、安装或使用不正确,或试验装置受外界干扰。例如,仪表有零点温漂,测量区域受电磁场干扰,测压探针的孔开得不正确等。另一类原因是试验理论和试验方法不完善。例如,测量脉动气流的速度时,用了稳态测量的速度探针,由于速度探针频响效果差,它不能准确地反映脉动气流的速度变化。系统误差是客观存在的,有时难以消除,这就只能通过修正测量值达到测量精度,修正值是从专门的试验中求得的。例如,用静压探针或总压探针测量静压或总压时,由于制造探针时测压孔的位置开得不正确,测量时它就会引起测量误差,这时可以通过在风洞上对探针校正所得到的系数来对测量结果加以修正。

2. 过失误差

过失误差是测量人员粗心大意、读错、记错、算错或错误操作仪表等原因造成的,也称为粗大误差。

例如,在用铜-康铜热电偶测温时,错误地使用了铂铑10-铂热电偶分度表,使测量结果明显歪曲。又如,在均匀气流中的同一管道截面上,测得的静压大于总压,这显然是不正确的。这时要检查仪表,并消除产生错误的原因。就其数值而言,过失误差往往远远超过同一条件下的系统误差和随机误差。判断过失误差最简单的方法是拉伊特法,即残差大于 3σ 时就可以判定它是过失误差,它已经不属于随机误差的范畴,应该剔除。

3. 随机误差

在通常情况下,测量某一参数只测一次。在知道仪表精度并有修正值或校正曲线,又确信测量方法正确,并且无过失误差的条件下,可以明确判断测量误差的大小,但是测量误差范围越大,测量精度就越低。

为了提高测量精度,就需要进行多次测量。在多次测量后发现在剔除过失误差和系统误差之后,各测量值并不完全一致,误差有时大、有时小,有时正、有时负,但也发现测量次数足够多时,这种误差的分布服从统计规律,称之为随机误差,也称为偶然误差或概率误差。

随机误差不能通过试验方法加以剔除,但可以用误差理论估计它对测量结果的影响。产生随机误差的原因如下:

①仪表内部零件存在间隙和摩擦,其变化不规则。

②测量人员对指示型仪表最末一位数估计不准,在数字式仪表中,计数脉冲闸门开关会造成 ±1 的数字误差。

③周围环境不稳定对测量对象和测量仪器的影响,如大气压力、温度、电磁干扰、振动等因素的随机变化,都会对测量结果产生影响。

随机误差与测量次数有关,当测量次数增加时,随机误差的算术平均值将逐渐减小,并趋近零,这样,多次测量后的算术平均值更接近真值。

1.2.2 测量误差的分析

在测量结果中,当把系统误差修正过来,并把过失误差除掉后,所得数值的测量精度就取决于随机误差的大小了。

1. 随机误差的正态分布性质

任何一次测量,随机误差的存在都是不可避免的。这一事实可以由下述现象反映出来:对同一静态物理量进行等精度重复测量,每一次测量所获得的测定值都各不相同,尤其是在各个测定值的尾数上,总是存在着差异,表现出不稳定的波动状态。测定值的随机性表明了测量误差的随机性质。

随机误差就其个体来说变化是无规律的,在总体上却遵循一定的统计规律。在对大量的随机误差进行统计分析后,人们认识并总结出随机误差分布的如下几点性质。

①有界性。在一定的测量条件下,测量的随机误差总是在一定的、相当窄的范围内变动,绝对值很大的误差出现的概率接近于零。也就是说,随机误差的绝对值实际上不会超过一定的界限。

②单峰性。随机误差具有分布上的单峰性。绝对值小的误差出现的概率大,绝对值大的误差出现的概率小,零误差出现的概率比任何其他数值的误差出现的概率都大。

③对称性。大小相等、符号相反的随机误差出现的概率相同,其分布呈对称性。

④抵偿性。在等精度测量条件下,当测量次数趋于无穷大时,全部随机误差的算术平均值趋于零,即

$$\lim_{n \to \infty} \frac{1}{n} \sum_{i=1}^{n} \delta_i = 0 \qquad (1\text{-}9)$$

上述四点性质是从大量的观察统计中得到的,为人们所公认。因此,有时也称这些性质是随机误差分布的四条公理。

理论和实践都证明了,大多数测量的随机误差都服从正态分布的规律,其分布密度函数可用下式表示:

$$f(\delta) = \frac{1}{\sigma \sqrt{2\pi}} \exp\left(-\frac{\delta^2}{2\sigma^2}\right) \qquad (1\text{-}10)$$

如果用测定值 x 本身来表示,则

$$f(x) = \frac{1}{\sigma \sqrt{2\pi}} \exp\left[-\frac{(x-\mu)^2}{2\sigma^2}\right] \qquad (1\text{-}11)$$

式中:μ 和 σ 为决定正态分布的两个特征参数。在误差理论中,μ 代表被测参数的真值,全由被测参数本身所决定。当测量次数趋于无穷大时,有

$$\mu = \lim_{n \to \infty} \frac{1}{n} \sum_{i=1}^{n} x_i \qquad (1\text{-}12)$$

σ 称为均方根误差,表示测定值在真值周围的散布程度,由测量条件所决定。其定义式为

$$\sigma = \lim_{n \to \infty} \sqrt{\frac{1}{n} \sum_{i=1}^{n} \delta_i^2} = \lim_{n \to \infty} \sqrt{\frac{1}{n} \sum_{i=1}^{n} (x_i - \mu)^2} \qquad (1\text{-}13)$$

μ 和 σ 确定之后,正态分布就完全确定了。正态分布的密度函数 $f(x)$ 的曲线如图 1-2 所示。正态分布很好地反映了随机误差的分布规律,与前述四条公理相互印证。随机误差的这种正态分布性质可以由概率论的中心极限定理给出理论上的解释。同时由随机误差分布的四条公理也可以推导出随机误差服从正态分布。

应该指出,在测量技术中并非所有随机误差都服从正态分布,还存在着其他一些非正态分布(如均匀分布、反正弦分布等)的随机误差。由于大多数测量误差服从正态分布,或者可以由

正态分布来代替,而且以正态分布为基础可使得随机误差的分析处理大为简化,因此我们还是着重讨论以正态分布为基础的测量误差的分析与处理。

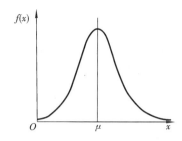

图 1-2　正态分布密度函数曲线

2. 误差的表示方法

无论是直接测量还是间接测量,其目的都是求出某一物理量的真值。但是,即使是熟练的试验者用高精度仪表,仔细地测量,也不可避免地会有误差。因此,必须在给定的条件(例如给出允许误差的大小或给出仪表的精度等级)下,找出测量值与真值的关系,从一组测量数据中确定最佳值,用它来代表所测的物理量。

如果测量值用 $X_1, X_2, \cdots, X_n$ 表示,真值用 X 表示,则每次测量的绝对误差表示为

$$
\begin{aligned}
x_1 &= X_1 - X \\
x_2 &= X_2 - X \\
&\vdots \\
x_n &= X_n - X
\end{aligned}
\tag{1-14}
$$

$$
\sum x_i = \sum X_i - nX
$$

这些误差可正、可负,并满足 $\sum x_i = 0$。

(1)标准误差(均方根误差)

当测量次数足够多时,标准误差为

$$
\sigma = \sqrt{\frac{\sum\limits_{i=1}^{n} x_i^2}{n}}
\tag{1-15}
$$

标准误差的意义是,当进行多次测量后,测量误差在 $\pm\sigma$ 范围内的概率是 68.3%,即

$$
\int_{-\sigma}^{+\sigma} y\,\mathrm{d}x = \int_{-\sigma}^{+\sigma}\left(\frac{1}{\sigma\sqrt{2\pi}}\mathrm{e}^{-\frac{x^2}{2\sigma^2}}\right)\mathrm{d}x = 0.683
\tag{1-16}
$$

实际上测量次数是有限的,而且一般是将用有限次测量求得的算术平均值近似地看成真值。这时测量值的算术平均值为

$$
\overline{X} = (X_1 + X_2 + \cdots + X_n)/n
\tag{1-17}
$$

每次测量的残差为

$$
\begin{aligned}
\nu_1 &= X_1 - \overline{X} \\
\nu_2 &= X_2 - \overline{X} \\
&\vdots \\
\nu_n &= X_n - \overline{X}
\end{aligned}
\tag{1-18}
$$

$$
\sum \nu_i = \sum X_i - n\overline{X}
$$

此时均方根误差为

$$\sigma = \sqrt{\dfrac{\sum\limits_{i=1}^{n} \nu_i^2}{n-1}} \tag{1-19}$$

下面讨论这样一个问题,就是用有限次(n 次)测量的算术平均值来代替测量值的真值会有多大误差? 也就是说,这个算术平均值 $\overline{X}$ 的精度如何? 由式(1-14)和式(1-17)推导出

$$\overline{X} - X = \dfrac{\sum x_i}{n} \tag{1-20}$$

再由式(1-15)推导出

$$\overline{X} - X = \dfrac{\sigma}{\sqrt{n}} \tag{1-21}$$

令 $\sigma/\sqrt{n} = \sigma_{\overline{X}}$,则式(1-21)变为

$$\overline{X} - X = \sigma_{\overline{X}} \tag{1-22}$$

$\sigma_{\overline{X}}$ 称为算术平均值的标准误差,在有限次测量中

$$\sigma_{\overline{X}} = \dfrac{\sigma}{\sqrt{n}} = \sqrt{\dfrac{\sum\limits_{i=1}^{n} \nu_i^2}{n(n-1)}} \tag{1-23}$$

$\sigma_{\overline{X}}$ 的含义可以这样理解:若用等精度方法对某被测量进行 n 次测量,则真值的落点以 $\overline{X}$ 为中心,以 $[-\sigma_{\overline{X}}, +\sigma_{\overline{X}}]$ 为区间的概率为 68.3%,因此,用 $\sigma_{\overline{X}}$ 来说明测量结果的精度是合理的。

(2)或然误差

在一组测量值中,当 $n \to \infty$ 时,随机误差的绝对值大于或然误差与小于或然误差出现的概率各占一半,即

$$\int_{-\gamma}^{\gamma} y \, \mathrm{d}x = \int_{-\gamma}^{\gamma} \dfrac{1}{\sigma\sqrt{2\pi}} \mathrm{e}^{-\frac{x^2}{2\sigma^2}} \mathrm{d}x = 0.5 \tag{1-24}$$

或然误差与均方根误差的关系为

$$\gamma = 0.6745\sigma \tag{1-25}$$

(3)极限误差

这个误差的范围是均方根误差的 3 倍,即

$$\delta = 3\sigma \tag{1-26}$$

测量误差落在 $[-3\sigma, +3\sigma]$ 范围内的概率为 99.7%,即

$$\int_{-\delta}^{\delta} y \, \mathrm{d}x = \int_{-3\sigma}^{3\sigma} \dfrac{1}{\sigma\sqrt{2\pi}} \mathrm{e}^{-\frac{x^2}{2\sigma^2}} \mathrm{d}x = 0.997 \tag{1-27}$$

一般认为,测量结果的最大误差不会超出 $[-3\sigma, +3\sigma]$ 的范围,所以比较多的仪表用极限误差来标明它本身的精度。

(4)平均误差

这个误差是全部残差的算术平均值,即

$$\theta = \dfrac{\sum\limits_{i=1}^{n} |\nu_i|}{n} \tag{1-28}$$

它与标准误差的关系为

$$\theta = 0.7979\sigma \tag{1-29}$$

测量误差落在$[-\theta, +\theta]$范围内的概率为57.5%。

3. 各种误差与标准误差的关系

以上提到的四种误差都是在同一条正态分布密度曲线下得到的结果，因此，它们必然存在着确定的关系。从正态分布的密度曲线上看，标准误差σ的含义最为明确，因此，人们习惯将其他误差与标准误差比较，并建立确定关系。这种关系如图1-3及表1-1所示。

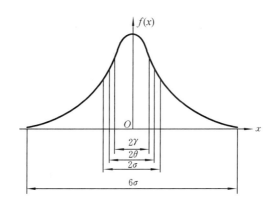

图 1-3　各种误差与标准误差的关系

表 1-1　各种误差之间的关系

误　　差	σ	θ	γ	3σ	测量误差在所属范围内的概率/(%)
标准误差 σ	1	1.2533	1.4826	0.3333	68.3
平均误差 θ	0.7979	1	1.1829	0.2660	57.5
或然误差 γ	0.6745	0.8453	1	0.2248	50.0
极限误差 3σ	3	3.7599	4.4477	1	99.7

1.2.3　间接测量的误差分析

间接测量是指被测量的数值是由测得的与被测量有一定函数关系的直接测量量经计算求得的。由此可知，间接测量误差不仅与直接测量量的误差有关，而且还与它们之间的函数关系有关。

1. 一次测量时，间接测量误差的计算

受条件限制，试验时对被测量只进行一次测量的情况是经常遇到的。这时只能根据所采用的测量仪表的允许误差来估算测量结果中所包含的极限误差，看它是否超过所规定的误差范围。实测的读数可能出现的最大相对误差为

$$\delta_{\max} = \delta \frac{A_\circ}{A}\% \tag{1-30}$$

式中：δ 为仪表的精度等级；

$A_\circ$ 为仪表的量程；

A 为实测时仪表的读数。

由式(1-30)可见，采用一定量程的仪表，测量小示值的相对误差比测量大示值的相对误差

要大,因此,选择测量仪表的量程时,应尽可能使示值接近于满刻度,这样可以得到较为精确的测量结果。

设间接测量中的被测量为 Y,随机误差为 y;直接测量的被测量为 $X_1, X_2, \cdots, X_n$,它们之间相互独立,随机误差为 $x_1, x_2, \cdots, x_n$。

Y 和 $X_1, X_2, \cdots, X_n$ 有如下函数关系:

$$Y = f(X_1, X_2, \cdots, X_n) \tag{1-31}$$

考虑到误差后则有

$$Y + y = f[(X_1 + x_1), (X_2 + x_2), \cdots, (X_n + x_n)] \tag{1-32}$$

把等式右边用泰勒级数展开,并忽略高阶项,得

$$f[(X_1 + x_1), (X_2 + x_2), \cdots, (X_n + x_n)]$$
$$= f(X_1, X_2, \cdots, X_n) + \frac{\partial Y}{\partial X_1} x_1 + \frac{\partial Y}{\partial X_2} x_2 + \cdots + \frac{\partial Y}{\partial X_n} x_n \tag{1-33}$$

比较式(1-31)、式(1-32)和式(1-33),得

$$y = \frac{\partial Y}{\partial X_1} x_1 + \frac{\partial Y}{\partial X_2} x_2 + \cdots + \frac{\partial Y}{\partial X_n} x_n \tag{1-34}$$

或写成

$$\frac{y}{Y} = \frac{\partial Y}{\partial X_1} \frac{x_1}{Y} + \frac{\partial Y}{\partial X_2} \frac{x_2}{Y} + \cdots + \frac{\partial Y}{\partial X_n} \frac{x_n}{Y} \tag{1-35}$$

式(1-34)和式(1-35)称为间接测量的误差传递公式,用误差传递公式可以完成两方面工作:一是用直接测量量的误差来计算间接测量量的误差;二是根据所给出的被测量的允许误差来分配各直接测量量的误差,并依此选择合适的仪表。为计算方便,将常用函数的绝对误差和相对误差列于表 1-2。

表 1-2　常用函数的绝对误差和相对误差

函　　数	绝对误差 y	相对误差 y/Y
$Y = X_1 + X_2$	$\pm(x_1 + x_2)$	$\pm(x_1 + x_2)/(X_1 + X_2)$
$Y = X_1 - X_2$	$\pm(x_1 + x_2)$	$\pm(x_1 + x_2)/(X_1 - X_2)$
$Y = X_1 X_2$	$\pm(X_2 x_1 + X_1 x_2)$	$\pm\left(\dfrac{x_1}{X_1} + \dfrac{x_2}{X_2}\right)$
$Y = X_1 X_2 X_3$	$\pm(X_1 X_2 x_3 + X_2 X_3 x_1 + X_1 X_3 x_2)$	$\pm\left(\dfrac{x_1}{X_1} + \dfrac{x_2}{X_2} + \dfrac{x_3}{X_3}\right)$
$Y = aX$	$\pm ax$	$\pm x/X$
$Y = X^n$	$\pm nX^{n-1} x$	$\pm n\dfrac{x}{X}$
$Y = \sqrt[n]{X}$	$\pm\dfrac{1}{n} X^{\frac{1}{n}-1} x$	$\pm\dfrac{1}{n}\dfrac{x}{X}$
$Y = X_1/X_2$	$\pm(X_2 x_1 + X_1 x_2)/X_2^2$	$\pm\left(\dfrac{x_1}{X_1} + \dfrac{x_2}{X_2}\right)$
$Y = \lg X$	$\pm 0.43429 \dfrac{x}{X}$	$\pm 0.43429 \dfrac{x}{X \lg X}$

函　　数	绝对误差 y	相对误差 y/Y
$Y = \sin X$	$\pm x \cos X$	$\pm x \cot X$
$Y = \cos X$	$\pm x \sin X$	$\pm x \tan X$
$Y = \tan X$	$\pm x / \cos^2 X$	$\pm 2x / \sin(2X)$
$Y = \cot X$	$\pm x / \sin^2 X$	$\pm 2x / \sin(2X)$

例 1-1　用量程为 $0 \sim 10$ A 的直流电流表和量程为 $0 \sim 250$ V 的直流电压表,测量直流电动机的输入电流和电压,示值分别为 9 A 和 220 V,两表的精度皆为 0.5 级,则电动机输入功率可能出现的最大误差为多少?

解　电流实测的读数可能出现的最大相对误差为

$$\delta_{I, \max} = \delta \frac{A_\circ}{A} \% = \pm 0.5 \times \frac{10}{9} \% = \pm 0.556 \%$$

最大绝对误差为

$$9 \times (\pm 0.556 \%) \text{ A} = \pm 0.05 \text{ A}$$

电压实测的读数可能出现的最大相对误差为

$$\delta_{V, \max} = \delta \frac{A_\circ}{A} \% = \pm 0.5 \times \frac{250}{220} \% = \pm 0.568 \%$$

最大绝对误差为

$$220 \times (\pm 0.568 \%) \text{ V} = \pm 1.25 \text{ V}$$

电动机输入功率可能出现的最大误差为

$$\Delta P = \pm (I \Delta V + V \Delta I) = \pm (9 \times 1.25 + 220 \times 0.05) \text{ W} = \pm 22.25 \text{ W}$$

2. 多次测量时,间接测量误差的计算

设函数

$$Y = f(X_1, X_2, \cdots, X_n)$$

式中: Y 为间接测量值;

$X_1, X_2, \cdots, X_n$ 为直接测量值,它们是相互独立的。

设在测量中对 $X_1, X_2, \cdots, X_n$ 作了 n 次测量,则可算出 n 个 Y 值:

$$Y_1 = f(X_{11}, X_{21}, \cdots, X_{n1})$$
$$Y_2 = f(X_{12}, X_{22}, \cdots, X_{n2})$$
$$\vdots$$
$$Y_n = f(X_{1n}, X_{2n}, \cdots, X_{m})$$

根据式(1-34),每次测量的误差分别为

$$y_1 = \frac{\partial Y}{\partial X_1} x_{11} + \frac{\partial Y}{\partial X_2} x_{21} + \cdots + \frac{\partial Y}{\partial X_n} x_{n1}$$

$$y_2 = \frac{\partial Y}{\partial X_1} x_{12} + \frac{\partial Y}{\partial X_2} x_{22} + \cdots + \frac{\partial Y}{\partial X_n} x_{n2} \qquad (1\text{-}36)$$

$$\vdots$$

$$y_n = \frac{\partial Y}{\partial X_1} x_{1n} + \frac{\partial Y}{\partial X_2} x_{2n} + \cdots + \frac{\partial Y}{\partial X_n} x_{m}$$

根据误差分布规律,等值的正、负误差的数目相等,故式(1-36)各项平方和中的非平方式可以抵消,得

$$\sum y_i^2 = \left(\frac{\partial Y}{\partial X_1}\right)^2 \sum x_{1i}^2 + \left(\frac{\partial Y}{\partial X_2}\right)^2 \sum x_{2i}^2 + \cdots + \left(\frac{\partial Y}{\partial X_n}\right)^2 \sum x_{ni}^2$$

将上式两端同除以 n,得

$$\frac{\sum y_i^2}{n} = \left(\frac{\partial Y}{\partial X_1}\right)^2 \frac{\sum x_{1i}^2}{n} + \left(\frac{\partial Y}{\partial X_2}\right)^2 \frac{\sum x_{2i}^2}{n} + \cdots + \left(\frac{\partial Y}{\partial X_n}\right)^2 \frac{\sum x_{ni}^2}{n}$$

即

$$\sigma_y^2 = \left(\frac{\partial Y}{\partial X_1}\right)^2 \sigma_{X_1}^2 + \left(\frac{\partial Y}{\partial X_2}\right)^2 \sigma_{X_2}^2 + \cdots + \left(\frac{\partial Y}{\partial X_n}\right)^2 \sigma_{X_n}^2 \tag{1-37}$$

式中:σ_{X_1},σ_{X_2},$\cdots$,σ_{X_n} 为各直接测量值的标准误差。

间接测量值在多次测量时的极限误差为

$$\delta_y = 3\sigma_y \tag{1-38}$$

例 1-2 某动力机械性能试验中,同时对额定工况下扭矩 M 和转速 n 各进行 8 次等精度测量,所测数值列于表 1-3 中,试求该工况下的有效功率及其误差。

表 1-3 额定工况试验的各测量值

$n/(\text{r/min})$	3002	3004	3000	2998	2995	3001	3006	3002
$M/(\text{N} \cdot \text{m})$	15.2	15.3	15.0	15.2	15.0	15.2	15.4	15.3

解 依式(1-17)求出转速 n 和扭矩 M 的算术平均值:

$$\bar{n} = \sum_{i=1}^{8} n_i/8 = 3001 \text{ r/min}$$

$$\bar{M} = \sum_{i=1}^{8} M_i/8 = 15.2 \text{ N} \cdot \text{m}$$

依式(1-19)求出转速 n 和扭矩 M 的均方根误差:

$$\sigma_n = \sqrt{\frac{\sum_{i=1}^{8}(n_i - \bar{n})^2}{8-1}} = 3.4 \text{ r/min}$$

$$\sigma_M = \sqrt{\frac{\sum_{i=1}^{8}(M_i - \bar{M})^2}{8-1}} = 0.141 \text{ N} \cdot \text{m}$$

依式(1-23)求出转速 n 和扭矩 M 算术平均值的均方根误差:

$$\sigma_{\bar{n}} = \frac{\sigma_n}{\sqrt{8}} = 1.2 \text{ r/min}$$

$$\sigma_{\bar{M}} = \frac{\sigma_M}{\sqrt{8}} = 0.05 \text{ N} \cdot \text{m}$$

有效功率

$$P = \bar{M}\bar{\omega} = \bar{M}\frac{2\pi\bar{n}}{60} = \frac{\bar{M}\bar{n}}{9.55} = 4776 \text{ W}$$

有效功率 P 的均方根误差

$$\sigma_P = \sqrt{\left(\frac{\partial P}{\partial n}\right)^2 \sigma_n^2 + \left(\frac{\partial P}{\partial M}\right)^2 \sigma_M^2} = \sqrt{\left(\frac{\overline{M}}{9.55}\right)^2 \sigma_n^2 + \left(\frac{\overline{n}}{9.55}\right)^2 \sigma_M^2}$$

$$= \sqrt{\left(\frac{15.2}{9.55}\right)^2 \times 1.2^2 + \left(\frac{3001}{9.55}\right)^2 \times 0.05^2}\ \text{W} = 15.8\ \text{W}$$

有效功率 P 的极限误差

$$\delta_P = 3\sigma_P = 47.4\ \text{W}$$

这样,试验所得有效功率

$$P = (4776 \pm 47.4)\ \text{W}$$

思考题与习题

1. 在试验中有哪些测量方法? 直接测量与间接测量有哪些不同之处?

2. 举例说明一个复杂测量系统的组成,并说明各部分的作用。

3. 仪表的性能指标有哪些? 工业上常用仪表的精度等级有哪些?

4. 何谓仪表的频响特性? 为何要求仪表具有良好的频响特性?

5. 误差分布曲线有何特点?

6. 误差的表示方法有哪些? 常用的有几种? 它们之间的定量关系如何?

7. 用精度为 0.5 级、量程为 $0\sim10$ MPa 的弹簧管压力表测量某动力机械流体的压力,示值为 8.5 MPa,则测量值的最大相对误差和绝对误差各为多少?

8. 用精度为 0.5 级、量程为 $0\sim10$ A 的直流电流表和量程为 $0\sim250$ V 的直流电压表来测量某直流电动机的输入功率,各次测量结果如表 1-4 所示。

表 1-4 电流和电压测量值

I/A	8.5	8.6	8.65	8.72	8.7	8.63	8.6	8.4
V/V	216	218	220	221	221	219	218	217

试求电动机的输入功率及误差。

第 2 章 温 度 测 量

2.1 测温原理与温标

温度是一个很重要的物理量,物质的物理性质、物体的特征参数都与温度有密切关系。在生产、科研及生活中,经常要碰到测量温度和控制温度的问题。以火力发电厂生产为例,发电机绕组在运行时应维持在适当温度以下,以防止烧毁;汽轮机缸体的温度分布应符合规范,以防产生危险的应力和变形;锅炉排烟温度要维持在设计值,过高会增加热损失,过低可能结露而腐蚀设备等。

2.1.1 测温原理

温度是衡量物体冷热程度的物理量,物体温度的高低反映了物体内部分子运动平均动能的大小,其宏观概念是建立在热平衡基础上的。

设热力学系统 A 和 B,各自处于热平衡状态,通过"透热壁"把它们组成新系统(A,B),A、B 之间可以没有宏观功的作用而发生能量交换,使(A,B)达到新的热平衡状态。这时系统 A 和 B 有共同的宏观性质,称为温度,两个热接触的系统之间是否发生热量转移,取决于二者的温度是否相同,处于热平衡状态的系统,其内部之间必定也处于热平衡,也就是说,系统内部每一部分都具有相同的温度。由此也可以得出,温度是一个强度参数。当两个系统具有不同的温度而通过透热壁相接触时,便有热作用产生,因此,温度差是发生热量传递的根源。由热力学第零定律得知,处于相互热平衡状态的物体必定拥有某一个共同的物理性质,即温度。热力学第零定律不仅给出了温度的概念,并且指明了比较温度的方法。也就是说,热力学第零定律是引出温度概念和建立温标的基础。图 2-1 为热力学第零定律示意图。

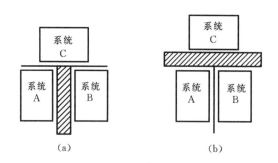

图 2-1 热力学第零定律示意图
(a)A 和 B 分别与 C 处于热平衡;(b)A 和 B 相互处于热平衡

2.1.2 温标

以上关于温度的讨论完全是定性的。作为一个可使用的参数,还需要解决测量方法和标度的问题,即建立温标。温标就是温度的数值表示法,或者说,是表示温度的标尺。目前国际上用得较多的温标有热力学温标和国际实用温标两种。

1. 热力学温标

热力学温标是建立在热力学基础上的一种理论温标。过去曾较多地使用摄氏温标和华氏温标,它们都是根据液体(水银)在玻璃管内受热后体积膨胀这一性质建立起来的。由于这两种温标所定出的温度数值将随液体的性质(如水银的纯度)和玻璃管材料的性质不同而异,因此,不能保证各国所用的基本测温单位一致。

热力学温标是建立在热力学基础上的理想温标,根据热力学中的卡诺定理,温度与热量存在下列关系式:

$$T_1 = \frac{T_2}{Q_2}Q_1 \tag{2-1}$$

式中:T_1、T_2 分别为热源与冷源的温度;

Q_1、Q_2 分别为热源给卡诺热机的传热量及卡诺热机给冷源的传热量。

如果指定了一个定点 T_2 的数值,就可以由热量的比例求得未知量 T_1。从 1954 年起,以水的三相点作为定义点已为国际上所接受,其温度规定为 273.16 K,这样热力学温标就完全确定了。

$$T = 273.16 \times \frac{Q_1}{Q_2} \tag{2-2}$$

由于上述方程式与工质本身的种类和性质无关,因此热力学温标避免了因选用测温物质的不同而引起温标的差异,是理想的温标。卡诺循环实际上是不存在的,因而热力学温标也无法直接实现。在热力学中已从理论上证明,热力学温标与理想气体温标是完全一致的,但是实际上是用近似理想气体的惰性气体做出定容式气体温度计,并根据热力学第二定律定出对这种气体温度计的修正值的,从而可用气体温度计来实现热力学温标。然而气体温度计结构复杂,价格昂贵,故通常仅限于在国家计量标准实验室中,作为复现热力学温标用。

2. 国际实用温标 ITS—90 简介

国际实用温标是在 1927 年采用的,目的在于提供一种容易准确复现,并且尽可能接近热力学温标的实用温标。自 1927 年建立国际实用温标以来,为了使它更好地符合热力学温标,曾先后对它作了多次修改。最新的是 1990 年国际实用温标(ITS—90),它于 1990 年元旦开始实施。它规定热力学温度是基本的物理量,符号为 T;其单位是开尔文,符号为 K。它规定水的三相点热力学温度为 273.16 K,定义 1 开尔文(K)等于水三相点热力学温度的 1/273.16,国际实用热力学温度(T)和摄氏温度(t)的关系为

$$t/℃ = T/K - 273.15 \tag{2-3}$$

ITS—90 所包含的温度范围自 0.65 K 至单色辐射高温计实际可测量的最高温度,定义的固定点和温度点共有 17 个,它包括 14 个高纯物质的三相点、熔点和凝固点以及 3 个用蒸气温度计或气体温度计测定的温度点,如表 2-1 所示。

在不同的温度范围内,应选择稳定性较高的温度计来作为复现热力学温标的标准仪器。国际实用温标规定,从 0.65 K 到 5.0 K 之间采用 ^{3}He 或 ^{4}He 蒸气温度计作为内插仪器;从

3.0 K 到 24.5561 K 之间采用 ^{3}He 或 ^{4}He 定容气体温度计作为内插仪器；从 13.8033 K 到 961.78℃之间采用铂电阻温度计作为内插仪器；961.78℃以上的温区，采用的内插仪器是光电（光学）高温计。除了以上几个温区和采用的内插仪器外，还有相应的内插公式和偏差函数，详情可查阅相关的 ITS-90 国际实用温标文献。部分温区的偏差函数及其分度点可参见表 2-2。

表 2-1　ITS-90 定义的固定点

序号	温　　度		物　　质[①]	状　　态[②]	$W_t(T_{90})$
	T_{90}/K	$t_{90}/℃$			
1	3～5	−270.15～−268.15	He	V	
2	13.8033	−259.3467	e-H_2	T	0.00119007
3	17 *	−256.15 *	e-H_2（或 He）	V（或 G）	
4	20.3 *	−252.85 *	e-H_2（或 He）	V（或 G）	
5	24.5561	−248.5939	Ne	T	0.00844974
6	54.3584	−218.7916	O_2	T	0.09171804
7	83.8058	−189.3442	Ar	T	0.21585975
8	234.3156	−38.8344	Hg	T	0.84414211
9	273.16	0.01	H_2O	T	1.00000000
10	302.9146	29.7646	Ga	M	1.11813889
11	429.7485	156.5985	In	F	1.60980185
12	505.078	231.928	Sn	F	1.89279768
13	692.677	419.527	Zn	F	2.56891730
14	933.473	660.323	Al	F	3.37600860
15	1234.93	961.78	Ag	F	4.28640053
16	1337.33	1064.18	Au	F	
17	1357.77	1084.62	Cu	F	

注：①除 He 外，其他物质均为自然同位素成分。e-H_2 为正、仲分子态在平衡浓度时的氢。
　　②V 代表蒸气压点；T 代表三相点；G 代表气体温度计点；M、F 分别代表熔点和凝固点，是在 101325 Pa 压力下固、液相的平衡温度。
　　③加 * 为近似值。

表 2-2　各温区偏差函数及其分度点

温区上限	温区下限	偏差函数 $W(T_{90})-W_t(T_{90})$		分度点（见表 2-1 序号）
273.16 K	13.8033 K	$a[W(T_{90})-1]+b[W(T_{90})-1]^2$ $+\sum_{i=1}^{5}c_i[\ln W(T_{90})]^{i+n}$	式中，$n=2$	2～9
	24.5561 K		式中，$c_4=c_5=n$ $=0$	2,5～9
	54.3584 K		式中，$c_2=c_3=c_4=$ $c_5=0,n=1$	6～9
	83.8058 K	$a[W(T_{90})-1]+b[W(T_{90})-1]\cdot$ $\ln W(T_{90})$		7～9

温区上限	温区下限	偏差函数 $W(T_{90})-W_t(T_{90})$		分度点(见表2-1序号)
961.78℃				9,12~15
660.323℃			式中,$d=0$	9,12~14
419.527℃	0℃	$a[W(T_{90})-1]+b[W(T_{90})-1]^2$ $+c[W(T_{90})-1]^3+d[W(T_{90})$ $-W(660.323℃)]^2$	式中,$c=d=0$	9,12,13
231.928℃			式中,$c=d=0$	9,11,12
156.5985℃			式中,$b=c=d$ $=0$	9,11
29.7646℃			式中,$b=c=d$ $=0$	9,10
29.7646℃	−38.8344℃ (234.3156K)	$a[W(T_{90})-1]+b[W(T_{90})-1]^2$ $+c[W(T_{90})-1]^3+d[W(T_{90})$ $-W(660.323℃)]^2$	式中,$c=d=0$	8~10

注:①以上偏差函数中的各系数 a、b、c_i、c 及 d,可在定义点上测定得到。

②$W(T_{90})$ 是指 T_{90} 温度时的电阻 $R(T_{90})$ 与水三相点时的电阻 $R(273.16\ K)$ 之比,其定义式为:$W(T_{90})=\dfrac{R(T_{90})}{R(273.16\ K)}$。$W_t(T_{90})$ 为 $W(T_{90})$ 的参考函数,$W(T_{90})-W_t(T_{90})$ 为偏差函数。

2.2 热电偶测温

热电偶是目前温度测量中应用最广泛的温度传感元件之一。它一般用于测量高温。其结构简单,准确度高,热惯性小,它将输入的信号转换成电势信号输出,便于信号的远传和转换,因此,热电偶得到广泛应用。

2.2.1 热电偶测温的原理

由两种不同的导体 A、B 组成的闭合回路称为热电偶,如图 2-2 所示。导体 A、B 为热电极,当两接点的温度不同时,回路中将产生电流,称为热电流,产生热电流的电动势称为热电势。这一现象称为热电现象,这是塞贝克在 1821 年发现的,故又称为塞贝克效应。通常将接点 1 放置在被测对象中,称为测量端,习惯上又称为热端,因为一般工业测温中 T 常高于 T_0;另一端称为参比端,习惯上又称为冷端,T_0 通常是环境温度。当参比端的温度 T_0 恒定时,热电势是测量端温度 T 的函数,因此,可以用热电势表示温度。

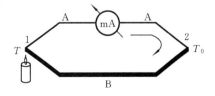

图 2-2 塞贝克效应示意图

经研究表明,热电势是由温差电势和接触电势组成的。

1. 温差电势

温差电势是由于导体两端温度不同而产生的一种电动势,如图 2-3(a)所示。由于导体两端温度不同,例如 $T>T_0$,则两端电子的能量也不同。由于高温端的电子能量比低温端的电子能量大,因而从高温端跑到低温端的电子比从低温端跑到高温端的电子要多,高温端因失去电子而带正电荷,低温端因得到电子而带负电荷,从而在高、低温端之间形成一个从高温端指向低温端的静电场,静电场将阻止高温端电子跑向低温端,同时加速低温端电子跑向高温端,最后达到动态平衡,在导体两端便产生一个相应的电位差,该电位差称为温差电势,其方向是由低温端指向高温端,此电势只与导体性质和导体两端温度有关,可用下式表示:

$$E_{A(T,T_0)} = \frac{k}{e}\int_{T_0}^{T}\frac{1}{N_A}\mathrm{d}(N_A t) \tag{2-4}$$

式中:N_A 为导体 A 的电子密度,它是温度的函数;

$\quad$ e 为单位电荷;

$\quad$ k 为玻尔兹曼常数;

$\quad$ t 为导体各断面的温度;

$\quad$ T、T_0 分别为导体两端的温度。

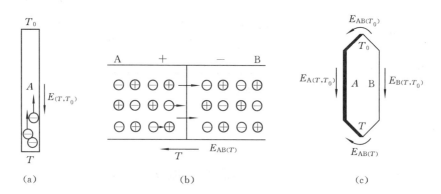

图 2-3　热电偶测温原理图

(a)温差电势原理图;(b)接触电势原理图;(c)热电偶回路电势分布图

2. 接触电势

当两种不同的导体 A 和 B 相接触时,假设导体 A 的电子密度 N_A 大于导体 B 的电子密度 N_B,由于二者有不同的电子密度,故电子在两个方向上扩散的速率不同,A 失去电子而带正电,B 得到电子而带负电,在 A、B 的接触面上就形成了一个由 A 向 B 的静电场,如图 2-3(b) 所示,它将阻止电子的进一步扩散,当扩散力和电场力达到平衡时,在 A、B 间就形成了一个固定的接触电势,其大小取决于 A、B 材料的性质和接触点的温度。接触电势可用下式表示:

$$E_{AB(T)} = \frac{kT}{e}\ln\frac{N_{AT}}{N_{BT}} \tag{2-5}$$

式中:N_{AT}、N_{BT} 分别为导体 A、B 在温度为 T 时的电子密度。

3. 热电偶回路总热电势

如图 2-3(c)所示,由 A、B 两种均匀导体组成热电偶,当接点温度分别为 T、T_0 时,如果 $T>T_0$,则回路中总的热电势可用下式表示:

$$E_{AB(T,T_0)} = E_{AB(T)} + E_{B(T,T_0)} - E_{AB(T_0)} - E_{A(T,T_0)} \tag{2-6}$$

根据式(2-4)、式(2-5)和式(2-6),得

$$E_{AB(T,T_0)} = \frac{k}{e}\int_{T_0}^{T}\ln\frac{N_A}{N_B}\mathrm{d}t \tag{2-7}$$

因为 N_A、N_B 是温度的单值函数,上式的积分可表达成下式:

$$E_{AB(T,T_0)} = f(T) - f(T_0) \tag{2-8}$$

当构成热电偶的材料和参比端温度 T_0 确定后,热电势 $E_{AB(T,T_0)}$ 就是测量温度 T 的函数。热电势与测量端温度的关系一般由试验方法建立,并以表格(称为分度表)、经验公式或曲线的

形式给出。

热电偶也分正、负极,如果在参比端电流是从导体 A 流向导体 B,则 A 称为正热电极,B 称为负热电极。

根据式(2-7)、式(2-8),可得出以下几点结论:

①热电偶回路热电势的大小只与组成热电偶的材料及两端温度有关,而与热电偶的长短、粗细无关。

②只有两种不同性质的导体才能组成热电偶,当热电偶两端温度不同时,才会产生热电势。

③材料确定后,热电势的大小只与热电偶两端的温度有关,如果使 $f(T_0)=$ 常数,则回路热电势 $E_{AB(T,T_0)}$ 就只与温度 T 有关,而且是 T 的单值函数,这也就是利用热电偶测温的原理。

2.2.2 热电偶回路的性质

在使用热电偶测温时,还需要应用热电偶的三条基本定律,这些定律已由试验所证明。

1. 均质导体定律

任何一种均质导体组成的闭合回路,不论其各处的截面积如何,不论其是否存在温度梯度,都不可能产生热电势。

利用此定律可检验热电极材料的均匀性。

2. 中间导体定律

由几种不同材料组成的闭合回路,当各种材料接触点的温度都相同时,此回路的热电势为零。

中间导体定律有以下推论:

①在热电偶回路中接入第三种材料,只要它的两端温度相同,则对回路的热电势没有影响。如图 2-4 所示,根据此推论,将热电偶回路中接入测温显示仪表,如图 2-5 所示,只要保证热电偶连接显示仪表的两个接点温度相同,就不会影响回路原来的热电势。由此可见,利用热电偶测温时,完全不用担心显示仪表的接入对热电势的影响。

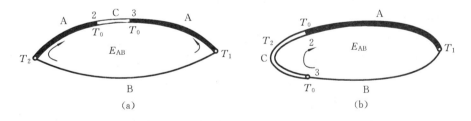

图 2-4 第三种材料接入热电偶回路

另外,以上推论还可利用开路热电偶(即热端无须焊接在一起)来测量液态金属和金属壁面的温度,此时液态金属和金属壁面就相当于接入热电偶回路的第三种导体,如图 2-6 所示。

②任意两种匀质导体 A、B,分别与匀质材料 C 组成热电偶(图 2-7)时,若热电势分别为 $E_{AC(T,T_0)}$ 和 $E_{CB(T,T_0)}$,则导体 A、B 组成的热电偶的热电势为

$$E_{AB(T,T_0)} = E_{AC(T,T_0)} + E_{CB(T,T_0)} \tag{2-9}$$

此推论方便了热电偶的选配工作,导体 C 作为参考电极(亦称标准电极),常用复现性和稳定性好的材料,如纯铂丝制作。用试验得到由各种材料与铂构成的热电偶的热电势后,由各

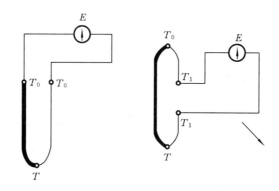

图 2-5　电位计接入热电偶回路

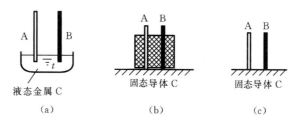

图 2-6　开路热电偶测液态金属及金属壁面温度

(a)插入；(b)压接；(c)焊接

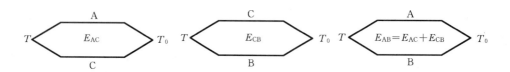

图 2-7　中间导体定律

导体材料之间构成的热电偶的热电势就可按上式计算。

3. 中间温度定律

如图 2-8 所示，当一支热电偶的接点温度分别为 T_1、T_2 时,其热电势为 $E_{AB(T_1,T_2)}(E_1)$,当接点温度为 T_2 和 T_3 时,其热电势为 $E_{AB(T_2,T_3)}(E_2)$,则在接点温度为 T_1 和 T_3 时,该热电偶的热电势 $E_{AB(T_1,T_3)}(E_3)$ 为前两者之和,即

$$E_{AB(T_1,T_3)} = E_{AB(T_1,T_2)} + E_{AB(T_2,T_3)} \tag{2-10}$$

式(2-10)从另一方面提供了冷端温度不是零度时应用热电偶分度表的方法。只要引入适当的修正值,即可利用现有的热电偶分度表(冷端温度为 0 ℃),求得在任一给定冷端温度下的热电偶的热电势。

例如,某热电偶冷端温度为 $t_0 = 20$ ℃,测得其热电势 $E_{AB(t,20)}$,求 t。

现有的分度表 $t_0 = 0$ ℃,由中间温度定律,有

$$E_{AB}(t,20) + E_{AB}(20,0) = E_{AB}(t,0)$$

利用分度表查得 $E_{AB(20,0)}$,并与已知的 $E_{AB(t,20)}$ 相加,则可由 $E_{AB(t,0)}$ 查出 t 值。

4. 连接导体定律

如图 2-9 所示,当在原来热电偶回路中分别引入与材料 A、B 有同样热电性质的材料 A′、

B'时,接点温度为 T'_0,那么回路的总热电势为

$$E_{ABA'B'}(T,T'_0,T_0)=E_{AB}(T,T'_0)+E_{A'B'}(T'_0,T_0)$$

中间温度定律和连接导体定律是热电偶测温中应用补偿导线的理论依据。

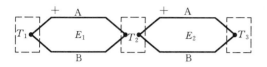

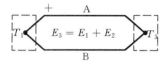
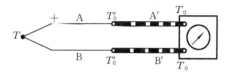

图 2-8　中间温度定律　　　　　图 2-9　补偿导线在测温回路中的连接

A、B—热电偶热电极;A′、B′—补偿导线;

T'_0—热电偶原冷端温度;T_0—热电偶新冷端温度

2.2.3　热电偶参比端的处理

根据热电偶测温原理可知,热电偶热电势的大小只在参比端(冷端)温度为恒定和已知时,才能反映测量端的温度。在实际应用时,热电偶的冷端总是放置在温度波动的环境中,或是处在距热端很近的环境中,因此冷端温度不可能是恒定值,测量的值也就不是正确的。为消除冷端温度对测量的影响,可采用下述处理方法。

1. 补偿导线法

用补偿导线代替部分热电偶丝作为热电偶的延长部分,使参比端移到离被测介质较远的温度恒定的地方。补偿导线的热电性质必须与所取代的热电偶丝的性质相同,根据中间温度定律,补偿导线的引入并不会影响热电偶的热电势(图 2-9)。A′、B′为补偿导线,对于这样一个系统,它的参比端温度就不应该是 T'_0,而是 T_0。补偿导线分为延伸型和补偿型两种,延伸型补偿导线的材料与对应的热电偶的材料相同,补偿型补偿导线的材料与对应的热电偶的材料不同,但它们的作用一样,使用补偿导线来加长热电偶,主要优点是可节约制造热电偶的贵金属材料,须注意的是使用的补偿导线应与热电偶是配套的;对于补偿型补偿导线,还要保证它与热电偶相接的两个接点温度一致,补偿导线的温度应在 0~100 ℃。常用的补偿导线的型号、性能列于表 2-3 中,其中,S 代表铂铑 10-铂,K 代表镍铬-镍硅,E 代表镍铬-康铜,J 代表铁-康铜,T 代表铜-康铜。

2. 计算修正法

热电偶分度表(见附录),是在冷端温度为 0 ℃时制定的,和热电偶配套的显示仪表的刻度也是在冷端温度为 0 ℃时进行分度的。如欲直接根据显示仪表的读数求得温度,则必须使参比端温度保持 0 ℃,如果不是 0 ℃,而为任一温度 t_0,则必须进行修正,根据中间温度定律,有

$$E_{(t,0)}=E_{(t,t_0)}+E_{(t_0,0)} \tag{2-11}$$

式中:$E_{(t,0)}$ 为冷端为 0 ℃而热端为 t ℃时的热电势;

$E_{(t,t_0)}$ 为冷端为 t_0℃而热端为 t ℃时的热电势,即实测值;

$E_{(t_0,0)}$ 为当冷端为 t_0℃时应加的校正值,该值可从热电偶分度表中查得。

然后用 $E(t,0)$ 从分度表中查得温度 t,t 就是通过计算法补偿了冷端温度不在 0 ℃所产生

的电势变化后得到的热端温度。

表 2-3　补偿导线的型号和性能简表

热电偶分度号	补偿导线型号	补偿导线代号	等级	补偿导线			
				正　极		负　极	
				成　分	绝缘层着色	成　分	绝缘层着色
S	SC①	SC—G_A SC—G_B SC—H_B	G_A② G_B H_B	100Cu	红	99.4Cu＋0.6Ni	绿
K	KC	KC—G_A KC—G_B	G_A G_B	100Cu	红	60Cu＋40Ni	蓝
	KX	KX—G_A KX—G_B KX—H_A KX—H_B	G_A G_B H_A H_B	90Ni＋10Cr	红	97Ni＋3Si	黑
E	EX	EX—G_A EX—G_B EX—H_A EX—H_B	G_A G_B H_A H_B	90Ni＋10Cr	红	55Cu＋45Ni	棕
J	JX	JX—G_A JX—G_B JX—H_A JX—H_B	G_A G_B H_A H_B	100Fe	红	55Cu＋45Ni	紫
T	TX	TX—G_A TX—G_B TX—H_A TX—H_B	G_A G_B H_A H_B	100Cu	红	55Cu＋45Ni	白

热电偶分度号	补偿导线热电势及允许误差				往复电阻值/(Ω/m)(20℃,截面积1 mm²)	绝缘层及保护层的材料	使用温度范围/℃
	$E_{(100,0)}$		$E_{(200,0)}$				
	精密级（A）	普通级（B）	精密级（A）	普通级（B）			
S	0.645±0.023（3℃）	0.645±0.037（5℃）		1.440±0.042（5℃）	≤0.1	PVC,PVC③ PVC,PVC PVC,PVC PVC,PVC B,B F,B	0～70 0～100 0～70 0～100 0～180 0～200
K	4.095±0.063（1.5℃）	4.095±0.105（2.5℃）			≤0.8	PVC,PVC PVC,PVC PVC,PVC PVC,PVC	0～70 0～100 0～70 0～100
	4.095±0.063（1.5℃）	4.095±0.105（2.5℃）	8.137±0.060（1.5℃）	8.137±0.100（2.5℃）	≤1.5	PVC,PVC PVC,PVC PVC,PVC PVC,PVC B,B F,B B,B F,B	−20～70 −20～100 −20～70 −20～100 −40～180 −40～200 −40～180 −40～200

热电偶分度号	补偿导线热电势及允许误差				往复电阻值/(Ω/m)(20 ℃,截面积1 mm²)	绝缘层及保护层的材料	使用温度范围/℃
	$E_{(100,0)}$		$E_{(200,0)}$				
	精密级（A）	普通级（B）	精密级（A）	普通级（B）			
E	6.317±0.102 (1.5 ℃)	6.317±0.170 (2.5 ℃)	13.419±0.111 (1.5 ℃)	13.419±0.183 (2.5 ℃)	≤1.5	PVC,PVC PVC,PVC PVC,PVC PVC,PVC B,B F,B B,B F,B	−20~70 −20~100 −20~70 −20~100 −40~180 −40~200 −40~180 −40~200
J	5.268±0.081 (1.5 ℃)	5.268±0.135 (2.5 ℃)	10.777±0.083 (1.5 ℃)	10.777±0.138 (2.5 ℃)	≤0.8	PVC,PVC PVC,PVC PVC,PVC PVC,PVC B,B F,B B,B F,B	−20~70 −20~100 −20~70 −20~100 −40~180 −40~200 −40~180 −40~200
I	4.277±0.023 (0.5 ℃)	4.277±0.047 （1 ℃）	9.286±0.027 (0.5 ℃)	9.286±0.053 （1 ℃）	≤0.8	PVC,PVC PVC,PVC PVC,PVC PVC,PVC B,B F,B B,B F,B	−20~70 −20~100 −20~70 −20~100 −40~180 −40~200 −40~180 −40~200

注：①C—补偿型补偿导线；X—延伸型补偿导线。
②G—一般用补偿导线；H—耐热用补偿导线；A—精密级补偿导线；B—普通级补偿导线。
③PVC—聚氯乙烯；F—聚四氟乙烯；B—玻璃丝。

例 2-1 用镍铬-镍硅热电偶测温时,热电偶冷端温度 $t_0 = 35$ ℃,测得 $E_{(t,t_0)} = 33.34$ mV,求被测介质温度。

解 从分度表中查得 $E_{(35,0)} = 1.41$ mV,故

$$E_{(t,0)} = 33.34 \text{ mV} + 1.41 \text{ mV} = 34.75 \text{ mV}$$

用 34.75 mV 查分度表,即得被测介质温度 $t = 836$ ℃。

3. 冰浴法

此法是将参比端直接置于 0 ℃下,而不需进行冷端温度补偿的方法。这时需要设置一个温度为 0 ℃的冰点槽,如图2-10所示。清洁水制成的冰屑和蒸馏水均匀混合后放在广口保温瓶中,参比端置于其中,为防止短路,热电极分别插在注有变压器油的试管中。采用这种办法测得的热电势为 $E_{(t,0)}$,直接查分度表便可求得 t。冰点槽法是一种准确度很高的参比端处理方法,然而用起来较麻烦,需要保持冰、水两相共存,此法只适用于实验室,工业生产中一般不采用。

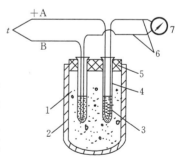

图 2-10　冰点槽

1—冰水混合体；2—保温瓶；

3—变压器油；　4—试管；

5—盖；　6—铜导线；

7—显示仪表

4. 仪表机械零点调整法

如果热电偶参比端温度比较固定,与之配套的显示仪表机械零点调整又较方便,则可采用此法实现参比端温度补偿。在预先测知热电偶参比端温度 t_n

后,将仪表的机械零点从 t_0(仪表起始点温度)调至 t_n 处,相当于在测温之前就给仪表输入电势 $E_{(t_n,t_0)}$,这样在进行测量时,输入仪表的热电势为 $E_{(t,t_n)}+E_{(t_n,t_0)}=E_{(t,t_0)}$。因此仪表的指针就能指出热端的温度 t。如果参比端温度经常变化,此法不宜采用,这种方法一般用于要求不高的测量中。

5. 参比端温度补偿器

如前所述,虽然可用补偿导线将参比端移到温度比较稳定的地方,但不能维持其温度不变,用计算修正法和冰点槽法又太麻烦。为了解决这个问题,可采用参比端温度补偿器的方法。热电偶参比端温度补偿器利用不平衡电桥产生的电压来补偿热电偶参比端温度变化而引起的热电势变化。补偿器的原理和电路如图 2-11 所示。桥臂电阻 $R_1=R_2=R_3=1\ \Omega$,用锰铜绕制,电阻值不随温度变化而变化,R_{Cu} 用铜线绕制,阻值随温度变化而变化,当温度为 20 ℃时,$R_{Cu}=1\ \Omega$。R_5 为用不同分度号的热电偶作为调整补偿器时调节供电电压用的电阻,桥路供电电压为直流 4 V。当温度为 20 ℃时,$R_1=R_2=R_3=R_{Cu}$,电桥平衡,c、d 两端无不平衡电压输出。当参比端温度升高时,R_{Cu} 和参比端处于相同的温度下,R_{Cu} 随之增大,c、d 两端就有不平衡电压 V_{cd} 输出,而热电偶的热电势 E_{AB} 却随着减小,如果 V_{cd} 的增加量等于 E_{AB} 的减少量,则指示仪表指示值不随参比端温度变化而变化,指示的就是被测介质的温度。如电桥平衡时的温度为 20 ℃,则在使用时,与其配接的指示仪表的机械零点应调至 20 ℃。

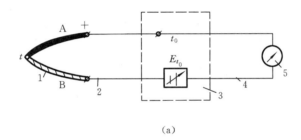

(a)

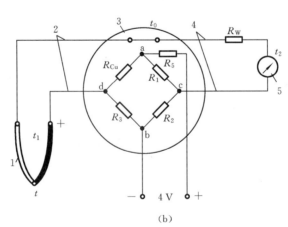

(b)

图 2-11 冷端补偿器原理示意图和电路

(a)原理示意图;(b)电路

1—热电偶;2—补偿导线;3—冷端补偿器;4—普通导线;5—显示仪表

6. 多点冷端温度补偿法

利用多点切换开关可把几支甚至几十支同一型号的热电偶接到一块仪表上,这时只需一个公共的冷端补偿器即可,这样既节省了仪表,又简化了线路。另一种办法如图 2-12 所示。即把所有热电偶的冷端接到一个接线端子盒里,在这个盒子里放置着补偿热电偶的热端。补偿热电偶可以是一支测温热电偶,或是用测温热电偶的补偿导线制成的热电偶。补偿热电偶和测温热电偶通过切换开关与仪表连接,这可使由冷端温度变化引起的测温热电偶的热电势变化与补偿热电偶的热电势变化相互补偿。此时动圈仪表的机械零点应调整到补偿热电偶较为恒定的冷端温度 t_0 处。

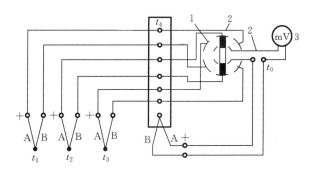

图 2-12 多点温度补偿热电偶连接线路

1—切换开关;2—铜导线;3—动圈表

2.2.4 热电偶热电势的测量

热电偶输出的信号是热电势,热电势的大小需通过测温仪表来指示,即热电偶必须与之配套的测温仪表组成测温电路才能显示出热电势的大小,也就是反映出被测温度的高低。热电势的测量有下列几种方法。

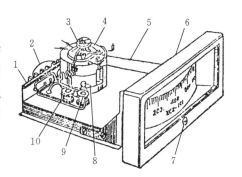

图 2-13 XCZ-101 动圈式仪表结构

1—热电偶接线端子;2—导线;3—仪表轴承架;
4—磁钢;5—指针;6—仪表壳;7—调零旋钮;
8—热敏电阻 R_t;9—补偿电阻 R_B;
10—调整量程电阻 R

1. XCZ-101 动圈式仪表测热电势

图 2-13 所示的是 XCZ-101 动圈式仪表的结构。它本质上是一个电流表,它的指示精度为 1 级,它与热电偶连用,图 2-14 所示的是 XCZ-101 动圈仪表与热电偶连接的线路原理,热电偶热端和冷端的温度分别为 t_1、t_2,其温差电势与回路电流 I 的关系为

$$E = I(R_e + R_s + R) = IR_K \qquad (2-12)$$

式中:R_e 是线路总电阻(即外部总电阻),统一规定其阻值为 15 Ω,它包括导线电阻、热电偶电阻、补偿导线电阻及调整电阻 R_c;

R_s 是动圈仪表内部的串联电阻,用来改变仪表量程;

R 是电阻 R_B、R_t、R_D 及 R_p 的综合,R_t 是热敏电阻,其阻值为 68 Ω(20 ℃时),它与 R_B (50 Ω)并联,用来补偿仪表动圈电阻 R_D 随温度的变化,R_p 是阻尼电阻,用来缩短动圈转动的阻尼时间。

R_B、R_p、R_s、R_c 为锰铜绕制,阻值不随温度的变化而变化。从分析可知,$E \propto I$,仪表的表盘刻度可直接用温度刻度。其冷端温度补偿常用的方法是用冷端补偿器的方法。需配置冷端补偿器和补偿导线的动圈式仪表测温的标准线路如图 2-15 所示。

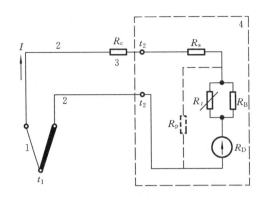

图 2-14 XCZ-101 动圈式仪表测量原理

1—热电偶;2—补偿导线;3—调整电阻;4—动圈式仪表测量机构

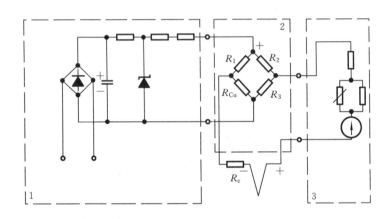

图 2-15 XCZ-101 动圈式仪表标准线路

1—4 V 电源;2—冷端补偿器;3—动圈式仪表

2. 电位差计测电势

当要求较高的测温精度时,常将热电偶与电位差计连用,此法在实验室和工业生产中得到广泛应用。电位差计测量法的特点是,在读数时通过热电偶及其连接导线的电流为零,因而热电偶及其连接导线的电阻即使有些变化,也不会影响测量结果,理论上可达到极高的准确度,工业生产上用的也可达到 0.5 级以上。

(1)直流电位差计

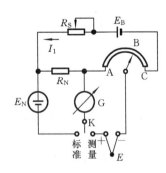

图 2-16 直流电位差计线路

直流电位差计采用的是一种电位差平衡法,它采用把被测量与已知标准量比较后的差值调至零的零差测量方法。实验室用的直流电位差计采用了直流分压线路,如图 2-16 所示。图中标准电池 E_N、标准电阻 R_N 及检流计 G 组成的回路是用来校准工作电流 I_1 的,校准工作电流时将切换开关 K 接向"标准",调整 R_S 使检流计指零,得 $I_1 R_N = E_N$ 或 $I_1 = E_N / R_N$。因为标准电池的电势 E_N 准确度高且稳定,R_N 是用锰铜丝绕制的标准电阻,其值也是不变的,加之应用了高灵敏度的检流计,所以当检流计指针指零时,I_1 就符合规定值,这个操作过程通常称为"工作电流标准化"。然后将切换开关倒向"测量"位置,调整 B 点位置,使检流计指针指零,$I_1 R_{AB} = E_{(t,t_0)}$。由于 I_1 等于规定值,因此 R_{AB} 可代表 $E_{(t,t_0)}$。也就是说,$E_{(t,t_0)}$ 的值可根据变阻器滑动触点 B 的位置来确定。

(2)电子电位差计

电子电位差计工作原理如图 2-17 所示。它是根据电压平衡原理自动进行工作的,与直流电位差计比较,它用可逆电机及一套机械传动机构代替人的手进行电压平衡操作,用放大器代替检流计来检查不平衡电压,并控制可逆电机的工作。电子电位差计主要由不平衡电桥线路、检零放大器、可逆电机、指示及记录机构组成,有的还附加有调节装置。

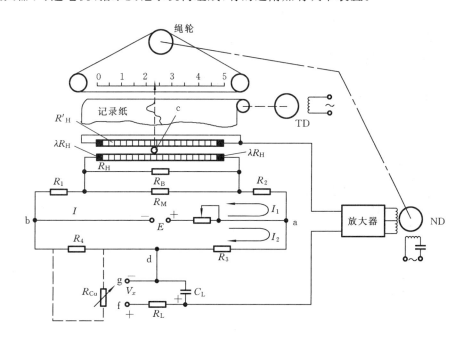

图 2-17 电子电位差计工作原理

TD—同步电机;ND—可逆电机;R_H—滑线电阻;R_B—工艺电阻;R_M—改量程电阻;

R_1—起始值电阻;R_2—上支路限流电阻;R_3—下支路限流电阻;R_4—桥臂电阻(仪表配热电偶按温度分度时,

R_4 换成位于输入端子处的铜电阻 R_{Cu},以自动校正 t_0 变化)

产生已知可变电压 V_B 的部件是不平衡电桥线路,其输出 $V_{cd} = V_B$。用稳压电源给桥路供电,保证工作电流 $I = I_1 + I_2$ 稳定不变,检零放大器通过功率放大器推动可逆电机来带动触点 c 位移 φ,产生负反馈信号 V_{cd},当 $V_{cd} = V_x$ 时,触点 c 相对于始点的位置 φ 即可反映 V_x 的大小,并用与触点 c 联动的指针和记录笔显示出来。

我国生产的 XW 系列仪表设计为 $E = 1\text{ V}, I = 6\text{ mA}, I_1 = 4\text{ mA}, I_2 = 2\text{ mA}$。桥路中各电阻的作用是:$R_1$ 和 R_4(或 R_{Cu})配合决定测量下限值,R_M 决定量程和测量上限值,R_1 和 R_M 的数值决定后,改变 R_2 以保证 $I_1 = 4\text{ mA}$,R_4 决定后,用调整 R_3 来使 $I_2 = 2\text{ mA}$,滑线电阻 R_H 是用直径为 0.15 mm 以上的锰铜丝(或银钯丝、卡码丝)绕在粗铜丝(胎线)上制成的,要求它线性度好,耐磨,抗氧化,与触点 c 接触良好。滑线电阻由两支一样的绕线电阻并排构成,一根在桥路中,称为主滑线电阻 R_H,另一根在测差回路中,称为副滑线电阻 R'_H,这样的结构使得触点和滑线间产生的热电势可以抵消,对滚子式触点又可稳定支持,电子电位差计的电子线路已在电子学中介绍,这里不再重复。

3. 热电偶测温的基本电路

热电偶测温电路由热电偶、补偿导线、普通导线和直流电测仪表等组成,一般还有参比端温度处理装置。下面介绍一些热电偶测温的基本电路。

(1)多支热电偶共用一台电测仪表

为了节省显示仪表或盘面,多支热电偶通过切换开关共用一台电测仪表是通常采用的测量线路,如图 2-18 所示。条件是各支热电偶的型号相同,测温范围均在显示仪表的量程内。采用这种接线方式时,所有主热电偶可共用一个辅助热电偶来进行参比端温度补偿。

在现场,在大量测点不需要连续测量,而只需要定时检查的场合,可以把多支热电偶通过手动或自动切换开关接至一台显示仪表上,以轮流或按要求显示各测点的被测数值。这可以大大节省显示仪表的数量。

(2)一支热电偶配用两台电测仪表

在实际测温时,有时需将一支热电偶产生的热电势输到两台显示仪表上(如一台就地显示,另一台在控制室显示),如图 2-19 所示。

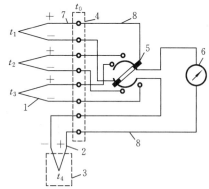

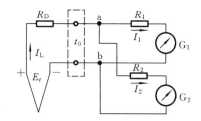

图 2-18 多支热电偶共用一台电测仪表

1—主热电偶;2—辅助热电偶;3—恒温箱;4—接线端子排;
5—切换开关;6—显示仪表;7—补偿导线;8—铜导线

图 2-19 一支热电偶配用两台电测仪表

①当显示仪表 G_1 和 G_2 均为电位差计,电压达到平衡时,在测量回路内将无电流流过,即电流 $I_L = I_1 = I_2 = 0$,这种情况下,G_1 和 G_2 彼此影响小,均能反映热电势 E_t 及其相应温度 t 的数值。

②当 G_1 和 G_2 均为动圈仪表时,输入到两台仪表的电流值将比单独输入到一台仪表的电流值要小,这会出现指示值低于实际值的现象,所以这种线路一般不宜采用。

③当 G_1 为动圈仪表,G_2 为电位差计时,由于在平衡时 G_2 内无电流流过,即 $I_2 = 0$,因此 G_2 并不影响 G_1 的指示值。但在温度发生变化,G_2 由不平衡达到平衡时,G_1 的指针由偏差位置到正常位置有跳动现象。另外,因 $I_1 \neq 0$,进入电位差计的电势 $E_{ab} = E_t - I_1 R_1$,这样,G_2 的指针位置将偏低,应设法予以校正。

(3)热电偶的并联、串联和反接

图 2-20(a)所示线路为三支同型号热电偶的并联线路,输入显示仪表的热电势值为三支热电偶输出热电势的平均值,即

$$E = (E_1 + E_2 + E_3)/3$$

如果三支热电偶的特性曲线是线性的,或者测温范围内非线性误差很小,则仪表的示值可反映

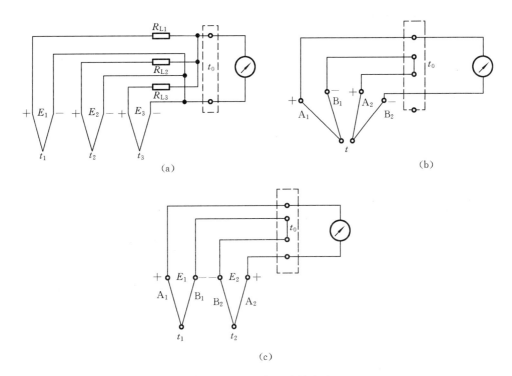

图 2-20　热电偶的连接方法
(a)并联;(b)串联;(c)反接

三支热电偶测量端的温度的平均值。恰当选择测点,利用并联电路可直接反映测量对象某区域的平均温度。为了消除电极电阻的差异带来的影响,可在每支热电偶回路上串接一个阻值较大的电阻来调整输出。它们可以共用参比端温度补偿装置。在这种电路中,如有一支热电偶断线,则不易发现。

图 2-20(b)所示的为热电偶的串联线路,这可以得到较大的热电势,可以提高测温灵敏度。这种连接方式也可用来测量一个小区域的平均温度。这时显示仪表的示值反映的是两支热电偶测量端温度的总和,即 $E=E_1+E_2$,其平均温度就是 $\frac{1}{2}E$。在这种线路中,如有热电偶断线,则因仪表的输入信号为零,极易发现。

图 2-20(c)所示的为把两支同型号热电偶对接起来的线路,它可测量两点之间的温差,它也要考虑参比端温度的一致性。这时输入仪表的热电势为

$$\Delta E=E_{AB(t_1,t_0)}-E_{AB(t_2,t_0)}=E_{AB(t_1,t_2)}+E_{AB(t_2,t_0)}-E_{AB(t_2,t_0)}=E_{AB(t_1,t_2)}$$

从上式看出,ΔE 反映了温度函数之差,为了能按温差分度,要求热电势-温度关系为线性关系。

2.2.5　几种常用的热电偶及其性能

1. 热电极材料

理论上任何导体都可以作为热电偶的材料,但为了保证热电势-温度关系的复现性、稳定性和有足够的灵敏度,热电极材料应满足如下的要求。

①在测温范围内,物理化学性能稳定。

②热电特性好,热电势与温度的关系呈线性或近似线性关系。

③温度变化时,热电势变化应足够大。

④电阻温度系数要小,导电率要高。

⑤复制性要好。

实际上没有一种材料能同时满足上述全部要求,所以在不同的测温条件下要用不同的热电极材料。

2. 热电偶的分类

有几种不同的分类方法:

①按热电势-温度关系是否标准化,可分为标准化热电偶和非标准化热电偶等两类。

②按热电极材料的性质,可分为金属热电偶、半导体热电偶和非金属热电偶等三类。

③按热电极材料的价格,可分为贵金属热电偶和廉价金属热电偶等两类。

④按使用的温度范围,可分为高温热电偶和低温热电偶等两类。

3. 标准化热电偶

标准化热电偶是指定型生产的通用热电偶,它的制造工艺比较成熟,能成批生产,性能优良而稳定,并已列入工业标准化文件中。标准化热电偶具有统一的分度表,并规定了热电极材料及化学成分、热电性质和允许偏差。

(1)铂铑10-铂热电偶

铂铑10-铂热电偶的分度号为S。

这是一种贵金属热电偶,铂铑10为正极,铂为负极。铂铑10合金中铂占90%,铑占10%。热电极直径通常为0.5 mm,它长期使用的温度可达1300 ℃,短期使用可达1600 ℃。它有很好的复现性和稳定性,测量的准确度高,在国际实用温标中在630.74～1064.43 ℃范围内用它作为标准仪器。这种热电偶在氧化性及中性气氛中可长期使用,在真空中可短期使用。它不能在还原性气氛及含有金属或非金属蒸气的气氛中使用,除非外面套有合适的非金属保护套管。这种热电偶在高温下长期使用会使晶粒过分增大,导致铂电极折断,高温下铂电极对污染很敏感,会造成热电势下降,而且铂铑电极中的铑会挥发或向铂电极扩散,造成热电势下降。这种热电偶的热电势率较小,平均灵敏度为0.009 mV/℃左右,价格很贵,热电特性的非线性较大。其分度表如附录A所示。

(2)铂铑13-铂热电偶

其分度号为R。

该热电偶的基本性能和使用条件和铂铑10-铂热电偶基本相同,其正极的铂铑合金中含铑13%,因而热电势略大些,欧美国家较多使用。

(3)铂铑30-铂铑6热电偶

其分度号为B。

它也是贵金属热电偶,这种热电偶正极的铂铑合金中含铑30%,负极中铑占6%,长期使用的最高温度可达1600 ℃,短期可达1800 ℃。它性能稳定,测量准确度高,适于在氧化性介质和中性介质中使用,不能在还原性气氛及含有金属或非金属蒸气的气氛中使用。由于它的两个热电极都是铂铑合金,因而提高了抗污染能力,晶粒增大量很小,热电性质更稳定,但热电势率比铂铑10-铂热电偶的更小。

(4)镍铬-镍硅(镍铝)热电偶

其分度号为K。

它是廉价金属热电偶,因为热电极材料中含有大量的镍,所以在高温下抗氧化和抗腐蚀的能力都很强,化学稳定性好,长时间可测量 1000 ℃,短期可测 1300 ℃。这种热电偶的热电势率大,平均灵敏度约为 0.04 mV/℃,热电特性近于线性关系,热电极直径一般为 1.2～2.5 mm。它适用于氧化性和中性介质,在还原性气体中易被腐蚀。其分度表如附录 B 所示。

(5)镍铬-铜镍热电偶

其分度号为 E。

这种廉价金属热电偶的热电势率在目前是各类金属热电偶中最高的,它的平均灵敏度比镍铬-镍硅热电偶的高一倍,长期使用温度为 600 ℃,短期使用时可达 800 ℃。热电极的直径一般为 1.2～2 mm,允许使用的环境与镍铬-镍硅热电偶的相同,热电特性的线性度较好。由于价廉,热电势率高,因此常被人们采用。在低温下,这类热电偶对湿气氛的腐蚀不敏感,故常用于 0 ℃ 以下的测温,低温可达 -200 ℃。

(6)铜-铜镍(康铜)热电偶

其分度号为 T。

这是廉价金属热电偶中准确度最高的,适用范围在 -200～350 ℃。它能抵抗湿气的侵蚀,可用在真空、氧化、还原及中性气氛中,在低温测量中它是一种准确度很高的热电偶,其分度表如附录 C 所示。

4.非标准化热电偶

非标准化热电偶适用于一些特定的温度测量场合,如用于测量超高温、超低温、高真空和有核辐射等被测对象。非标准化热电偶还没有统一的分度,使用时对每支热电偶都应当进行标定。目前已使用的非标准化热电偶有以下几种。

(1)钨铼系列热电偶

这类热电偶可测量高达 2700 ℃ 的高温,短时间测量可达 3000 ℃,它适宜在干燥的氢气、中性气氛和真空中使用,不宜在潮湿、还原性和氧化性气氛中工作,除非加装合适的保护套管。已使用的有钨-钨铼和钨铼-钨铼两类热电偶。

(2)铱铑-铱系列热电偶

这是一种高温热电偶,常用于 2000 ℃ 以下温度的测量,适用于真空和中性气氛中测量,不能在还原性气氛中使用,一般用铱铑 40、铱铑 50 和铱铑 60 三种合金与铱配用。

(3)钨-钼热电偶

钨-钼热电偶的两个热电极都具有较高的熔点,故可用来测量高温,但钨钼的化学稳定性较差,不能在氧化性介质中工作,它们虽可在还原性介质中工作,但在高温下的稳定性较差,所以只能在真空或中性介质中工作。另外这种热电偶的热电势率很小,在低温时电势为负值,到 1300 ℃ 才开始为正值,钨-钼热电偶一般用来测量 1300～2200 ℃ 之间的温度。

(4)镍铬-金铁热电偶

这是一种较为理想的低温热电偶,在低温下仍能得到很大的热电势,它可以在 2～273 K 的低温范围内使用,该热电偶热电势稳定,复现性好,易于加工成丝,已日趋标准化。

(5)非金属热电偶

目前已定型生产的有以下几种:石墨热电偶、二硅化钨-二硅化钼热电偶、石墨-二硼化锆热电偶、石墨-碳化钛热电偶和石墨-碳化铌热电偶等。测量准确度为 ±(1%～1.5%),在氧化性气氛中可用于 1700℃ 左右的高温。二硅化钨-二硅化钼热电偶在含碳气氛、中性气氛和还原性气氛中可在 2500℃ 的温度中使用。但它们复制性差,机械强度不高,因此目前尚未获得广泛的应用。

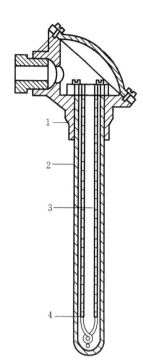

图 2-21 工业热电偶
结构示意图

1—接线盒；2—保护套管；
3—绝缘套管；4—热电极

5. 普通热电偶的结构

图 2-21 是典型的工业用热电偶的结构示意图。它由热电极、保护套管、绝缘套管以及接线盒等部分组成。

（1）热电极

热电极的直径由材料的价格、机械强度、导电率及热电偶的用途和测量范围决定，热电极的长度由安装条件、在介质中的插入深度来决定。

（2）保护套管

保护套管的作用是防止热电偶受化学腐蚀和机械损伤。保护套管的材料一般根据测温范围、加热区长度、环境气氛以及测温的时间常数等条件来决定。对其材料的要求是：耐高温，耐腐蚀，有良好的气密性和足够的机械强度，以及在高温下不能分解出对热电偶有害的气体等。

（3）绝缘套管

其作用是防止两个热电极短路。材料的选用由使用温度范围确定，结构有单孔的和双孔的两种。

（4）接线盒

接线盒一般由铝合金制成，供热电偶与补偿导线连接之用。

6. 特殊热电偶

（1）铠装热电偶

普通热电偶目前虽然用得较多，但它有体积大、笨重和热惯性大等缺点，于是在 20 世纪 60 年代出现了一种轻便的热电偶——铠装热电偶。它是由金属套管、陶瓷绝缘材料和热电极组合加工而成的热电偶组合体，它如同一条电缆式的整体线材，再将线材截取需要的长度，制作测量端，其结构如图 2-22 所示。这种线材的直径从 0.25 mm 到 12 mm，长可达数百米。外套管一般由不锈钢等金属材料制成，热电极材料有铂铑-铂、镍铬-镍硅和镍铬-考铜等。热电极之间和热电极与套管之间用氧化镁粉或氧化铝粉等高温绝缘材料填满。套管中的热电极有单丝的、双丝的，还有四丝的，彼此之间互不接触。这种热电偶的突出优点是小型化，寿命长，热惯性小，测温时间常数可小到毫秒数量级；挠性大，适用性强；机械性能好，耐震动和耐冲击；绝缘性能好，可防止外界有害气氛的侵入；使用方便，可就地制造，安装方便灵活等。铠装热电偶的测温接点一般有以下几种类型：碰底型、不碰底型、露头型和帽型，如图 2-22 所示。

（2）快速微型消耗式热电偶

这是一种用于测量高温介质的热电偶，其结构如图 2-23 所示。其结构的主要特点是：热电偶元件很小，而且每次测量后可进行更换。热电极一般采用直径为 0.1 mm 的铂铑-铂和铂铑-铂铑等材料制造，热电极和 U 形石英保护管尺寸要小，以便减小热容量，加速动态响应。

当此热电偶被插入高温介质中以后，保护帽即迅速熔化，这时 U 形石英保护管和被保护的热电偶即暴露于被测介质中，由于石英管和热电偶的热容量都很小，因此，能很快反映介质温度，反应时间一般为 4~6 s。在测出温度后，许多部件都被烧毁，因此，这种热电偶称为消耗式热电偶，但其中铂铑丝可回收。这种热电偶的测量结果可靠，互换性好，准确度高。

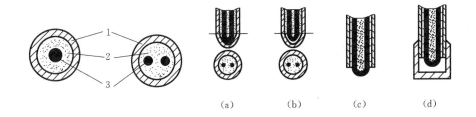

图 2-22　铠装热电偶断面结构

(a)碰底型;(b)不碰底型;(c)露头型;(d)帽型

1—金属套管;2—绝缘材料;3—热电极

2.2.6　热电偶总温探针

如果气流速度较低(当马赫数 $Ma \leqslant 0.3$ 时),则一般不考虑气流速度对温度测量值的影响。当 $Ma > 0.3$ 时,认为是高速气流,则必须考虑气流速度的影响。

根据热力学和流体力学的基本原理,气流中的温度有"静温"和"总温"之分。气体无规则的分子运动的平均动能,用静温来度量,记为 T_0;而气体在运动中的总能可用总温来度量,记为 T^*。总能与分子平均动能之差即为气体运动的规则(定向,即气流方向)动能,可用"动温"来度量,根据能量方程,有

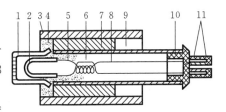

图 2-23　快速微型消耗式热电偶

1—钢帽;2—石英管;3—纸环;

4—绝热水泥;5—补偿导线接点;

6—棉花;7—绝缘纸管;

8—补偿导线;9—套管;

10—塑料插座;11—簧片与引出线

$$T^* = T_0 + T_v = T_0 + \frac{v^2}{2c_p} \tag{2-13}$$

式中:v 为气流速度,m/s;

T_v 为气流动温,K;

c_p 为气体质量定压比热容,J/(kg·K)。

如果测温元件处于高速气流中,则它感受到的温度应是静温与动温之和。试验证明,用不同结构的测温元件测量同一对象所得到的总温也不同。这是因为气流制动时,不可能使全部速度变为动温,转变的多少与测温元件的结构及气流冲刷的方向有关,式(2-13)得出的总温是假定动能全部转变为热能时的结果,实际总温比理论值要低,称之为有效温度 T_g,即 $T_0 < T_g < T^*$,这个关系可用恢复系数 r 来表示,即

$$r = \frac{T_g - T_0}{T^* - T_0} = \frac{T_g - T_0}{\frac{v^2}{2c_p}} \tag{2-14}$$

因此,如果用有效温度来表示气流总温,则会产生误差。Ma 的值越高,恢复系数越低,误差也就越大。为了测量高速气流中的总温,要求测温元件的感受头具有稳定而又较高的恢复系数。应该指出,恢复系数等于1的情况是不可能达到的。通常采用热电偶总温探针,即带滞止罩的热电偶来测量高速气流的温度。图 2-24 所示的是带滞止罩的热电偶传感器,其恢复系数可达 0.9 以上。需指出的是,恢复系数因热电偶型式不同而不同,而且还随气流方向的变化而变化,所以在精度要求高的测量中,必须对每个感受头进行恢复系数的试验测定。

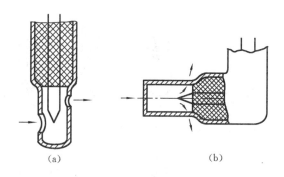

(a)   (b)

图 2-24　带滞止罩的热电偶传感器

(a)$r≈0.9$；(b)$r≈0.97$

2.3　热电阻测温

热电偶在 500 ℃以下温度工作时,灵敏度较低。故目前在测量$-200\sim600$ ℃范围的温度时多采用热电阻温度计,尤其在低温测量中,热电阻温度计用得较普遍。例如铂电阻温度计,可测到-200 ℃的温度,铟电阻温度计可测到 3.4 K 的温度,碳电阻温度计可测到 1 K 左右的温度。热电阻温度计具有精度高、测量范围广、输出信号大、灵敏度高、不需冷端等特点。

2.3.1　热电阻测温的原理

热电阻温度计是利用导体或半导体的电阻随温度变化而改变的性质制成的,测温时是通过测量其电阻值大小来反映温度的高低的。热电阻是一种参数型敏感元件,它与测量电阻值的仪表配套,即可组成热电阻温度计。

目前,常用的热电阻温度计大多采用金属和半导体材料制造。当被测温度变化时,热电阻的电阻值随着变化,并将变化的阻值转换为电信号输送给显示仪表,在仪表中显示出温度的变化值,这就是热电阻温度计的测温原理。

热电阻的材料应满足:①电阻温度系数大且与温度无关。这样才能保证其有良好的灵敏度和线性度,金属热电阻的电阻温度系数一般是非线性的,但其非线性并不严重,尤其在较窄的温度范围内,线性还是比较好的。半导体热敏电阻的电阻温度系数非线性严重,但在低温时灵敏度高,且其电阻温度系数比金属的电阻温度系数大得多。②电阻率大。这样可使电阻体的体积较小,因而热惯性也较小,这样对温度变化的响应比较快。③材料的复现性和稳定性好。④价格便宜等。根据对热电阻材料的要求,目前常用的热电阻有金属热电阻和半导体热电阻等两类。近些年在低温和超低温测量方面,开始采用一些新颖的热电阻,如铟、锰、碳电阻等。

2.3.2　常用的热电阻元件

热电阻随温度的变化通常用电阻温度系数来描述,即用温度变化 1 ℃时,热电阻值的相对变化量来描述,用 α 表示,单位是℃$^{-1}$,根据定义,有

$$\alpha = \frac{\mathrm{d}R/R}{\mathrm{d}t} = \frac{1}{R}\frac{\mathrm{d}R}{\mathrm{d}t} \tag{2-15}$$

实际上 α 表示了热电阻温度计的相对灵敏度。金属材质的热电阻一般是随温度的升高而升高

的,大多数金属材质的热电阻当温度升高 1 ℃时,其阻值增加 0.4%～0.6%,因而,它的电阻温度系数为正值。但同一金属材料的 α 也可以不相同,其值大小与该金属的纯度有关,纯度越高,α 值越大,所以一般来说,纯金属的 α 要比合金的 α 大。表 2-4 列出了几种能做热电阻的金属材料的特性。半导体热电阻的 α 则与材料以及制造工艺有关。

表 2-4　几种热电阻材料的特性

材料名称	$\alpha_0^{100}/℃^{-1}$	电阻率 $\rho/(\Omega \cdot mm^2/m)$	测温范围 /℃	电阻丝直径 /mm	特　性
铂	$3.8\times10^{-3}～3.9\times10^{-3}$	0.0981	$-200～500$	$0.05～0.07$	近似线性
铜	$4.3\times10^{-3}～4.4\times10^{-3}$	0.017	$-50～150$	0.1	线性
铁	$6.5\times10^{-3}～6.6\times10^{-3}$	0.10	$-50～150$		非线性
镍	$6.3\times10^{-3}～6.7\times10^{-3}$	0.12	$-50～100$	0.05	近似线性

注:表中 α_0^{100} 代表 0～100 ℃之间的平均温度系数。

金属热电阻的纯度常用 R_{100}/R_0 表示。R_{100} 表示 100 ℃时的金属热电阻的阻值,R_0 表示 0℃时的阻值,R_{100}/R_0 越大,纯度越高。

1. 铂电阻

这是使用最广泛的一种热电阻,铂的特点是物理化学性能稳定,准确度高,稳定性好,性能可靠。铂电阻的使用温度范围是 $-200～850$ ℃,其电阻与温度关系如下:

在 0～850℃范围时

$$R_t = R_0(1 + At + Bt^2) \tag{2-16}$$

在 $-200～0$℃范围时

$$R_t = R_0[1 + At + Bt^2 + C(t-100)t^3] \tag{2-17}$$

式中:R_t、R_0 分别为铂电阻温度为 t 和 0℃时的电阻值;

$$A = 3.90802\times10^{-3}\ ℃^{-1}$$
$$B = -5.802\times10^{-7}\ ℃^{-2}$$
$$C = -4.27350\times10^{-12}\ ℃^{-4}$$

我国工业上使用的铂电阻规定 $R_{100}/R_0 = 1.391$,以前工程上常用的铂电阻分度号为 B_{A1}($R_0 = 46\ \Omega$)、B_{A2}($R_0 = 100\ \Omega$)和 B_{A3}($R_0 = 300\ \Omega$),现在全国统一设计后的分度号为 Pt_{50}($R_0 = 50\ \Omega$)、Pt_{100}($R_0 = 100\ \Omega$)和 Pt_{300}($R_0 = 300\ \Omega$)。随着科学技术的发展,生产出来的铂丝纯度逐渐提高(即 R_{100}/R_0 值提高),有利于热电阻稳定性的改善。铂电阻的技术特性如表 2-5 所示,铂电阻的分度表见附录 D。表中所列 B_1 和 B_2 为我国已淘汰的铂电阻分度号,在此仅供比较用。

2. 铜电阻

铜电阻的价格便宜,电阻温度系数大,容易获得高纯度的铜丝,互换性好,电阻与温度的关系几乎是线性的。铜电阻的缺点是电阻率小,所以要制造一定电阻值的热电阻,其铜丝的直径要很小,这会影响其机械强度,而且铜丝要很长,这样制成的热电阻体积较大,另外铜易氧化,因此,只能在 $-50～150$℃范围内使用。铜电阻的电阻与温度关系如下:

$$R_t = R_0(1 + At + Bt^2 + Ct^3) \tag{2-18}$$

式中:R_t、R_0 分别为铜电阻的温度为 t 和 0 ℃时的电阻值;

$$A = 4.28899\times10^{-3}\ ℃^{-1}$$
$$B = -2.133\times10^{-7}\ ℃^{-2}$$
$$C = 1.233\times10^{-9}\ ℃^{-3}$$

表 2-5　铂电阻的技术特性

分度号	R_0/Ω	R_{100}/R_0	准确度等级	R_0 允许的误差 /（%）	最大允许误差/℃
B_1	46.00	1.389 ± 0.001	Ⅱ	$\pm0.1R_0$	
B_2	100.00	1.389 ± 0.001	Ⅱ	$\pm0.1R_0$	对于 Ⅰ 级准确度 （$-200\sim0$）℃ $\pm(0.15+4.5\times10^{-3}|t|)$ （$0\sim500$）℃ $\pm(0.15+3\times10^{-3}|t|)$
B_{A1} （Pt_{50}）	46.00 （50.00）	1.391 ± 0.0007 1.391 ± 0.001	Ⅰ Ⅱ	$\pm0.05R_0$ $\pm0.1R_0$	对于 Ⅱ 级准确度 （$-200\sim0$）℃ $\pm(0.3+6.0\times10^{-3}|t|)$ （$0\sim500$）℃ $\pm(0.3+4.5\times10^{-3}|t|)$
B_{A2} （Pt_{100}）	100.00	1.391 ± 0.0007 1.391 ± 0.001	Ⅰ Ⅱ	$\pm0.05R_0$ $\pm0.1R_0$	
B_{A3} （Pt_{300}）	300.00	1.391 ± 0.001	Ⅱ	$\pm0.1R_0$	

若在 $0\sim100$ ℃温度范围，则可用下式：

$$R_t = R_0(1+\alpha_0 t) \tag{2-19}$$

式中：α_0 为铜电阻在 0 ℃时的 α，$\alpha_0 = 4.25\times10^{-3}$℃$^{-1}$。

我国工业上使用的标准化铜电阻的分度号为 G、Cu_{100} 和 Cu_{50}，G 已经逐渐被淘汰，它们的技术特性如表 2-6 所示。

表 2-6　铜电阻的技术特性

分度号	R_0/Ω	R_{100}/R_0	准确度等级	R_0 允许误差/（%）	最大允许误差/℃
G	53	1.425 ± 0.001	Ⅱ	±0.1	$\pm(0.3+3.5\times10^{-3}t)$
Cu_{50}	50				
Cu_{100}	100	1.425 ± 0.002	Ⅲ	±0.1	$\pm(0.3+6.0\times10^{-3}t)$

3. 半导体热敏电阻

半导体热敏电阻的阻值随温度的升高而减小，具有负的温度系数，它的特性曲线如图2-25所示。用半导体材料做成的温度计，可以弥补金属电阻温度计在低温下电阻值和灵敏度降低的缺陷。半导体热敏电阻通常是用铁、镍、锰、钼、钛、镁、铜等一些金属氧化物做原料制成的。

对于大多数半导体温度计来说，它的电阻与温度的关系可近似地用下面的经验公式来表示：

$$R_T = Ae^{-B/T}$$

式中:T 为被测温度,K;

R_T 为温度为 T 时的电阻值;

A、B 为常数,与温度无关。

半导体温度计常用来测量 $-100 \sim 300$ ℃的温度,与金属热电阻相比,它的优点如下:

①电阻温度系数大。一般 α 为 $-6\% \sim -3\%$,因此,灵敏度高。

②电阻率大,因此,温度计的体积小,常做成半导体点温计。

③热惯性小。

它的主要缺点是互换性差,特性曲线非线性严重,性能不稳定,测温精度低,随着半导体工业的发展,半导体温度计的特性将会得到进一步的改善。

图 2-25 半导体热敏电阻的特性曲线

2.3.3 热电阻测温元件的结构

1. 金属热电阻的结构

金属热电阻由保护套管、电阻体、骨架和引线等部件组成,如图 2-26 所示。

(1)电阻体

电阻体是温度敏感元件,其材料性能对传感器的好坏有关键性的影响。对电阻体材料的要求前面已作介绍,这里不再重复。

(2)骨架

骨架是用来缠绕、支撑或固定热电阻丝的支架,其质量的好坏直接影响热电阻的技术性能,作为骨架材料,要求其绝缘性能好,比热容小,导热系数大,物理化学性能稳定,膨胀系数小,并且有足够的机械强度,常用的骨架材料有云母、玻璃、石英、陶瓷、塑料等。

(3)引线

引线是测量热电阻所必需的,因其有一定的阻值,并随温度的变化而改变,而且热量可通过引线导入电阻体内,或电阻体内的热量可通过引线导出,这些都将引起测量误差,因此,要求引线材料电阻温度系数小,电阻率小,热导率低,和电阻体接触产生的热电势小,化学性质稳定等。常用的引线材料是铂、金、银、铜丝等,热电阻的引线型式有二线制、三线制和四线制等三种,如图 2-27 所示。在热电阻的两端各连一根导线的型式为二线制。这种二线制热电阻的配线简单,但会带进引线电阻的附加误差。将热电阻的其中一端改成两根引线就是三线制,它可以消除引线电阻的影响。热电阻两端各连两根引线,即为四线制。在测量精度要求高时使用四线制的引线。

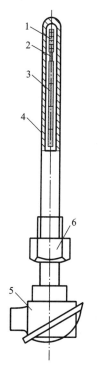

图 2-26 金属热电阻的结构

1—电阻体;2—引线;

3—绝缘子;4—保护套管;

5—接线盒;6—安装螺帽

(4)保护套管

为了使热电阻体免受腐蚀性介质的侵蚀和机械损伤,一般电阻体外面均套有保护套管,对保护套管的要求与热电偶的一样,结构也相同。

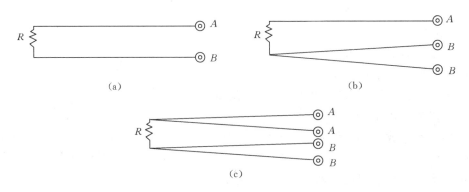

图 2-27　热电阻的引线型式

(a)二线制；(b)三线制；(c)四线制

（5）铠装热电阻

将陶瓷骨架或玻璃骨架及其上的感温元件装入不锈钢细管内，其周围用氧化镁粉牢固填充，它的三根引线同保护管之间以及引线相互间要绝缘好，充分干燥后将其端头密封再经模具拉制成坚实整体，这种热电阻称为铠装热电阻，其结构如图 2-28 所示。同带保护套管的热电阻相比，它的外径小，套管内为实体，测温响应速度快，抗震，可挠，使用方便，适合安装于结构复杂的部位，使用寿命长等。

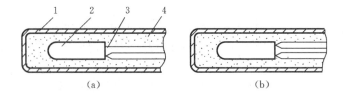

图 2-28　铠装热电阻的结构

(a)三线制热电阻；(b)四线制热电阻

1—不锈钢管；2—感温元件；3—内引线；4—氧化镁绝缘材料

2. 半导体热敏电阻的结构

根据实际使用的不同需要，半导体热敏电阻可以制成不同的结构型式，如图 2-29 所示。

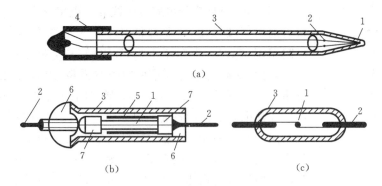

图 2-29　半导体热敏电阻的结构

(a)带玻璃保护管；(b)、(c)带密封玻璃柱

1—电阻体；2—引出线；3—玻璃保护管；4—引出线；5—锡箔；6—密封材料；7—导体

图 2-29(a)所示的为带玻璃保护管的半导体热敏电阻，图 2-29(b)、(c)所示的为带密封玻璃

柱的半导体热敏电阻。电阻体一般为直径 0.2～0.5 mm 的珠状小球,铂丝引线直径为 0.1 mm。

2.3.4　热电阻阻值的测量

测量热电阻阻值的常用仪表有直流电位差计、直流平衡电桥、动圈式仪表和自动平衡电桥及数字式仪表等。下面介绍热电阻和仪表配套的测量电路。

1. 和直流电位差计配套

和直流电位差计配套的测量电阻的线路图如图 2-30 所示。热电阻 R_t 和标准电阻 R_N 经可变电阻 R_p 与具有稳定电压的电源 E 接成闭合回路。可变电阻 R_p 用以调节和限制回路的电流值。K 为切换开关,P 为电位差计。切换开关先放在测量标准电阻的位置,在电位差计上测出 R_N 两端的电压 V_N,如果此时通过的电流为 I,则

$$V_N = IR_N$$

再将切换开关放在测量热电阻的位置,测得 R_t 上的电压 V_t,则

$$V_t = IR_t$$

由上两式可得

$$R_t = R_N \frac{V_t}{V_N}$$

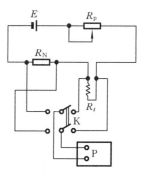

图 2-30　用直流电位差计测量电阻

这种方法多用于实验室中。

2. 和 XCZ-102 动圈式仪表配套

动圈式仪表系列中的 XCZ-102 型仪表是测温时专门与热电阻配套使用的仪表,这是一种利用不平衡电桥原理测量电阻的仪表;测量电路如图 2-31 所示。不平衡电桥的桥臂由 R_t、R_0、R_2、R_3、R_4 和 R_W 组成,其中 R_t 是被测热电阻,R_W 为线路电阻 R_L 和调整电阻 R_{W1} 之和,除 R_t 之外,R_{W1} 和其他桥臂电阻均为锰铜电阻。为消除电源电压波动对指示的影响,必须采用稳压电源供电,电压为直流电压 4 V。通常在仪表测温下限所对应的热电阻阻值为 R_{tmin} 时,电桥处于平衡状态,电桥桥臂电阻 $R_3 = R_4$,$R_2 = R_0 + R_{tmin}$,桥路中的电阻 r_0 和 r_2 用来校正电气零点,热电阻按三线制接入电桥,并调整电阻 R_{W1} 使每根连接线路电阻总和达到规定的 5 Ω。当电源电压为 4 V 时,规定流过热电阻的工作电流不超过 6 mA。

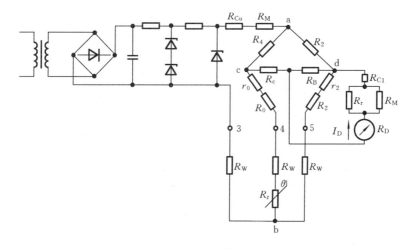

图 2-31　XCZ-102 型仪表测量电路

当被测温度升高时，R_t 增大，电桥失去平衡，仪表中有电流流过。温度越高，R_t 阻值越大，则输出 V_{cd} 越大，仪表指针偏转越大，所以仪表指针的指示值反映了温度的高低。这种方法多用于实验室中。

3. 和直流平衡电桥配套

用直流平衡电桥测量电阻的方法是最常用的方法。直流电桥测量电阻的线路如图 2-32 所示，图中 $R_2=R_3$，用锰铜绕制，R_1 为可变电阻，R_t 是热电阻，R_w 为连接导线电阻，G 为检流计，E 为电池。电桥平衡时，检流计中无电流通过，$R_1R_3=R_2(R_t+R_w)$，即 $R_t=R_1-R_w$。可以在可变电阻 R_1 上进行电阻或温度刻度，即可根据 R_1 的触点位置确定热电阻的阻值。

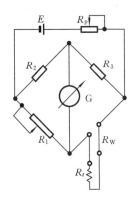

图 2-32　用直流平衡电桥测量
　　　　电阻的线路

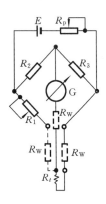

图 2-33　消除导线电阻变化影响的
　　　　三线制电桥线路

从 $R_t=R_1-R_w$ 可知，R_t 不仅取决于 R_1 的触点位置，还与 R_w 有关，而 R_w 是随环境温度变化而变化的。为减小误差，可采用图 2-33 所示的三线制连接方法，电桥平衡时，$R_3(R_1+R_w)=(R_t+R_w)R_2$，因为 $R_2=R_3$，所以 $R_t=R_1$。可见三线制接法有利于消除连接导线电阻变化对测量的影响。

在准确度要求更高的场合，可采用四线制测量线路，如图 2-34 所示。R_t 的四根导线的电阻分别为 r_C、r_c、r_T、r_t。先按图 2-34(a)所示的连线，由于 $R_2=R_3$，电桥平衡时有 $I_1=I_1'$，得 $R_1+r_C=r_T+R_t$，再按图 2-34(b)所示的接线，电桥平衡时有 $I_2=I_2'$，得 $R_1'+r_T=r_C+R_t$，由以上两式可得

$$R_t = (R_1 + R_1')/2$$

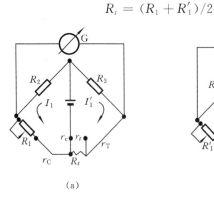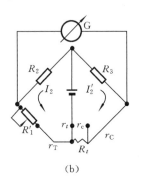

(a)　　　　　　　　　　　　　　　(b)

图 2-34　四线制测量线路

R_1、R_1'是电桥的两个测量值,四线制的测量方法对于消除接触电阻带来的误差是有效的。

4. 和自动平衡电桥配套

自动平衡电桥可以自动地测量热电阻的阻值,它广泛用来作为热电阻温度计的显示仪表。自动平衡电桥除测量线路与自动电位差计不同外,其余部分是一样的,自动平衡电桥的测量线路如图2-35所示。电桥上支路中R_t是热电阻,它与电阻R_w、R_6,以及由滑线电阻R_p、工艺电阻R_B、量程电阻R_5并联形成的电阻R_{np}的一部分,组成桥路的一个桥臂;上支路的另一个桥臂由电阻R_4和R_{np}的另一部分组成。下支路的两个桥臂为R_w+R_2和R_3组成,除了R_t以外,全部电阻都是由锰铜丝绕制。当被测温度变化引起热电阻R_t的阻值变化时,电桥的平衡就被破坏,不平衡电压输入到放大器放大后,推动可逆电机带动滑线电阻上的滑点移动,改变上支路两个桥臂的比值,最后使桥路恢复平衡,同时由可逆电机带动指针,指示出温度数值。改变R_5,可以改变仪表的量程。改变R_6,可以改变仪表的起始值。R_2、R_3、R_4是固定电阻,R_7是限流电阻,用它来限制通过R_t的电流。

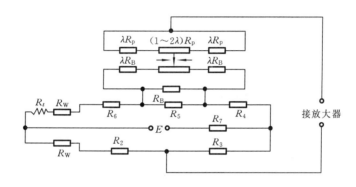

图2-35 自动平衡电桥的测量线路(桥路)

测量电桥可以用交流电源也可以用直流电源供电,交流电桥采用6.3 V交流电源供电,直流电桥采用1 V直流电源供电。

2.4 其他接触式测温仪表

除了以上介绍的广泛应用的热电偶、热电阻温度计外,还有一些型式的温度计,在此作简单介绍。

2.4.1 二极管温度计

从电子学可知,当流过晶体管 P-N 结的电流恒定时,P-N 结之间的电压降会因温度的升高而降低,二者成反比,因此,可利用晶体管 P-N 结的这一特性制成温度计。图2-36所示的为硅二极管正向电压降与温度的关系。二极管的测温线路如图2-37所示。图中二极管 D_F 作为测量元件置于被测介质中,它可以是检波或整流管;R_1、D_{w0}和R_{w0}组成恒流装置,使流过D_F的电流基本不变;R_{w1}和R_{w2}为测温上、下限调节电阻;D_F的 P-N 结间随温度变化而变化的电压降可以在 a 和 b 间测量,并可通过适当组合配用直接显示或记录仪表。二极管温度计与热电偶、热电阻温度计相比具有线性好的优点,因此,比较容易做成数字化温度仪表,P-N 结随温度变化而变化的电压降大,可达-2.4 mV/K,所以二极管温度计具有较高的灵敏度。正由于电压降随温度变化而变化大,它与比较简单的电路配合即可制成温度计,测量也很方便,而且测量范围宽(1~400 K),复现性好。

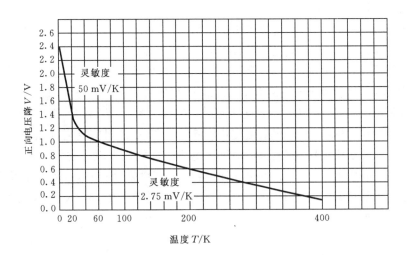

图 2-36　硅二极管的 V-T 曲线

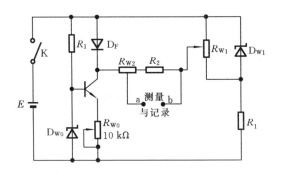

图 2-37　二极管测温线路

2.4.2　双金属温度计

将膨胀系数不同的两种金属片焊成一体,构成双金属温度计。如图 2-38 所示,双金属片的一端固定,另一端自由。当温度升高时,双金属片会产生弯曲变形。其偏转角 α 反映了被测温度的数值。

$$\alpha = \frac{360}{\pi} K \frac{L(t - t_0)}{\delta} \tag{2-20}$$

式中:K 为比弯曲,$℃^{-1}$;

　　　　L 为双金属片有效长度,mm;

　　　　δ 为双金属片总厚度,mm;

　　　　t、t_0 分别为被测温度和起始温度,$℃$。

将偏转角 α 再经过一套机械放大系统带动指针指示温度值。为使仪表有更高的灵敏度,有时将双金属片做成螺旋管状,如图 2-39 所示。双金属温度计的最大优点是抗震性能好,坚固,但其精度较低,只能用于工业中,精度等级为 1~2.5 级。

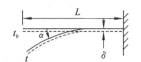

图 2-38 双金属温度计原理图

图 2-39 螺旋管形双金属片元件示意图

2.4.3 压力式温度计

这是根据封闭系统的液体或气体受热后压力变化的原理而制成的测温仪表。图 2-40 为压力式温度计的原理图,它由敏感元件温包、传压毛细管和弹簧管压力表组成。若给系统充以气体,如氮气,则称为充气式压力式温度计,测温上限可达 500 ℃,压力与温度关系接近于线性,但是温包体积大,热惯性大。若充以液体,如二甲苯、甲醇等,温包小些,测温范围分别为 $-40 \sim 200$ ℃ 和 $-40 \sim 170$ ℃。若充以低沸点的液体,其饱和蒸气压应随被测温度而变,如充丙酮,可用于 $50 \sim 200$ ℃。但由于饱和蒸气压和饱和气温呈非线性关系,故温度计刻度是不均匀的。

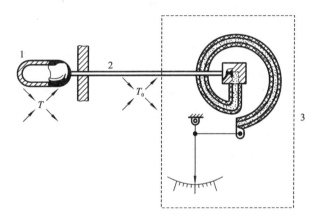

图 2-40 压力式温度计原理图
1—温包;2—低压毛细管;3—弹簧管压力表

使用压力式温度计时,必须将温包全部浸入被测介质中,毛细管长度不超过 60 m。当毛细管所处的环境温度 T_0 有较大波动时,会对示值带来误差。大气压的变化或安装位置不当,例如环境温度波动大的场合,均会增加测量误差。这种仪表精度低,但使用简便,而且抗震动,所以常用在露天变压器和交通工具上,如检测发动机的油温或水温用。

2.5 非接触式温度测量

接触式测温方法是利用测温传感器与被测对象直接接触,且大多数情况下要使测温元件和对象处于热平衡状态下进行测量。这意味着传感器必须经得起被测温度条件下各种气氛的腐蚀、氧化、污染、还原,甚至振动等考验。对于小的被测对象,插入测温元件后还会较大地歪曲温度的原始分布。对于有些运动着的物体,几乎无法用接触方式实现其温度的连续测量和监视控制。在接触式温度传感器不能承受的高温条件下,温度测量必须另辟新径。因此基于热辐射原理的非接触式光学测温仪器得到了较快发展和应用。非接触式温度测量仪大致分成两类:一类是通常所谓的光学辐射式高温计,包括单色光学高温计、光电高温计、全辐射高温计、比色高温计等;另一类是红外辐射仪,包括全红外辐射型、单色红外辐射型、比色型等。

2.5.1 热辐射的理论基础

任何物体的温度高于绝对零度时就有能量释出,其中以热能方式向外发射的那一部分称为热辐射。不同的温度范围其热辐射波段不同,图 2-41 示出了黑体在不同温度下 90% 的总辐射能所集中的波长区域。

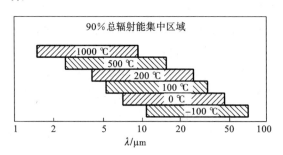

图 2-41 不同温度下黑体辐射的波长范围

可见光光谱段很窄,为 $0.3 \sim 0.72\ \mu m$,红外光谱一般定义为 $0.72\ \mu m$ 到 $1000\ \mu m$ 范围。热辐射温度探测器所能接收的热辐射波段为 $0.3 \sim 40\ \mu m$。因此热辐射温度探测器大多工作在可见光和红外光的某波段或波长下。

绝对黑体的单色辐射强度 $E_{0\lambda}$ 随波长的变化规律由普朗克定律确定:

$$E_{0\lambda} = C_1 \lambda^{-5} (e^{C_2/\lambda T} - 1)^{-1} \tag{2-21}$$

式中:C_1 为普朗克第一辐射常数,$C_1 = 37413\ W \cdot \mu m^4 / cm^2$;

C_2 为普朗克第二辐射常数,$C_1 = 14388\ \mu m \cdot K$;

λ 为辐射波长,μm;

T 为黑体绝对温度,K。

采用上述单位后 $E_{0\lambda}$ 的单位为 $W/(cm^2 \cdot \mu m)$。

温度在 3000 K 以下时普朗克公式可用维恩公式代替,误差在 0.3 K 以内。维恩公式为

$$E_{0\lambda} = C_1 \lambda^{-5} e^{-C_2/\lambda T} \tag{2-22}$$

普朗克公式的函数曲线示于图 2-42。由曲线可见当温度增高时,单色辐射强度随之增长,曲线的峰值随温度增高向波长较短的方向移动。单色辐射强度峰值处的波长 λ_m 和温度 T 之间的关系由维恩偏移定律表示为

$$\lambda_m T = 2897\ \mu m \cdot K \tag{2-23}$$

普朗克公式只给出了绝对黑体单色辐射强度随温度变化的规律,若要得到波长 $\lambda = 0 \sim \infty$ 的全部辐射能量的总和 E_0,则须作如下积分:

$$E_0 = \int_0^\infty E_{0\lambda} d\lambda = \int_0^\infty C_1 \lambda^{-5} (e^{C_2/\lambda T} - 1)^{-1} d\lambda = \sigma_0 T^4 \tag{2-24}$$

式中:σ_0 为斯蒂芬-玻尔兹曼常数,$\sigma_0 = 5.67 \times 10^{-12}\ W/(cm^2 \cdot K^4)$。

式(2-24)称为绝对黑体的全辐射定律。如果物体的辐射光谱是连续的,而且它的单色辐射强度 $E_\lambda = f(\lambda)$ 和同温度下的绝对黑体的相应曲线相似,即在所有波长下都有 $E_\lambda / E_{0\lambda} = \varepsilon$($\varepsilon$ 为小于 1 的常数),则称该物体为"灰体"。该灰体的全部辐射能为 $E = \int_0^\infty E_\lambda d\lambda$,同样有 $E/E_0 = \varepsilon$。称该物体的特征参数 ε 为相对辐射能力、辐射率、黑度或黑度系数。自然界实际存在的物体既非绝对黑体,大多数也非灰体。物体的 ε 与温度和表面特性都有关。单色黑度系数还随

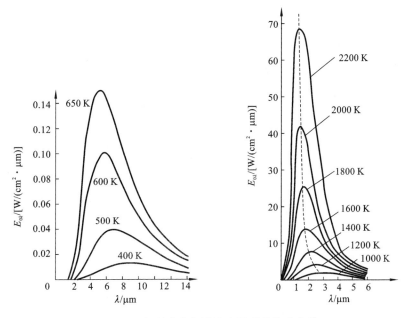

图 2-42　辐射强度与波长和温度的关系曲线

波长而变。

当温度变化时,将 $E_{0\lambda}$ 和 E_0 随温度变化的曲线画在图 2-43 中,图中虚线表示当 $\lambda=0.65$ μm 时 $E_{0\lambda}$ 随温度变化的曲线,实线表示 E_0 随温度变化的曲线。由图可见,当温度升高时单色辐射强度要比全辐射能的增长快得多。这就是将要讲到的单色辐射光学高温计要比全辐射高温计灵敏度高的原因。从虚线还可以看出,当温度由 1000 K 增加到 1800 K 时其辐射强度增加到近 10^5 倍,这是单色光学高温计具有较高测量精度的理论依据。

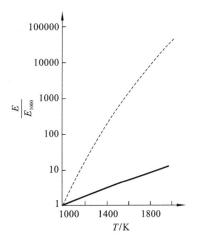

图 2-43　波长 $\lambda=0.65$ μm 单色辐射强度和全辐射能量与温度的关系曲线

2.5.2　亮度温度计

1. 亮度与亮度温度

物体在高温状态下会发光,当温度高于 700 ℃ 时就会明显地发出可见光,具有一定的亮度。物体在波长 λ 下的亮度 B_λ 和它的 E_λ 成正比,即

$$B_\lambda = CE_\lambda$$

式中：C 为比例常数。

再根据维恩公式，得到绝对黑体在波长 λ 的亮度 $B_{0\lambda}$ 与温度 T_s 的关系为

$$B_{0\lambda} = C\,C_1\lambda^{-5}\,e^{-C_2/\lambda T_s} \tag{2-25}$$

实际物体在波长 λ 的亮度 B_λ 与温度 T 的关系为

$$B_\lambda = C\varepsilon_\lambda C_1\lambda^{-5}\,e^{-C_2/\lambda T} \tag{2-26}$$

如果用一种测量亮度的单色辐射高温计来测量单色黑度系数 ε_λ 不同的物体的温度，由式 (2-26) 可知，即使它们的亮度 B_λ 相同，其实际温度也会因 ε_λ 不同而不同。为了使其具有通用性，对这类高温计作如下规定：单色辐射光学高温计的刻度按绝对黑体（$\varepsilon_\lambda=1$）进行。用这种刻度的高温去测量实际物体（$\varepsilon_\lambda\neq1$）的温度时，所得到的温度示值就是被测物体的亮度温度。亮度温度的定义是：在波长为 λ 的单色辐射中，若物体在温度 T 时的温度 B_λ 和绝对黑体在温度 T_s 时的亮度 $B_{0\lambda}$ 相等，则把绝对黑体温度 T_s 称为被测物体在波长 λ 时的亮度温度。按此定义，根据式 (2-25) 和式 (2-26) 可推导出被测物体实际温度 T 和亮度温度 T_s 之间的关系为

$$\frac{1}{T_s} - \frac{1}{T} = \frac{\lambda}{C_2}\ln\frac{1}{\varepsilon_\lambda} \tag{2-27}$$

由此可见，使用已知波长 λ 的单色辐射高温计测得物体亮度温度后，必须同时知道物体在该波长下的黑度系数 ε_λ，才可知道实际温度。可用式 (2-27) 计算，也可由和图 2-44 相类似的曲线查得修正值，但须注意图 2-44 的修正值只适用于 $\lambda=0.65\ \mu m$ 的特定波长条件。

从式 (2-27) 可以看出，因为 ε_λ 总是小于 1，所以测到的亮度温度总是低于物体真实温度。

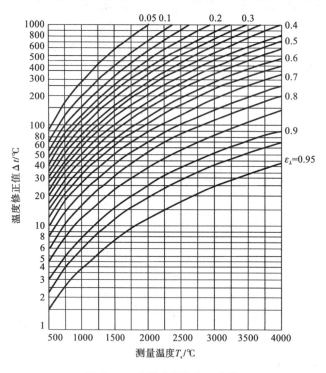

图 2-44　光学高度计修正曲线

2. 灯丝隐灭式光学高温计

灯丝隐灭式光学高温计是一种典型的单色辐射光学高温计，在所有的辐射式温度计中它

的精度最高,因此很多国家用来作为基准仪器,复现金或银的凝固点温度以上的国际温标。

灯丝隐灭式光学高温计的原理如图 2-45 所示。高温计的核心元件是一只标准灯 3,其弧形灯丝的加热采用直流电源 E,用滑线电阻器 7 调整灯丝电流以改变灯丝亮度。标准灯经过校准,电流值与灯丝亮度关系成为已知。灯丝的亮度温度由毫伏表 6 测出。物镜 1 和目镜 4 均可沿轴向移动,调整目镜位置使观测者能清晰地看到标准灯的弧形灯丝;调整物镜的位置使被测物体成像在灯丝平面上,在物像形成的发光背景上可以看到灯丝。观测者目视比较背景和灯丝的高度,如果灯丝高度比被测物体亮度低,则灯丝在背景上显现出暗的弧线,如图 2-46(a)所示;若灯丝亮度比被测物体亮度高,则灯丝在相对较暗的背景上显现出亮的弧线,如图 2-46(b)所示;只有当灯丝亮度和被测物体亮度相等时,灯丝才隐灭在物像的背景里,如图 2-46(c)所示,此时由毫伏表指示的电流值就是被测物体亮度温度对应的读数。

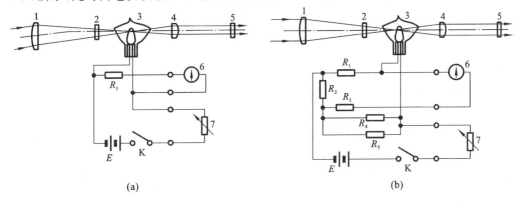

图 2-45　灯丝隐灭式光学高温计原理图

(a)电压式;(b)电桥式

1—物镜;2—吸收玻璃;3—高温计标准灯;4—目镜;5—红色滤光片;6—测量电表(毫伏表);7—滑线电阻器

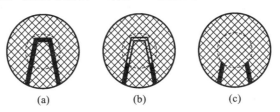

图 2-46　灯丝亮度调整图

(a)灯丝太暗;(b)灯丝太亮;(c)隐丝(正确)

在图 2-45 所示的光学高温计原理图中,2 是灰色吸收玻璃,它的作用是在保证标准灯泡钨丝在不过热的情况下能增加高温计的测量范围。当亮度温度超过 1400 ℃时,钨丝开始升华,使其阻值改变,且会在灯泡壁上形成暗黑膜,从而改变灯丝的温度-亮度特性,给测量造成误差。为此当被测物体亮度温度高于 1400 ℃时,光路中要加入吸收玻璃,以减弱辐射源进入光学高温计的辐射强度。这样可以利用最高亮度温度不超过 1400 ℃的钨丝灯去测量比 1400 ℃高的物体温度。设被测物体的亮度温度 T 高于 1400 ℃,经过吸收玻璃使其亮度减弱,减弱后的亮度温度 T_0 低于 1400 ℃,则定义

$$A = \frac{1}{T_0} - \frac{1}{T} \qquad (2\text{-}28)$$

为吸收玻璃的减弱度,A 是光学高温计的特征参数之一。

在进行被测物体和灯丝亮度比较时,必须加入红色滤光片 5,以造成单色光(红光)。图

2-47画出的是红色滤光片的光谱透过系数 τ_λ 曲线和人眼睛的相对光谱敏感度 ν_λ 曲线。两条曲线的共同部分就是透过滤光片后人眼睛所能感觉到的光谱段,为 $\lambda = 0.62 \sim 0.72~\mu m$。该波段的重心波长 $\lambda \approx 0.65~\mu m$,称为光学高温计的有效波长。这是单色辐射光学高温计的一个重要的特征参数,在高温计的设计和温度换算中都必须用到它。

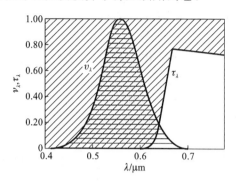

图 2-47　红色滤光片光谱透过系数 τ_λ 和人眼睛相对光谱敏感度 ν_λ 曲线

3. 使用单色辐射高温计时应注意的事项

(1)非黑体辐射的影响

由于被测物体均为非黑体,其 ε_λ 随波长、温度、物体表面情况而变化,使被测物体温度示值可能具有较大误差。为此人们往往把一根具有封底的细长管插入到被测对象中去,管底的辐射就近似于黑体辐射。光学高温测得的管子底部温度就可以视为被测对象的真实温度。

(2)中间介质

理论上光学高温计与被测目标间没有距离上的要求,只要求物像能均匀布满目镜视野即可。实际上其间的灰尘、烟雾、水蒸气和二氧化碳等对热辐射均可能有散射效应或吸收作用而造成测量误差。所以实际使用时高温计与被测物体距离不宜太远,一般在 $1 \sim 2$ m 比较合适。

(3)被测对象

光学高温计不宜测量反射光很强的物体,不能测量不发光的透明火焰,也不能用光学高温计测量"冷光"的温度。

2.5.3　全辐射高温计

根据绝对黑体全辐射定律的原理公式(2-24)而设计的高温计称为全辐射高温计,当测出黑体的全辐射强度 E_0 后就可知其温度 T。图 2-48 为全辐射高温计原理示意图。

被测物体波长 $\lambda = 0 \sim \infty$ 的全辐射能量由物镜 1 聚集经光阑 2 投射到热接收器上,这种热接收器多为热电堆结构。热电堆是由 $4 \sim 8$ 支微型热电偶串联而成,以得到较大的热电势。热电堆的测量端贴在类十字形的铂箔上,铂箔涂成黑色以增加热吸收系数。热电堆的输出热电势接到显示仪表或记录仪器上。热电堆的参比端贴夹在热接收器周围的云母片中。在瞄准物体的过程中可以通过目镜 6 进行观察,目镜前有灰色滤光片 5 用来削弱光强,以保护观察者的眼睛。整个高温计机壳内壁面涂成黑色以便减少杂光干扰和尽量造成黑体条件。

全辐射高温计是按绝对黑体对象进行分度的。用它测量辐射率为 ε 的实际物体温度时,其示值并非真实温度,而是被测物体的辐射温度。温度为 T 的物体全辐射能量 E 等于温度为 T_p 的绝对黑体全辐射能量 E_0 时,温度 T_p 称为被测物体的辐射温度。按 ε 的定义, $\varepsilon = E/E_0$,则有

$$T = T_{\mathrm{p}} \sqrt[4]{1/\varepsilon} \qquad (2\text{-}29)$$

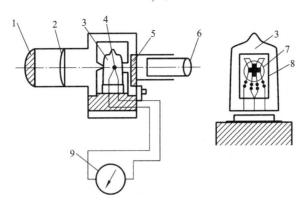

图 2-48　全辐射高温计原理示意图

1—物镜；2—光阑；3—玻璃泡；4—热电堆；5—灰色滤光片；6—目镜；7—铂箔；8—云母片；9—二次仪表

因为 ε 总是小于 1，所以测到的辐射温度总是低于实际物体的真实温度。

使用全辐射高温计应注意的事项：

①全辐射的辐射率 ε 随物体成分、表面状态、温度和辐射条件有着较大范围的变化，因此应尽可能准确地得到被测物体的 ε。或者创造人工黑体条件，例如，将细长封底氧化铝管插入被测对象，以形成人工黑体。

②高温计和被测物体之间的介质，如水蒸气、二氧化碳、尘埃等对热辐射有较强的吸收，而且不同介质对各波长的吸收率也不相同，为此高温计与被测物体之间距离不可太远。

③使用时环境温度不宜太高，以免引起热电堆参比端温度增高而增加测量误差。虽然设计高温计时对参比端温度有一定补偿措施，但还做不到完全补偿。例如被测物体温度为 1000 ℃、环境温度为 50 ℃时，高温计指示值偏低约 5 ℃；环境温度为 80 ℃时示值偏低 10 ℃，环境温度高于 100 ℃时则必须加冷却水套以降温。

④被测物体到高温计之间距离 L 和被测物体的直径 D 之比（L/D）有一定限制。当比值太大时，被测物体在热电堆平面上成像太小，不能全部覆盖住热电堆十字形平面，使热电堆接收到的辐射能减少，温度示值偏低；当比值太小时，物像过大，使热电堆附近的其他零件受热，参比端温度上升，也造成示值下降。例如，WFT-202 型高温计使用规定：当 $L = 0.6$ m 时，L/D 为 15；$L = 0.8$ m 时，L/D 为 19；当 $L > 1$ m 时，L/D 为 20，如果此时采用 $L/D = 18$，在 900 ℃时则将增加 10 ℃误差。

全辐射高温计测温过程中误差来源及分析：

①分度误差：工业用全辐射高温计是利用互换器件组装成的仪器，器件特性会有一定分散性，因此出厂时需用标准黑体热辐射源单独进行分度，分度后 1000 ℃时误差约为 ± 16 ℃。

②介质吸收产生的误差：不同的中间介质对辐射能有不同的吸收率。例如空气，每 0.5 m 厚度具有的吸收率 $\alpha = 0.03$；如被测物体为烟气，含有 H_2O 和 CO_2 等 3 原子气体，α 将会增大很多。被测物体温度为 T 时，高温计示值 $T' = T \sqrt[4]{1-\alpha}$，为此高温计和被测物体间距离一般以不超过 1 m 为好。

③被测物体辐射率引起的误差：被测物体的辐射率 ε 的测定带有较大误差，例如未氧化的镍金属在 1200 ℃时，$\varepsilon = 0.063$，如果氧化了的则为 0.85。一般情况下，ε 的相对变化 $\Delta\varepsilon/\varepsilon$ 在 10% 以上，如果 $\Delta\varepsilon/\varepsilon = 10\%$，则在 $t = 1000$ ℃时由 $\Delta\varepsilon$ 引起的测温误差为

$$\Delta T = \frac{1}{4} \cdot T \cdot \frac{\Delta \varepsilon}{\varepsilon} = 32 \text{ ℃}$$

④使用时环境条件所带来的误差:如环境温度过高、L/D 选择不当、更换零件后未进行校准等。

总之,全辐射高温计不宜用来进行精确测量,多用于中小型炉窑的温度监视。该高温计的优点是结构简单,使用方便,价格低廉。时间常数为 $4 \sim 20$ s。

近年来,全辐射高温计的热接收器除了热电堆之外,还采用热敏电阻、硅光电池等器件,除热接收器的输出电路有所变化外,其他光学系统无变化。

2.5.4　比色温度计

根据维恩偏移定律,当温度增高时绝对黑体的最大单色辐射强度向波长减小的方向移动,使两个固定波长 λ_1 和 λ_2 的亮度比随温度而变化。因此,测量其亮度比值即可知其相应温度。若绝对黑体的温度为 T_c,则相对于波长 λ_1 和 λ_2 的亮度分别为

$$B_{0\lambda 1} = C C_1 \lambda_1^{-5} e^{-C_2/\lambda_1 T_c}$$
$$B_{0\lambda 2} = C C_1 \lambda_2^{-5} e^{-C_2/\lambda_2 T_c}$$

两式相比后,可求得

$$T_c = \frac{C_2 [(1/\lambda_2) - (1/\lambda_1)]}{\ln(B_{0\lambda 1}/B_{0\lambda 2}) - 5\ln(\lambda_2/\lambda_1)} \tag{2-30}$$

如果波长 λ_1 和 λ_2 是确定的,那么测得该两波长下的亮度比 $B_{0\lambda 1}/B_{0\lambda 2}$,根据式(2-30)就可求出 T_c。

若温度为 T 的实际物体在两个不同波长下的亮度比值与温度为 T_c 的绝对黑体在同样两波长下的亮度比值相等,则把 T_c 称为实际物体的比色温度。根据比色温度的这个定义,再应用维恩公式,就可以推导出物体实际温度 T 和比色温度 T_c 的关系为

$$\frac{1}{T} - \frac{1}{T_c} = \frac{\ln(\varepsilon_{\lambda 1}/\varepsilon_{\lambda 2})}{C_2 (1/\lambda_1 - 1/\lambda_2)} \tag{2-31}$$

式中:波长 $\varepsilon_{\lambda 1}$ 和 $\varepsilon_{\lambda 2}$ 分别为实际物体在辐射波长为 λ_1 和 λ_2 时的单色辐射率。

根据式(2-31),可分析比色法光学测温有如下特点:

①对于绝对黑体,因为 $\varepsilon_{\lambda 1} = \varepsilon_{\lambda 2} = 1$,所以 $T = T_c$;对于灰体,由 $\varepsilon_{\lambda 1} = \varepsilon_{\lambda 2} \neq 1$,同样 $T = T_c$;对于一般物体,$\varepsilon_{\lambda 1} \neq \varepsilon_{\lambda 2}$,则 $T \neq T_c$。但一般物体 $\varepsilon_{\lambda 1}$ 和 $\varepsilon_{\lambda 2}$ 的比值变化要比 ε_λ 和 ε 的单值变化小得多,因此 T_c 与 T 之差要比 T_s 与 T 之差小得多。同样也比 T_p 与 T 之差小得多。

②对于金属物体,一般是短波的 $\varepsilon_{\lambda 1}$ 大于长波的 $\varepsilon_{\lambda 2}$,则 $\ln(\varepsilon_{\lambda 1}/\varepsilon_{\lambda 2}) > 0$,比色温度将高于物体实际温度。对于其他物体,视 $\varepsilon_{\lambda 1}$ 和 $\varepsilon_{\lambda 2}$ 的大小而定。

③中间介质如水蒸气、二氧化碳、尘埃等对 λ_1 和 λ_2 的单色辐射均有吸收,尽管吸收率不一定相同,但对单色辐射强度比值的影响相对比较小。

图 2-49 是按照比色测温原理设计和实现的单通道光电比色高温计的工作原理图。

被测物体的辐射能量经物镜组 1 聚集,经过通孔成像镜 2 而到达硅光电池接收器 5。同步电动机 4 带动圆盘 3 转动,圆盘上装有两种不同颜色的滤光片,可允许两种波长的光交替通过。接收器 5 输出两个相应的电信号。对被测对象的瞄准通过反射镜 8、倒像镜 7 和目镜 6 来实现。

单通道光电比色高温计的结构框图如图 2-50 所示。接收器输出的电信号经变送器 2 完成比值运算和线性化后输出统一直流信号 $0 \sim 10$ mA。它既可接模拟仪表,也可以接数字式

仪表,来指示被测温度值。为使光电池工作稳定,它被安装在一恒温容器内,容器温度由光电池恒温电路自动控制。

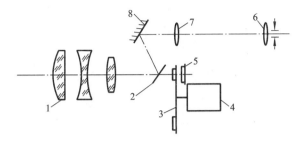

图 2-49　单通道光电比色高温计工作原理

1—物镜组;2—通孔成像镜;3—调制盘(圆盘);4—同步电动机;5—硅光电池接收器;6—目镜;7—倒像镜;8—反射镜

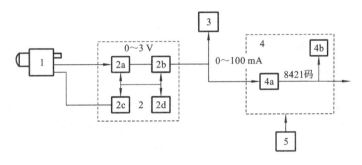

图 2-50　单通道光电比色高温计结构框图

1—接收器;2—变送器;2a—比值运算电路;2b—线性化电路;2c—光电池恒温电路;2d 变速器电源;

3—显示记录仪表;4—温度数字显示仪;4a—模数转换器;4b—数字显示器;5—显示仪电源

单通道光电比色高温计的测温范围为 900～2000 ℃,仪表基本误差为±1%。如果采用 PbS 光电池代替硅光电池作为接收器,则测温下限可到 400 ℃。

双通道光电比色高温计不像单通道那样采用转动圆盘进行调制,而是采用分光镜把辐射能分成不同波长的两路。图 2-51 为其原理图。

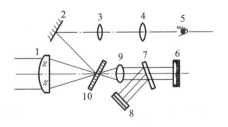

图 2-51　双通道光电比色高温计原理

1—物镜;2—反射镜;3—倒像镜;4—目镜;5—人眼;6—硅光电池;7—分光镜;8—硅光电池;9—透镜;10—视场光阑

被测物体的辐射能经物镜 1 聚集于视场光阑 10,再经透镜 9 到分光镜 7,红外光能透过分光镜投射到硅光电池 6 上;可见光则被分光镜反射到另一硅光电池 8 上。在硅光电池 6 的前面设有红色滤光片,可将少量可见光滤去;在硅光电池 8 的前面设有可见光滤光片,可将少量长波辐射能滤去。两个硅光电池的输出信号分别为电动势 E_1 和 E_2。其电气原理如图 2-52 所示,硅光电池 8 输出的 E_2 在 R_3、R_4、R_5 上的分压 $U_{\lambda2}$ 和硅光电池 6 输出的 E_1(即 $U_{\lambda1}$)被同时输至放大器,进行电压放大和功率放大。当两个输入信号不相等时,放大后的信号推动可逆电动机 M 转动,使滑线电阻 R_4 上的滑点移动,直至 $U_{\lambda 1}=U_{\lambda 2}$ 为止。R_4 的滑点位置则能反映出被测物体的比色温度值。

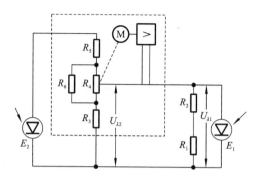

图 2-52　双通道式光电比色高温计电气原理

这种双通道式光电比色高温计结构简单,使用方便,但两个光电池要保持特性一致且不随时间发生变化是比较困难的。

2.5.5　红外测温仪

由传热学原理可知,物体有温度就会向外辐射,任何物体在温度较低时向外辐射的能量大部分是红外辐射的能量,波长在 $0.8\sim100\ \mu m$ 范围的射线称为红外线,而人眼看不见这种射线,要用红外测温仪才能测得到,这是一种以测量物体红外辐射来确定物体温度的温度计。红外测温仪由光学系统、红外变换元件和显示仪表等组成,变换元件的输出信号送到显示仪表中,显示出被测温度。红外测温仪的结构原理如图 2-53 所示。

光学系统可以是透射式的,也可以是反射式。通过光学系统可以得到一定波段的红外辐射。图 2-54 所示的是利用棱镜分光的方法得到红外辐射的示意图。S 是黑体辐射光源,光线经光阑 S_1 射到球面反射镜 M_1,反射的平行光经平面镜 M_2 反射,再经棱镜 P 分光,将需要的波长用球面镜 M_3 会聚,通过光阑 S_2 聚集到检测器 J 上。转动棱镜 P 的位置,就可得到不同波长的红外线。也可用能透过相应波段辐射线的材料做成透镜,设置在光路中间,这样透镜对光的波长就有了选择性。如在 $0.76\sim3\ \mu m$ 的近红外区可用一般光学玻璃和石英等做透镜。在 $3\sim5\ \mu m$ 的中红外区可用氟化镁、氧化镁等做透镜。在 $5\sim14\ \mu m$ 的远红外区多用锗、硅、硫化锌等做透镜。

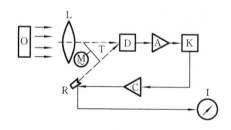

图 2-53　红外测温仪结构原理

O—目标;L—光学系统;D—红外探测器;
A—放大器;K—相敏整流器;C—控制放大器;
R—参考源;M—电动机;I—指示器;T—调制盘

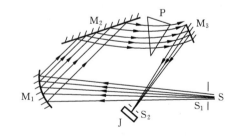

图 2-54　单色红外线的获得

红外变换元件是接收被测物体红外辐射并能将其转换成电信号的器件,它分为热敏探测器和光电探测器等两大类。

1. 热敏探测器

常用的有热敏电阻型、热电偶型,即接收红外线辐射的是热敏电阻和热电偶。热敏探测器的响应波谱很宽。热敏电阻型探测器由锰、镍、钴等金属化合物制成。热电偶型一般由铋-银、铋-锑、铜-康铜、铋-铋银等合金组成。为了增加灵敏度,热电偶个数要多,从十几支到几十支,即组成热电堆。还可用真空镀膜和光刻技术来减小热电堆的体积。

2. 光电探测器

常用的有光敏电阻型和光电池型。这些光电变换元件由于所用材料不同,其响应的波长也不同。当红外辐射线照射在光敏电阻上时,光电电阻的电导率增加,入射的辐射功率不同,会得到不同的电导率。这就是光敏电阻型测量红外辐射的原理。目前常用的光敏电阻有硫化铅、硒化铅、砷化铟、锑化铟和碲镉汞三元合金等。不同的半导体材料都只能对某一波段的辐射线有响应。

光电池型测量红外辐射的原理:当它接收红外辐射后就有电压输出,其电压大小与入射的辐射功率有关。常用的材料有砷化铟、锑化铟、碲镉汞和碲锡铅三元合金,还有硅、锗等。

使用红外探测器时必须注意避免中间介质的影响。因为水蒸气、二氧化碳等会吸收红外辐射线,造成测量值低于实际值的误差。合理地选择工作波段可以减小测量误差,所选的工作波段应避开中间介质的吸收光谱范围,使仪表能较正常工作。

2.6 温度计的选择、安装与标定

2.6.1 温度计的选择与安装

1. 温度计的选择

前面介绍的一些温度计中有的用来测量常温、高温,有的用来测量低温;有的是接触式温度计,有的是非接触式温度计等。要想选择一种合适的温度计,必须根据被测对象的情况、测量的要求、被测介质的性质和周围的环境来选择。例如,600 ℃以上的高温常选择热电偶温度计来测量,这个温度范围的热电偶都是标准化了的,如铂铑-铂铑、铂铑-铂、镍铬-镍硅、镍铬-考铜等。600 ℃以下的温度常采用热电阻温度计来测量,最常用的有铂电阻和铜电阻,此外还有铜-铜镍热电偶。在测量液氮和液氦温区时,常用碳电阻、镍铬-金铁热电偶来测温。

2. 常温及高温测量中温度计的安装

使用热电偶和热电阻进行温度测量时,其感温元件都要与被测对象相接触,通过热交换才能达到测温的目的,如果安装不正确,则尽管感温元件和显示仪表的精度等级都很高,也得不到满意的测量结果。温度计的安装就是采取措施使温度计与被测物体有良好的热接触。现在用一实例来说明不同的安装方案对测量结果的影响。图2-55所示的是感温元件的几种不同的安装方案。管道中流过压力为 3 MPa、温度为 386 ℃的过热蒸气,管道内径为 100 mm,流速为 30～35 m/s。图中热电阻1,安装在弯头处,插入深度够长,外露部分很短且有很厚的绝热层保温,测量结果 $t_1 \approx 386$ ℃,测量误差接近于零;热电阻5,管道外无保温,热电阻外露部分长且也无保温,测量结果 $t_5 = 341$ ℃,误差达 -45 ℃;水银温度计2,采用了薄壁套管,测量端插到管道中心线处,测量结果 $t_2 = 385$ ℃,误差为 -1 ℃;水银温度计3情况与2类似,只是3用

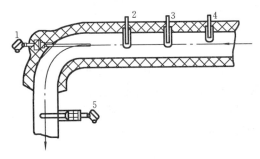

图 2-55 各种测温管装置方案的测量误差比较

了厚壁管,结果 $t_3 = 384$ ℃,误差为 -2 ℃;水银温度计 4,采用了薄壁套管,但插入浅,没有插到管道中心,结果 $t_4 = 371$ ℃,误差为 -15 ℃。此例说明温度计安装不当带来的误差是很大的。

由于被测对象不同,环境条件不同,测量要求不同,因此温度计的安装方法与措施也不同。常温及高温测量中温度计的安装可根据以下情况来考虑。

(1)用热电偶测量表面温度的安装方法

由于热电偶具有测点小,能测量"点"的温度的优点,因此,常采用热电偶来测量表面温度。但是若采用简单地把热电偶附着在固体表面的办法,则不能测出真实的温度,必须根据不同的对象采用不同的方法。

①若被测表面为不良导体,则可加一个导热良好的集热垫片,如图 2-56 所示。

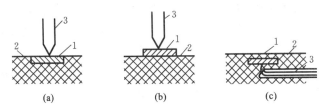

图 2-56 集热垫片的使用

1—集热垫片;2—被测表面;3—热电偶

②若表面与较高流速的流体换热,且二者温差较大,则应设法不改变测点附近的换热情况,图 2-57 所示的是测表面温度时热电偶安装方法示例。

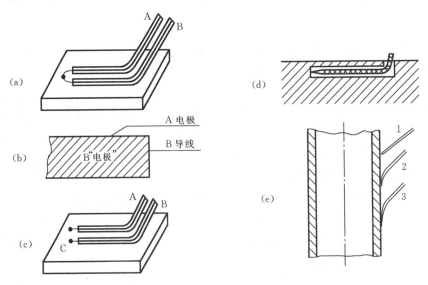

图 2-57 表面热电偶安装方法举例

(a)测量点为一点,热电极沿表面敷设一段;(b)被测导体为一热电极,测点向外导热减少;

(c)测量端由 C 和 A、B 组成,减少导热;(d)热电极卧埋到被测表面下;

(e)管道表面热电极的安装,1、2、3 为热电偶

③对焊接有困难的表面测温时,应采用"埋"、"压"、"粘"的方法,以保证良好的热接触。

图 2-57 所示的安装原则:热电偶向被测表面导入的热量或从被测表面导出的热量由远离测点的其他部分承受;热电偶测量端尽可能小,且呈片状平贴在表面上;热电偶卧埋到表面以下等。图 2-57(b)所示的是将被测导体作为一个电极,测量端安装在其表面上的情况,这样可以减小干扰。

(2)测量管内流体温度的安装方法

测量管内流体温度时,测温元件应有一定的插入深度,并处于具有代表性的热区域,即管道中心轴线上,测温元件的外露部分应加装绝热层保温。安装形式如图 2-58 所示;在温度较高的场合,应尽量减小被测介质与管壁之间的温差,以减小热辐射误差。可在管壁表面包上绝热材料,以保护管壁温度,减小热量损失。必要时,可在测温元件与管壁之间加装防辐射罩(遮热罩)。这样可使辐射换热在测温元件与遮热罩之间进行,另外还要设法使遮热罩的温度接近测温元件的温度,减小辐射换热量,如图 2-59 所示。

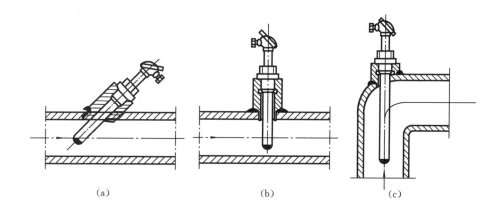

（a）　　　　　　　　　　（b）　　　　　　　　　　（c）

图 2-58　感温元件的安装形式

（a)倾斜安装;(b)垂直安装;(c)弯头处安装

(3)测量炉膛温度的安装方法

测量炉膛温度时,应避免感温元件与火焰直接接触,否则会使测量值增加;感温元件安装于负压管道(如烟道)时,应保证其严密性,以免外界冷空气进入,降低测量值。

3. 低温测量中温度计的安装

一般来说,在常温和高温测量中对温度计的安装要求也适用于低温测量时的安装,只不过低温测量中的一些问题,如引线漏热、辐射热等问题显得更加突出。

①测量壁面温度时,温度计的安装要求与常温及高温温度计的安装要求相同,也是需要保证温度计与被测物体有良好的热接触。

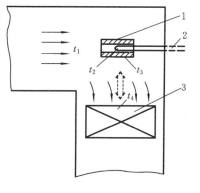

图 2-59　单层遮热罩

1—遮热罩;2—测温元件;3—冷物体

②用热电偶或热电阻测温时,通常是在被测物体上钻出与温度计相适应的孔,将温度计的测量端埋入孔内,然后用低温胶密封好。

③低温测量时,要考虑测量引线的传热会给测量带来误差,因此靠近温度计部分的引线,必须与被测物体达到同一温度。当测量引线自室温引入到被测低温测点时,可先把引线绕在

比室温低的一个金属零件上,以减少室温的引线漏热;另外应选择细的、导热性能差的材料作引线,还要避免室温对低温温度计的热辐射,为此,对低温温度计需加装辐射屏,以减少测温误差。

2.6.2　温度计的标定

除了在生产厂须对温度计进行标定(或检定)后才能出厂外,使用单位在安装前和经过一段时间使用后也须对温度计进行标定,这是由于热电偶或热电阻在保管和使用过程中,测量端受氧化腐蚀等影响,其特性会发生变化,所以一段时间后要检定其是否合乎精度要求。工业用温度计的检定方法主要有比较法和定点法等两种。

1. 比较法

所谓比较法,是将具有高一级准确度的标准温度计和被标定的温度计都置于同一介质中,比较二者的温度测量指示值,确定被标定温度计的基本误差。通常所用的标准温度计:高温时,可用标准热电偶;温度较低时,可用水银温度计。

比较法标定温度计的基本要求是,必须造成一个均匀的温度场,以便标准温度计和被标定温度计能感受到相同温度,均匀的温度场必须有足够的大小,以便由测温元件产生的导热损失可以忽略不计。目前常用的能造成均匀温度场的装置有如下几种。

(1)中、低温液体槽

为了使温度场均匀,在液体槽内装有搅拌装置,因标定或检定的温度范围不同,常用的液体槽如下:

①液氮槽:检定的温度可达$-150\ ℃$。

②酒精槽:利用固体CO_2冷却,温度可达$-80\ ℃$。

③水槽:用电加热,可用于温度在$1\sim100\ ℃$范围内的场合。

④油槽:用电加热,可用于温度在$80\sim300\ ℃$范围内的场合。

(2)管式电炉

当温度在$400\ ℃$以上时,难以使用带搅拌的液体槽,而常用管式电炉来形成均匀温度场。管式电炉也可以用于较低的温度的场合,但精度比液体槽的低得多。为了保证炉内温度场足够均匀,要求电炉内腔长度与直径之比至少是$20:1$。管式电炉的加热丝材料根据所需最高温度而定。如最高温度为$1100\ ℃$时,用镍铬丝制成;最高温度达$1600\ ℃$时,则用铂丝制成;如在$1600\ ℃$以上,可用铑丝,在更高温度时可用钨铼等耐熔金属丝制成。为了使电炉中有一个均匀温带,除了保证足够的长度外,也可以在电炉内管中心放置一镍金属块,在金属块上钻一些孔,以便插入热电偶。

2. 定点法

用需检定的温度计测量某些固定点温度(如凝固点、沸点、三相点),求得读数,再与这些固定点在国际温标中的标准值相比较,根据它们之间的差异程度评定被检定的温度计的基本误差的大小。

使用定点法检定温度计的关键,在于使测温物质具有精确的固定点温度。这主要用到下列一些固定点。

(1)沸点

在实验室中,水沸点是最易得到的固定点之一;需较高温度时用硫沸点,需低温时用氧沸点、氢沸点等。由于物质的沸点受大气压的影响很大,因此在检定时,要同时测量大气压力的数值,并据此进行温度指示值的修正。

（2）凝固点

检定时通常使用水的冰点和某些金属（如锌、银、金等）的凝固点。凝固点受大气压力的影响非常小,但受物质纯度的影响比较大,因此,在检定时要防止金属被氧化和污染。利用金属凝固点来检定温度计时,其方法是先将金属熔融并升温至凝固点以上约 10 ℃,再将被检定温度计插入必要的深度,然后降温,每隔相等的时间间隔读取温度计的指示值,测得的降温曲线的水平部分就是金属的凝固点。

3. 工业热电偶的检定

热电偶在使用前要预先进行检定,使用中的热电偶也要定期检定以确定是否合格。

工业热电偶通常采用比较法检定,即用标准铂铑-铂热电偶作为标准仪器来进行比较。

（1）热电偶的检定点

为了节省时间和减少检定工作量,对于一支热电偶只检定几个温度点,如表 2-7 所示。在实际检定时,检定点温度要求控制在表中所列数值的 ±10 ℃范围内。对于廉价金属热电偶,如用在 300 ℃以下时,应增加一个 100 ℃检定点（此点在油槽中进行,标准表用标准水银温度计）。

表 2-7 热电偶的检定点

热电偶名称	检定点/℃			
铂铑-铂	600	800	1000	1200
镍铬-镍硅	400	600	800	1000
镍铬-考铜	300	400（或 500）		600

（2）检定设备

一般在温度高于 300 ℃时,热电偶用管式电炉加温,如图 2-60 所示。检定设备的主要部分如下：①管式电炉。它通过自耦变压器或可调电阻改变所加电流大小,从而使炉内温度达到所要求的数值。要求炉内至少有长 100 mm 的均匀温度区,热电偶的工作端应插入到该区。②冰点槽。这在热电偶的参比端补偿方法（冰浴法）中已述及,这里不再重复。③切换开关。在同时检定几支热电偶时需用多点切换开关。④直流电位差计。要求使用准确度不低于 0.03级的实验室用低电势直流电位差计。⑤标准热电偶。检定一般工业用热电偶时,采用二等或三等标准铂铑-铂热电偶。

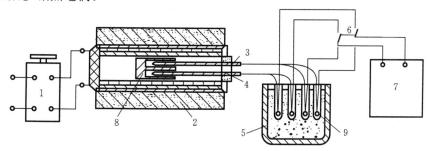

图 2-60 热电偶检定装置示意图

1—调压变压器；2—管式电炉；3—标准热电偶；4—被校热电偶；5—冰点槽；

6—切换开关；7—直流电位差计；8—镍块；9—试管

（3）操作步骤

把被检定热电偶和标准热电偶的测量端用铂丝绑扎在一起,插到炉内温度均匀处。为了避免被检定热电偶对标准热电偶产生有害影响,要将标准热电偶套上保护套管。测量端插入炉内的深度一般要求有 300 mm,对于较短的热电偶其插入深度不得小于 150 mm。为了保证被检定热电偶与标准热电偶的测量端处于同一温度,可以把两热电偶的测量端放在金属镍块中,再将镍块放于炉子的恒温区内。

热电偶放入炉中后,炉口应用石棉绳封严,热电偶的冷端应置于冰点槽中,以保持 0 ℃。用调压器调节炉温,当炉温达到校验温度点±10 ℃范围内时,应调节加热电流,尽量保持炉温恒定,在炉温变化每分钟不超过 0.2 ℃时,可用直流电位差计测量热电偶的热电势。在每一个检定温度点上对标准热电偶和被检定热电偶的热电势的读数不得少于 4 次,然后求取热电势读数的算术平均值。

（4）计算被检定热电偶的误差

假设用一支标准热电偶通过切换开关同时检定 n 支热电偶,如果在某检定点标准热电偶热电势的读数平均值为 E,它的修正值为 ΔE（在证书上列出）,被检定热电偶热电势的平均值为 $E_1, E_2, \cdots, E_n$,先由 $E + \Delta E$ 查分度表,得到被检定点的炉内标准温度 t,再由 $E_1, E_2, \cdots, E_n$ 查相应的分度表得到 $t_1, t_2, \cdots, t_n$,则被检定热电偶在检定点的误差为:$\Delta t_i = t_i - t (i = 1, 2, \cdots, n)$。例如,标准热电偶检定证书上标明其测量端温度为 600 ℃,参比端 0 ℃时的热电势为 5.24 mV,而分度表上相应的热电势是 5.222 mV,这时以分度表为准,标准热电偶在 600 ℃这点热电势偏高 $\Delta E = 0.018$ mV,即修正值为 -0.018 mV。例如,标准热电偶和四支被检定的镍铬-镍硅热电偶在 600 ℃校验点附近的读数分别为 $E = 5.25$ mV,$E_1 = 24.99$ mV,$E_2 = 24.82$ mV,$E_3 = 24.86$ mV,$E_4 = 25.03$ mV。标准热电偶热电势经修正,即 $E = 5.25$ mV $- 0.018$ mV $= 5.232$ mV,查铂铑-铂分度表得 $t = 601$ ℃,各被检定热电偶按热电势查镍铬-镍硅热电偶分度表得 $t_1 = 602$ ℃,$t_2 = 598$ ℃,$t_3 = 599$ ℃,$t_4 = 603$ ℃。这样,四支被检定热电偶在 600 ℃检定点的测温误差分别为 $\Delta t_1 = 1$ ℃,$\Delta t_2 = -3$ ℃,$\Delta t_3 = -2$ ℃,$\Delta t_4 = 2$ ℃。

只有当热电偶在每个检定点的误差都小于允许误差时,才算合格。工业热电偶的允许误差由国家标准规定,其值如表 2-3 所示。

4. 工业热电阻的检定

热电阻在投入使用之前需要进行检定,在投入使用以后也要定期进行检定,以便检查和确定热电阻的准确度。工业用热电阻温度计的检定通常采用定点法,一般只需要测定 0 ℃ 和 100 ℃ 两点的电阻 R_0 和 R_{100},并将 R_0 和 R_{100}/R_0 的数值与标准值比较,就可判定热电阻的质量。也可采用比较法检定,用比较法检定时,可将被检定热电阻与标准热电阻或标准水银温度计放入液体槽中进行,求出按温度差表示的误差值,再按照标准确定热电阻是否合格。

（1）检定设备

a. 冰点槽。

为了保证应有的准确度,冰点槽要做得如图 2-61 所示的那样。冰点槽中放入蒸馏水或去离子水及冰,纯冰应刨成雪花状,并与纯水充分混合,将一支直径合适的玻璃管插入,然后按住玻璃管顶部提起,若能形成温度计的插孔,且取出的玻璃管中的冰柱能直立在平面上,说明冰水混合物已成为浓度合适的可塑状。在插孔中插入合适的玻璃试管,试管长 200～300 mm,插入深度应不小于 200 mm,与容器底部及四壁应保持 20 mm 以上的距离,试管内装入变压器油。

b.水沸点槽。

水沸点槽的结构如图 2-62 所示。水沸腾后,蒸汽穿过筛孔板在套筒内往上流动,在上部拐弯后在套筒外向下流动,再经连通管通向大气。这样,套筒温度与蒸汽温度一致,温度计的辐射热损失可减小到可以忽略的程度。凝结水流回水槽。被检定热电阻从盖板孔插入沸点槽内。测定热电阻阻值时,应同时测量大气压,并由微压计读出套筒内压力,以修正饱和水蒸气的温度值。

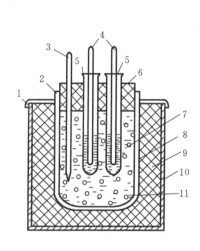

图 2-61　冰点槽

1—盖子;2—保温瓶;

3—玻璃温度计;4—温度传感器;

5—软木塞;6—保温材料;

7—油;8—金属支架;

9—保温材料;10—外壳;

11—冰水混合物

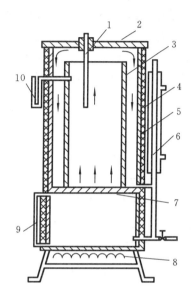

图 2-62　水沸点槽

1—温度计套管;2—瓶盖;

3—套筒;4—筒体;5—保温层;

6—连通管;7—筛孔板;

8—电加热器;9—水位表;

10—微压计

(2)检定方法

将被检定热电阻放入冰点槽中测得 0 ℃时的阻值 R_0,又在水沸点槽中测得 100 ℃时的阻值 R_{100},其热电阻的测量方法均采用本章前面介绍过的直流电位差计测电阻方法。为了得到精确数据,可多读数几次,求其平均值。然后计算 R_{100}/R_0,并和 R_0 一起与允许误差进行比较,标准化热电阻的 R_0 允许误差和 R_{100}/R_0 的允许范围已在表 2-5 和表 2-6 列出,其中 R_{100}/R_0 应大于或等于表列值。

5. 温度计标定的自动化

当需标定的温度计数量很多时,手工操作的标定方法的缺点就很突出,如工作效率低,重复工作多,劳动时间长,容易出现疏失误差等,因此,实现温度计标定的自动化是很有必要的。

现在已有一些热电偶自动标定装置在使用,这大致有以下几种情况:

①管式电炉的升温和恒温采用程序自动控制,热电偶热电势测量和记录仍由人工进行。

②管式电炉用程控定温,并自动切换和记录热电势,但仍由人工计算和确定误差。但为了达到一定的准确度,采用了能自动切换量程的多量程显示仪表。

③管式电炉运用程控,用同名极法(即被检定热电偶与标准热电偶为同一型号,比较二者

热电势差值)比较热电势,能自动记录差值,这又分为:a.动态校验,即炉温按一定速度升温,连续记录;b.定点校验,即按规定的校验点自动定点恒温,自动记录。这两种方法都要测量微伏级的电势差,所以要用小量程的自动显示仪表,并且要求性能稳定,准确度高。

用同名极法标定热电偶时,如被标定热电偶与标准热电偶不是同一型号,则必须用函数发生器将其中一个信号进行转换方可进行比较标定。

同型号热电偶的自动标定(分度)装置如图 2-63(a)所示。例如用标准铂铑-铂热电偶来检定一般铂铑-铂热电偶时,它们同时测量电炉温度 t,分别输出热电势 E_B 和 E_t,在减法器内被比较得电势差值 $\Delta E = E_t - E_B$,ΔE 输入记录仪表进行记录。不同型号热电偶的自动标定装置方框图如图 2-63(b)所示。例如用标准铂铑-铂热电偶来标定廉价金属热电偶时,二者的热电势不能直接比较,因此,由函数发生器将标准热电偶输出的热电势 E'_B 转换为 E_B,然后输入减法器与 E_t 相比较。

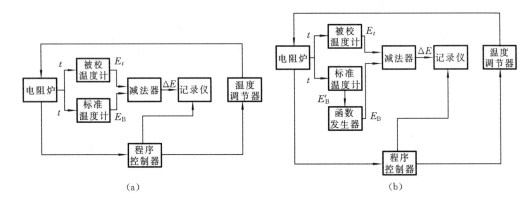

图 2-63　温度计自动标定(分度)装置方框图

(a)同型号热电偶的自动标定装置;(b)不同型号热电偶的自动标定装置

程序控制器的作用是在标定工作过程中,使诸如电炉的升温、恒温,标定结果的显示、记录,多支热电偶切换和标定结束后自动断掉电源等一系列动作,都能按预定程序自动进行。程序控制器一般具有升温指示和操作、恒温时间控制、记录控制和它们间的转换操作等功能。

思考题与习题

1. 已知铂铑 10-铂热电偶测量端温度为 1400 ℃,参比端温度为 0 ℃,现用铜线接向仪表,若铜线与铂铑 10 电极相接处的温度为 100 ℃,试求此时的测温误差(注:$E_{铂铑10-铜}(100,0) = -0.116 \text{ mV}$)。

2. 求图 2-64 所示回路的热电势,并画出热电流方向。

3. 用镍铬-铜镍热电偶和与其配套的动圈仪表(量程 0~800 ℃)测量温度时,未用补偿导线和补偿器,仪表机械零点在标尺 0 ℃ 处。

(1)当仪表指示在 200 ℃ 处,冷端温度为 25 ℃ 时,对象温度应为多少?

(2)若对象温度未变化,但冷端温度变为 50 ℃,则仪表将指示

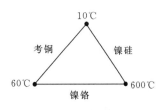

图 2-64　思考题与习题 2 图

在什么温度刻度上?

4. 在表 2-8 的空格中填上正确的数字。

表 2-8　思考题与习题 4 表

热电偶类别	工作端温度/℃	冷端温度/℃	热电势/mV
S	1360	0	
S		0	11.56
K	750	0	
K		0	35.72
K	425	0	
E	500	35	
E		40	41.89
K	600	30	
K		50	31.61
S	1250	100	

5. 为了对动圈仪表进行温度补偿,在仪表回路中串联一个由半导体热敏电阻 R_t 和锰铜丝电阻 R_B 并联而成的电阻,设 R_t 在 20 ℃时为 100 Ω,50 ℃时为 30 Ω,动圈由铜漆包线绕制,动圈电阻在 20 ℃时为 80 Ω,要求在 20℃和 50 ℃两点为全补偿,求锰铜丝电阻 R_B 的阻值。

6. 有两个热接点的温度分别为 200 ℃和 800 ℃,问:能否用两支热电偶串联起来,一次性地测量该两点的平均温度? 如果能,在技术与操作上应有哪些要求?

7. 用分度号为 Cu50 的热电阻,测得某介质温度为 84 ℃,但检定时得该热电阻 R_0 为 50.4 Ω,电阻温度系数 $\alpha = 4.28 \times 10^{-3}$ ℃$^{-1}$,求由此引起的误差。

8. 用光学高温计测量某非绝对黑体对象的温度,仪表指示温度为 920 ℃,如果对象的单色辐射黑度 $\varepsilon_\lambda = 0.85 \pm 0.0425$,已知有效波长为 0.65 μm,则被测对象实际温度的相对误差是多少?

9. 把四支 K 型热电偶串联起来,测量四个热接点的平均温度,设四个热接点的温度分别为 200 ℃、300 ℃、1000 ℃、800 ℃,冷端温度都为 0 ℃,用以 K 型热电性质分度的 XCZ-101 仪表测量,外接电阻符合要求,问:仪表指示在什么温度值上? 与实际平均温度误差为多少? 原因何在?

10. 某测量者采用铂铑 10-铂热电偶测量某温度场的温度,并采用两根普通铜导线将热电偶的输出延伸至仪表端,连接点的温度及显示仪表输入端的电势如图 2-65 所示。试计算被测温度场的温度。如果简单地用 $E_{(t,0)} = E_{out}$ 查表来求得被测温度值,那么结果将会出现多大误差?

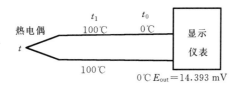

图 2-65　思考题与习题 10 图

第3章 压力测量

3.1 压力的定义与分类

3.1.1 压力的定义

1. 法向压力

作用在一个定点上的压力 p 是由垂直施加在以该点为中心的单位面积 dA 上的力 $dF = ndf$ 确定的,即

$$p = \lim_{dA \to 0}(dF/dA) \tag{3-1}$$

在连续介质中,任取一个平面将介质分成两部分,所分成的两部分介质相互推挤时产生的法向应力称为压力,整个作用在连续介质上的力称为全压力,其中包括固体内部的压力、固体间接触面的压力,以及流体内部的压力。本书所研究的压力是流体压力。

对于静止流体,任何一点的压力与在该点所取的面的方向无关,在所有方向上压力大小相等,这种具有各向同性的压力称为流体静压力(简称静压)。在重力场中,在同一水平面上各点的压力相等,形成等压面,但在垂直方向上存在压力梯度。

2. 运动流体的压力

运动流体中,任何一点的压力是所取平面方向的函数,当所取平面的法向与流动方向一致时,所得到的压力最大,这个压力的最大值称为该点的总压力。总压力与静压之差称为动压力,动压力是流速的函数。假定流体为无黏性的理想流体,并忽略流体的压缩性,则由流体能量守恒定律可知,沿着同一流线的压力有如下关系:

$$p_s + \frac{1}{2}\rho c^2 + \rho g h = 常数 \tag{3-2}$$

式中:p_s 为流体静压;

$\frac{1}{2}\rho c^2$ 为流体动压;

ρ 为流体密度;

g 为重力加速度;

c 为流体速度;

h 为流体距某标准面的高度。

当流体沿水平方向稳定流动(即 $h = 0$)时,有

$$p_s + \frac{1}{2}\rho c^2 = 常数 \tag{3-3}$$

上式表明:当流体沿水平方向稳定流动时,其静压与动压之和沿着同一流线保持不变。对于实际流体,由于有黏滞阻力引起的能量损失,因此总压力不可能保持为常数,而是沿流动方向逐渐减小。

3.1.2　压力的分类

1. 根据随时间变化分

根据随时间变化的情况,流体压力大体可分为以下几种。

(1)静定压

每秒钟的变化量为压力计分度值的 1% 或每分钟的变化量为 5% 以下的压力称为静定压。

(2)变动压

每单位时间的变化量超过静定压限度的压力称为变动压,其中非周期变化的压力称为波动压力,不连续且变化大的压力称为冲击压力。

(3)脉动压

压力随时间作周期性的变化,且其变化的速度超过静定压限度,这种变化的压力称为脉动压力。

2. 根据测量方法及参考零点分

根据测量方法及参考零点的不同,压力可分为如下三类。

(1)绝对压力

以绝对真空作为零点压力标准的压力称为绝对压力。通常在单位符号后面加上符号"abs"表示。

(2)表压力

以大气压作为零点压力标准的压力称为表压力,通常所指的压力就是表压力,用字母"G"加在压力单位的后面来表示。

(3)差压力

以大气压以外的任意压力为零点压力标准的压力称为差压力。

表压力与绝对压力之间的关系为

绝对压力＝表压力＋大气压力

国际度量系统规定的压力的单位是帕斯卡,用符号 Pa 表示。1 帕斯卡等于 1 牛顿的力作用在 1 平方米平面上形成的压力,即

$$1 \text{ Pa} = 1 \text{ N/m}^2$$

由于帕斯卡太小,在使用中常采用千帕(kPa)和兆帕(MPa)作压力单位。$1 \text{ kPa} = 10^3 \text{ Pa}$,$1 \text{ MPa} = 10^6 \text{ Pa}$。

3.2　稳态压力的测量

3.2.1　流体稳态压力测量的基本原理

由上节可知,流体沿水平方向稳定流动时,其静压与动压之和沿流线不变,即

$$p_0 = p_s + \frac{1}{2}\rho c^2 = 常数 \tag{3-4}$$

式中:p_0 为滞止压力,或称流体总压力;

$\quad\quad p_s$ 为流体静压。

若有一物体处于流体中,它表面上某一点流体的压力为 p_{s1},速度为 c_1,则有

$$\frac{1}{2}\rho c^2 + p_s = \frac{1}{2}\rho c_1^2 + p_{s1} \tag{3-5}$$

由流体力学可知,在任何被流体绕流的物体上,都存在着这样的点,它的流体速度为零,其静压等于流体总压力,即

$$p_{s1} = p_s + \frac{1}{2}\rho c^2 = p_0 \tag{3-6}$$

引入压力系数 $K_p = (p_{s1} - p_s)/(\rho c^2/2)$,得

$$K_p = 1$$

由此可见,该点的压力系数为1。同样,在被绕流物体表面上也存在着这样的点,其静压等于流体静压,即 $p_{s1} = p_s$,因此这些点上的压力系数为零。图 3-1、图 3-2 和图 3-3 分别示出了流体绕过圆柱形、球形及半球形物体时,沿其表面的压力分布曲线。

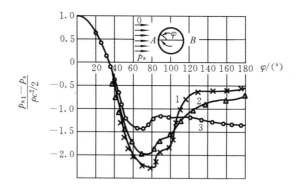

图 3-1 圆柱表面的压力分布

$1—Re = 2.12 \times 10^5$;$2—Re = 1.66 \times 10^5$;$3—Re = 1.06 - 10^5$

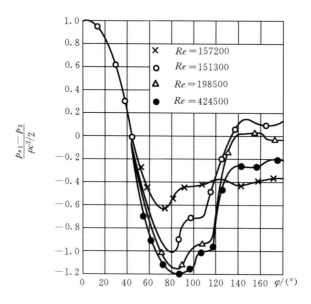

图 3-2 球形表面的压力分布

由图 3-1 可见,对于圆柱形物体,当 $\varphi = 0°$ 时,$K_p = 1$,即圆柱表面的 A 点是临界点。当

$\varphi=30°$时,$K_p\approx0$,但此时曲线斜率很大,即在这一点 K_p 值极不稳定。当 $\varphi=140°\sim220°$时,$K_p\approx-0.5$,在这一区域的各点上,虽然 $K_p\neq0$,却是稳定的。

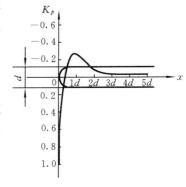

对于球形物体,由图 3-2 可见,临界点还是在 $\varphi=0°$的点,当 $\varphi=140°\sim220°$时,$K_p\approx0$,即 $p_{s1}=p_s$。

对于头部为半球形的物体,如图 3-3 所示,其临界点的位置与圆柱体和球体一样,临界点在 $x=0$ 的点,即在其端部。而 $K_p=0$ 的压力分布的点在离半球端部 $3d$ 处的圆柱表面上。

稳态流体内的压力测量探针就是基于上述原理设计的。

图 3-3 半球表面的压力分布

3.2.2 流体静压的测量及静压探针

由于在稳态运动流体中,静压与动压之和沿流线不变,而流体的动压是速度的函数,所以流体的静压也与流体的速度有关。由于流体在流道横截面上的速度分布是非线性的,因此流道横截面上各点的流体静压是不相等的。静压的测量分两种情况:一是测量作用于流道壁面上的静压;二是测量流体中某一点的静压。

1. 流道壁面上的静压

测量作用于流道壁面上的静压时,可用在流道壁面上开静压孔的方法进行测量,测压孔应满足下列条件:

①测压孔应开在直线形管壁上;

②测压孔的轴线应与壁面垂直;

③测压孔的直径为 0.5 mm 左右,不应超过 1.5 mm;

④测压孔的边缘应整齐、光洁。

2. 流体中某一点的静压

测量流体中某一点的静压时,可用静压探针来进行测量。插入流体中的探针必须与流线平行,且不改变测压区的流线。静压探针通常有以下几种。

(1)L 形静压探针

L 形静压探针是用细管弯成 L 形制成的。如图 3-4 所示,其头部呈半球形。根据绕流原理,测压孔应开在距端部 3 倍管径处探针的侧表面。测压孔中心至支杆的距离为 8 倍管径。这种探针感受部分的轴向尺寸较大,对流体的方向变化不灵敏的角较小(当速度系数 $\lambda\leqslant0.85$ 时,$\alpha=6°$)。所以它适用于流道尺寸较大,且旋流不大的场合,如用于压缩机进、出口流体静压的测量。速度系数 λ 由下式给定:

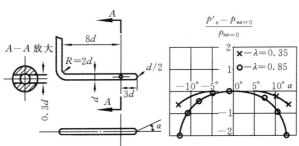

图 3-4 L 形静压探针及其特性曲线

$$\lambda = \frac{c}{a_*} = \sqrt{\frac{k+1}{k-1}\left[1-\left(\frac{p_s}{p_0}\right)^{\frac{k-1}{k}}\right]} \qquad (3-7)$$

式中：a_* 为临界速度。

(2)圆柱形静压探针

圆柱形静压探针是由一根圆柱形的细管做成的,如图 3-5 所示。根据绕流原理,测压孔应开在管子背向流体流动方向的一面。当 λ 一定时,在 $-40° < \alpha < 40°$ 的范围内,由它测出的静压 p_s 保持不变,因此,可用于二维流动中测量流体某一点的静压。

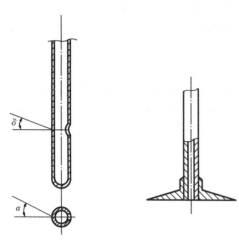

由于这种探针的轴线是与流线垂直的,因此对流场扰动较大,从绕流物体上压力分布曲线可见,其表面上没有稳定的压力系数为零的点,只有压力系数近似等于零的点(当 $Re = 2.12 \times 10^5$ 时,$K_p \approx -0.52$),所以测量出的静压值误差较大。

(3)碟形静压探针

碟形静压探针如图 3-6 所示。这种探针的优点是测量值与流体在 x-y 平面(与探针轴线垂直的面)内的方向角 α 无关,因此,可用于二维流动的静压测量。其缺点是,它对流体在 z 轴方向的方向变化角 δ 很敏感(δ 角的不灵敏区范围为 $1.5°\sim 2°$),所以使用时必须使碟盘的平面与流线的不平行度小于 $2°$。此外,由于对碟盘的加工精度要求高,增加了制作的难度和费用。由于其体积较大,因此,其使用场合也受到了限制。

图 3-5　圆柱形静压　　图 3-6　碟形静压
　　　　　探针结构　　　　　　　　探针结构
　　　　　示意图　　　　　　　　　示意图

(4)导管式静压探针

导管式静压探针如图 3-7 所示。其测压孔开在一个导管上,相当于将流体中某一点的静压测量变成流道壁面上流体静压的测量。它主要用于三维流动中静压的测量,它对流动方向变化不灵敏的角是 $\alpha = 30°$,$\delta = 20°$。其缺点是,导管加工精度要求高,工艺复杂,探针的体积较大,因此,其应用受到一定的限制。

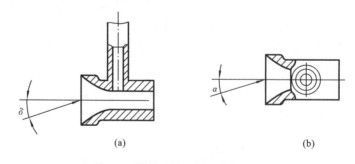

(a) (b)

图 3-7　导管式静压探针结构示意图

(5)双孔叶片形静压探针

双孔叶片形静压探针的形状与碟形静压探针相似,其结构如图 3-8 所示。它与碟形静压探针的不同之处在于它的两个侧面的中心处各有一个测压孔,每个测压孔连接各自的压力计(或压力传感器),当这两台仪表给出同样的指示值时,就可以认定探头在流体中定位良好。它的使用范围与碟形静压探针一样,由于加工精度要求高,尺寸大且安装要求严,因此应用受到限制。

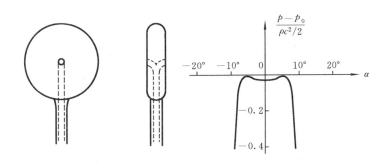

图 3-8　双孔叶片形静压探针结构示意图

(6)吉勒德-吉也纳静压探针

这种探针是由一根头部压扁成二面角形的管子做成的,二面角的每个面上有一个测压孔(图 3-9),原理近似于双孔叶片形静压探针,它与碟形静压探针相比对于流体的方向角的变化不太敏感,因此,用这种探针测量较为准确可靠。

3.2.3　流体总压的测量及总压探针

1. 总压探针的原理及类型

由绕流理论可知,流体中某一点的总压等于流体中被绕流物体上临界点的滞止压力。总压探针就是根据这一原理设计的。通常总压探针有以下几种。

(1)L 形总压探针

如图 3-10 所示,L 形总压探针在形式上与 L 形静压探针一样,它们的区别在于测压孔的位置不同。总压探针的测压孔是开在探针的端部正对流动方向上。它对于流向偏斜角的灵敏度主要由探针端部的形状及管子外径 d_1 与测压孔径 d_2 之比决定。对于端部为半球形,d_2/d_1 ＝0.3 的探针,对 α 角的不灵敏度在 $5°\sim15°$ 范围内。

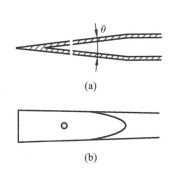

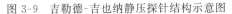

图 3-9　吉勒德-吉也纳静压探针结构示意图

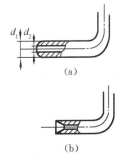

图 3-10　L 形总压探针结构示意图

在亚音速流体中,当探针与流线平行时,L 形总压探针的修正系数与探针头部的形状、测压孔直径以及前缘到支杆的距离无关。

在有总压梯度的流体中,利用 L 形总压探针测量总压可得到较高的精度,这是因为测压

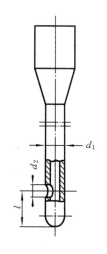

图 3-11 圆柱形总压探针
结构示意图

孔离支杆较远,受其影响较小。

（2）圆柱形总压探针

圆柱形总压探针的结构如图 3-11 所示,其测压孔开在正对流向的侧面上,它对流体偏斜不灵敏度的角 α 随 d_2/d_1 的增加而增加,当 d_2/d_1 为 0.4～0.7 时,α 角的不灵敏区在 10°～15°内,δ 角的不灵敏区在 2°～6°内。圆柱形总压探针结构简单,制造容易,体积小,便于安装。

（3）套管式总压探针

套管式总压探针的结构如图 3-12 所示。在套管的内腔有一个进口收敛器和流导管,使得套管内流体的方向能保持不变。其优点是对流体偏斜角 α、δ 的不灵敏度范围较大,达到 40°～50°。套管内总压管口相对套管端面的最佳位置是 $l_7=l_3$,套管出口管面积不小于进口孔面积的 20%时,不会引起流体偏斜角的不灵敏度的下降。这种探针的缺点是,加工精度要求高,尺寸较大,安装、使用受到一定的限制。

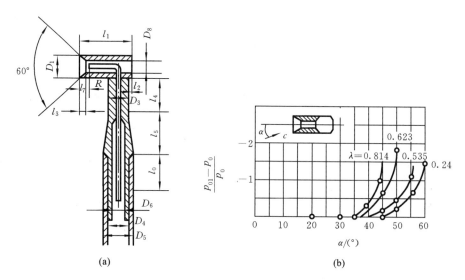

(a)   (b)

图 3-12 套管式总压探针结构示意图及其特性曲线

2. 总压探针的选用原则

总压探针的选用原则如下:

①在 $\delta \leqslant 15°$ 的三维流体中,可选用结构简单的 L 形总压探针,其结构尺寸的最佳值为 l/d 在 2～3 范围内,$d_2/d_1=0.7$;

②在 δ 为 35°～45°的三维流体中,应采用套管式总压探针;

③在 δ 为 4°～6°的平面流体中,可选用结构简单、尺寸小的圆柱形总压探针,其最佳尺寸应是 $l/d \geqslant 1.5$,$d_2/d_1=0.7$。

3.2.4 压力探针的测量误差分析

1. 探针对流场的扰动

使用探针测量总压和静压时,探针必然对原来的流动状态带来扰动,使探针附近的流线发生弯曲,从而改变了局部流体的压力。图 3-13 所示的为探针头部和支杆对流场扰动的情况。为了减小它对气流的扰动,应将探针的尺寸做得足够小。

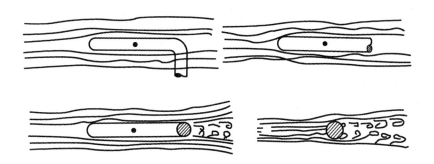

图 3-13　探针头部和支杆所引起的扰动

2. 测压孔对测量值的影响

测压孔的不规则、孔的轴线与流线不垂直,以及孔径过大等都会导致静压测量误差。主要原因是流体经过测压孔时,流线要发生弯曲,流线沉到孔里产生离心力场,并增加了孔的压力,使所测得的压力超过流体的静压。超过值的大小取决于流体的速度和孔的形状、尺寸及方向。通常静压孔的直径为 $0.5 \sim 1$ mm,孔径太小了易堵塞,孔径大了又会增加由速度头引起的误差。

3. Ma 数对测量值的影响

在气流压力测量中,Ma 数的增大会引起气流密度的变化。当 $Ma \geqslant 1$ 时,探针上就产生局部冲波,这个冲波是非等熵的,它改变了局部的气流压力,从而给静压和总压的测量带来误差。头部为半球形的 L 形探针,当 $d_2/d_1 = 0.3$,α 角较小时,在亚音速气流中,测量值与 Ma 数无关。

4. Re 数对测量值的影响

方程式(3-4)所描述的总压、静压和动压之间的关系是在理想气体的情况下得到的,当测量实际流体中的压力时,流体绕探针流动时,沿其表面的压力分布与 Re 数有关。当 $Re > 30$ 时,黏性的影响被限制在沿管壁的很薄的边界层内,而流体内的压力通过这薄薄的边界层时不会有变化,因此黏性的影响可忽略不计。当 $Re < 30$ 时,黏性的影响就不能忽略,而要用下式进行校正:

$$\frac{p_0 - p_s}{\rho c^2 / 2} = 1 + \frac{a}{Re} \tag{3-8}$$

式中:a 为常数,$a = 3 \sim 5.6$。

在临界点的无因次压力系数 K_{p_0} 与 Re 数的关系可用下式表示:

$$K_{p_0} = 1 + \frac{4C_1}{Re + C_2 \sqrt{Re}} \tag{3-9}$$

式中,C_1、C_2 为常数,对不同形状的物体有不同的数值,具体数据如下:

对于半球形,$C_1 = 2.0$,$C_2 = 0.398$;

对于球形,$C_1 = 1.5$,$C_2 = 0.455$;

对于圆柱形,$C_1 = 1.0$,$C_2 = 0.457$。

5. 速度梯度对测量值的影响

测量有横向速度梯度的流体时,在探针的前缘滞止的流体会产生一个向高速区增加的滞止压力梯度。这种表面的压力梯度在前缘边界层内会引起流体流动,并在探针附近导致流体轻微"下冲"。此外,沿探针表面的黏性在高速区较强,这也会增强向低速区的"下冲"。流体的这种"下冲"作用对静压测量会产生影响,类似于在均匀流体中探针稍微偏斜一个角度的影响。

在探针支杆的前缘,也会产生一个滞止压力梯度,如图 3-14 所示,并沿探针的前缘向低速区"下冲",这将使得测压孔附近的流线偏斜,从而产生误差。因此,为了消除其影响,测压孔的位置应远离支杆,通常静压孔离支杆的距离为 $8d$,有关资料建议此距离为 $16d$ 较好。

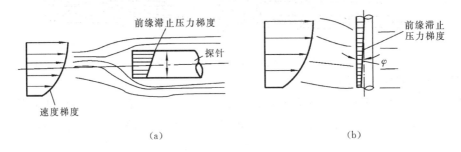

(a)　　　　　　　　　　　　　　(b)

图 3-14　速度梯度对探针的影响

(a)对探针头部的影响;(b)对探针支杆的影响

3.3　稳态压力指示仪表

压力测量值的准确度不仅与传感器有关,而且与压力指示仪表的性能、安装及使用密切相关。目前采用的压力指示仪表主要有液柱式、弹性式、电气式、电子式等。这里主要介绍液柱式和弹性式两种。

3.3.1　液柱式压力计

液柱式压力计是基于流体静力学原理制成的,常用的液柱式压力计主要有下列几种。

1. 管径相同的 U 形管压力计

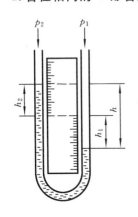

图 3-15　U 形管压力计结构原理示意图

U 形管压力计可用于测量液体和气体的相对压力以及压力差(简称压差)。其结构如图 3-15 所示。它由一根灌注有一半容积的液体(通常为水、水银、酒精或油)的 U 形玻璃管和一根标尺所组成。设压力计内的工作液体的密度为 ρ,液体上面的介质的密度为 ρ_m,则被测压力

$$p = hg(\rho - \rho_m) \tag{3-10}$$

式中:h 为液柱的高度差,m;

$\quad$ g 为重力加速度,m/s²;

$\quad$ ρ、ρ_m 分别为工作液体和液面上介质的密度,kg/m³。

当 $\rho_m \ll \rho$ 时,上式可写成

$$p = hg\rho \tag{3-11}$$

一般要求 U 形管压力计的管径为 8~10 mm 且要保持管径

大小、上下一致,对于管径较小的压力计,工作液体不能用水(因为水在细管内会产生毛细现象),这时可采用酒精。

2. 单管式压力计

单管式压力计的结构如图 3-16 所示,它由一个容器和一根与之相连通的玻璃管所组成。容器中注满工作液体,使得玻璃管内的液面正好在零刻度。被测压力接到容器的上方,则与被测压力成正比的压力计的液面高度差 h 可由下式表示:

$$h = h_1 + h_2 = h_1(1 + A_1/A_2) = h_1(1 + d^2/D^2) \quad (3-12)$$

式中:h_1 为玻璃管中液柱上升的高度;

h_2 为容器中液面下降的高度;

A_1、A_2 分别为玻璃管和容器的横截面积;

d、D 分别为玻璃管和容器的内径。

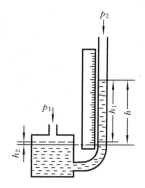

图 3-16　单管式压力计结构原理示意图

单管式压力计和 U 形管压力计测量范围很广,它的测量上限取决于工作液体的密度。当管长为 5 m,工作液体为水银时,其测量上限为 6×10^5 N/m²;当工作液体为酒精时,测量上限为 0.4×10^5 N/m²。测量下限由测量精度的要求决定,一般不小于 2000 N/m²。

3. 液柱式微压计

液柱式微压计是一种轻便的、广泛使用于实验室和工业中的仪器,主要有以下几种。

(1)斜管式微压计

斜管式微压计的结构如图 3-17 所示,由一个容器和一根与之相连通的倾斜的玻璃管所组成。通常斜管微压计中的工作液是酒精,斜管上的刻度范围通常是 250 mm 长。设斜管的倾角为 α,斜管中液柱的长度为 l,则与被测压力相平衡的液柱高度 h 可由下式表示:

$$h = l(\sin\alpha + A_1/A_2) \quad (3-13)$$

与之对应的压力为

$$p = lg\rho(\sin\alpha + A_1/A_2) = lK \quad (3-14)$$

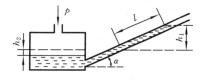

图 3-17　斜管式微压计结构原理示意图

式中:A_1、A_2 分别为斜管和容器的横截面积;

ρ 为工作液的密度;

K 为常数,$K = g\rho(\sin\alpha + A_1/A_2)$。

(2)零平衡微压计(补偿微压计)

零平衡微压计的结构如图 3-18 所示。它有两个容器,一大一小,二者用橡皮管相连通。大容器中间有一个有内螺纹的孔,里面有一根微调丝杆,丝杆的下端与仪器的底部相连,丝杆上端连着一个标有刻度的帽子。转动这个帽子,大容器就可沿着丝杆上下移动,直到小容器里的水面与观测针尖相接触为止,观察者在调节时可通过一个光学系统来观察,使得观测针尖正好与它反射在水面上的像相接触。被测压力以毫米水柱表示(1 mmH₂O = 9.806 Pa),直接从标尺上读出。这种微压计的量程有 0~120 mm H₂O,0~150 mm H₂O,0~250 mm H₂O,基本精度为 ±0.12 mmH₂O。对于标准压力计,基本精度为 ±0.06 mmH₂O。

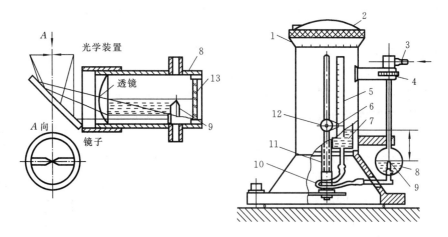

图 3-18 零平衡微压计结构示意图

1—旋转标尺；2—微调盘；3—小容器(加压)接头；4—调节螺母；5—垂直标尺；6—指针；
7、8—盛水容器；9—观察针尖；10—橡皮管；11—微调丝杆；12—大容器(疏空)接头；13—水闸

3.3.2 弹性式压力计

弹性式压力计是利用各种型式的弹性元件作为敏感元件来感受压力，并且以弹性元件受压变形后发生的反作用力与被测压力相平衡的原理制成的。由于弹性元件的变形是压力的函数，因此可用测量弹性元件变形的方法来测量压力的大小。

目前常用的弹性式压力计有弹簧管压力计、膜片式压力计、膜盒式压力计、波纹管压力计等。

1. 弹簧管压力计

弹簧管压力计主要由弹簧管、齿轮传动机构、指针等部分构成，其结构如图 3-19 所示。弹簧管又称为波登管，是一根一端固定的 C 形椭圆截面的管子，管子的自由端是封闭的，在弹簧管内部加压时，其横截面因力的作用变圆，结果使弹簧管伸展，自由端产生位移，借助拉杆，带动齿轮传动机构，使固定在齿轮上的指针旋转，从而指示出被测压力值。C 形弹簧管端部位移量不能太大(位移范围为 2~5 mm)，为了增大管端的位移量，可采用盘旋形弹簧管或螺旋形弹簧管。

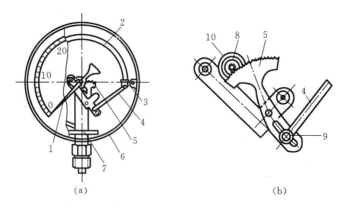

(a)　　　　　　　　　　　　　(b)

图 3-19　弹簧管压力计

(a)压力计；(b)传动部分

1—指针；2—弹簧管；3—接头；4—拉杆；5—扇形齿轮；6—壳体；7—基座；8—齿轮；9—铰链；10—游丝

弹簧管压力计分为普通型压力计、密封型压力计、充油型压力计、差压计、双针型压力计等。

为了保证弹簧管压力计正确指示和能长期使用,在使用时应注意下列事项:

①仪表应工作在正常允许的压力范围内,在静压下一般不应超过测量上限值的 70%,在波动压力时,不应超过测量上限值的 60%。

②工业用压力表应在环境温度为 −40～60 ℃,相对湿度大于 80% 的条件下使用。

③仪表安装处与测定点间的距离应尽量短,以免指示迟缓。

④在震动情况下使用仪表时要装减震装置。

⑤测量结晶或黏度较大的介质时,要加装隔离器。

⑥仪表必须垂直安装,无泄漏现象。

⑦仪表的测定点与仪表安装处应处于同一水平位置上,否则将产生附加高度误差,必要时需加修正值。

⑧如测量有爆炸性、腐蚀性、毒性的气体的压力时,应使用特殊的仪表。氧气压力表严禁接触油类,以免爆炸。

⑨仪表必须定期校验,合格的表才能使用。

2. 膜片式压力计

膜片式压力计是利用金属膜片作为感压元件制成的,膜片是四周固定的圆形薄片,当膜片两侧面受到不同压力时,膜片中部将产生变形,弯向压力小的一面,使中心产生一定的位移,通过传动机构,使指针转动。其结构如图3-20所示。作为敏感元件的膜片分为平面膜片和波纹膜片两种。波纹膜片是一种压有环状同心波纹的圆形薄膜,其灵敏度较平面膜片的高,因而得到广泛使用。

膜片式压力计可用于测量对铜和钢及其合金有腐蚀作用或黏度较大的介质的压力或真空度(采用不锈钢膜片)。若采用敞开法兰式或隔膜式结构,还可测量高黏度、易结晶或高温介质的压力或真空度。膜片式压力计的测量范围一般为 0～5880000 Pa,精度为 2.5 级。

3. 膜盒式压力计

膜盒式压力计是用两个金属膜片相对焊接而制成的,其特性因波纹形状不同、焊接方法不同而异。它与膜片相比,增加了中心位移量,从而提高了灵敏度。图 3-21 为单膜盒式压力计的结构示意图。为了进一步提高其灵敏度,也可用多个膜盒串联组合制成多膜盒式压力计。对于膜盒材料为磷青铜的压力计,使用时应注意被测介质必须对铜合金无腐蚀作用。

膜盒式压力计可用于气体微压和负压的测量,也可实现位式或越限报警,其测量上限为 40000 Pa,精度一般为 2.5 级。

4. 波纹管压力计

用波纹管作为感压元件的压力计称为波纹管压力计。波纹管是一种表面上有许多同心环

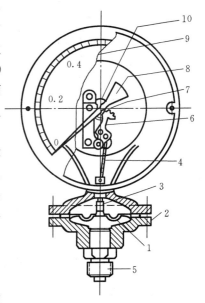

图 3-20　膜片式压力计
1—膜片;2—凸缘;3—小杆;
4—推杆;5—接头;6—扇形齿轮;
7—小齿轮;8—指针;
9—刻度盘;10—套筒

状波形皱纹的薄壁圆管,如图 3-22 所示。波纹管分单层和多层两种,多层波纹管内部应力小,能承受更高的应力,耐久性也有所增加,但各层之间的摩擦使多层波纹管的滞后误差增大。

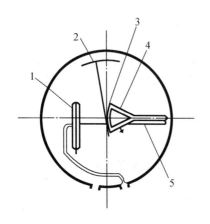

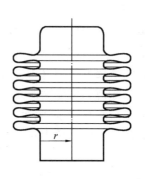

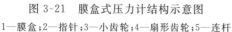

图 3-21　膜盒式压力计结构示意图

1—膜盒;2—指针;3—小齿轮;4—扇形齿轮;5—连杆

图 3-22　波纹管

由于波纹管在轴向容易变形,因此灵敏度较高,在测量低压时它比弹簧管和膜片灵敏得多。其缺点是迟滞值太大(5%～6%),为克服这一缺点,可将刚度比它大 5～6 倍的弹簧与它一起使用,将弹簧置于管内,这样可使迟滞值减小至 1%。

采用铍青铜波纹管的压力计滞后较小(0.4%～1%),特性稳定,其工作压力可达 14700000 Pa,工作温度可达 150 ℃。当要求在高压或有腐蚀性的介质中工作时,应采用不锈钢波纹管制的压力计。

3.4　动态压力的测量

测量动态压力时,通常是用压力传感器将其转变成电信号来进行测量的。常用的压力传感器有应变式、压电式、压阻式、电感式、电容式等。下面分别介绍压力传感器的原理、结构及性能。

3.4.1　应变式压力传感器

1. 应变效应

金属导体或半导体在发生机械变形时,其电阻值均会发生变化,这种现象称为应变效应。

由物理学可知,长度为 l、截面积为 S、电阻率为 ρ 的导体,其电阻值为

$$R = \rho \frac{l}{S} \tag{3-15}$$

对上式进行全微分,可得

$$\mathrm{d}R = \frac{l}{S}\mathrm{d}\rho + \frac{\rho}{S}\mathrm{d}l - \frac{\rho l}{S^2}\mathrm{d}S \tag{3-16}$$

电阻的相对变化为

$$\frac{\mathrm{d}R}{R} = \frac{\mathrm{d}\rho}{\rho} + \frac{\mathrm{d}l}{l} - \frac{\mathrm{d}S}{S} \tag{3-17}$$

对于截面为圆形的金属丝,则有 $S=\pi r^2$(r 为金属丝的半径),$\mathrm{d}S=2\pi r\mathrm{d}r$,因而有

$$\mathrm{d}S/S = \frac{2\pi r\mathrm{d}r}{\pi r^2} = 2\mathrm{d}r/r \tag{3-18}$$

由材料力学可知,轴向应变与横向应变的关系为

$$\mathrm{d}r/r = -\mu\frac{\mathrm{d}l}{l} \tag{3-19}$$

式中:μ 为泊松系数。所以有

$$\mathrm{d}S/S = -2\mu\frac{\mathrm{d}l}{l} \tag{3-20}$$

电阻率的变化是由压阻效应引起的,它和应力 F 之间的关系为:$\mathrm{d}\rho/\rho=\pi_\mathrm{e}F$($\pi_\mathrm{e}$ 为压阻系数)。由材料力学的胡克定律可得应变与应力之间的关系为

$$F = E\varepsilon = E\frac{\mathrm{d}l}{l} \tag{3-21}$$

式中:E 为弹性模量;

ε 为应变。

综合上面各式,可得

$$\frac{\mathrm{d}R}{R} = \pi_\mathrm{e}E\frac{\mathrm{d}l}{l} + \frac{\mathrm{d}l}{l} + 2\mu\frac{\mathrm{d}l}{l} = (1+2\mu+\pi_\mathrm{e}E)\frac{\mathrm{d}l}{l}$$
$$= (1+2\mu+\pi_\mathrm{e}E)\varepsilon = K\varepsilon \tag{3-22}$$

式中:$K=1+2\mu+\pi_\mathrm{e}E$,称为应变丝的灵敏度系数。对于一般的金属丝,$\pi_\mathrm{e}E$ 值很小,可忽略,因此 $K\approx1+2\mu$,一般 $K=1\sim2$。对于半导体材料,$\pi_\mathrm{e}E$ 较大,$\pi_\mathrm{e}E\gg1+2\mu$,因此 $K\approx\pi_\mathrm{e}E$。K 值通常在 $60\sim170$ 之间。由此可见,半导体应变片的灵敏度较高,但由于它受温度变化的影响较大,性能不稳定,因此一般还是采用金属材料制作应变片。

2. 应变片及其性能

金属电阻应变片一般分为两类:一类是丝式应变片;另一类是箔式应变片。丝式应变片结构如图 3-23 所示,它以一根金属丝弯曲后贴在衬底上,电阻丝两端焊有引出线。应变片的几何尺寸为基长 l、线栅宽 a 和弯曲半径 r。l 可在 $3\sim75$ mm 范围内变动,a 的变化范围是 $0.03\sim10$ mm,r 的变化范围是 $0.1\sim0.3$ mm。常用于制作应变片的金属材料有康铜、镍铬合金、铁镍铬合金及铂铱合金等。

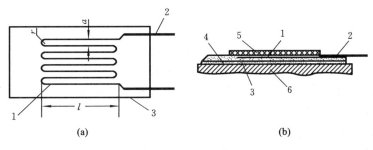

图 3-23 丝式应变片

(a)结构示意图;(b)截面图

1—作用丝;2—导线;3—纸或塑料载片;4—胶黏剂;5—绝缘纸;6—测试件;

l—应变片基长;a—应变片线栅宽;r—应变片弯曲半径

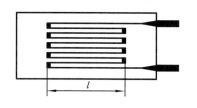

图 3-24 箔式应变片

箔式应变片是用照相、光刻技术将金属箔腐蚀成丝栅制成的,如图 3-24 所示。由于它散热条件好,能承载较大的工作电流,从而提高了灵敏度,此外它耐蠕变和漂移的能力强,可做成任意形状,便于批量生产,成本较低,因此,箔式应变片优于丝式应变片。

半导体应变片具有灵敏度高、频率响应高的优点,目前国内已有部分商品,其电阻值为 $5 \sim 50 \ \Omega$。由于它体积小,故可用于制作微型传感器。

3. 应变片的温度误差及其补偿

应变片的电阻变化受温度影响很大,在动态测量中,如果不排除这种影响,则势必给测量带来很大的误差。这种由于环境温度改变而带来的误差,称为应变片的温度误差,又称为热输出。造成温度误差的原因为:①敏感栅的金属丝电阻本身随温度变化发生变化;②应变片材料和试件材料的线膨胀系数不一样,使应变片产生附加变形,从而造成电阻变化。

应变片的温度补偿方法通常有线路补偿法和温度自补偿法等两种。

(1)线路补偿法

最常用的和效果较好的是电桥补偿法,其原理如图 3-25 所示。电桥补偿法有两种。一种方法是,准备一块与测试件材料相同的补偿件和两片参数相同的应变片,一片贴于测试件上,另一片贴在与试件处于同一温度场中的补偿件上,然后将两片应变片接入电桥的相邻两臂上,这样由于温度变化而引起的电阻变化就会互相抵消,电桥的输出将与温度无关而只与试件的应变有关。

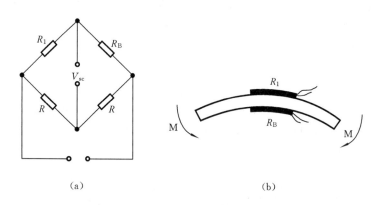

(a)   (b)

图 3-25　应变片温度误差补偿电路原理

(a)采用补偿件;(b)不采用补偿件

另一种方法是,不用补偿件,而是将测试片和补偿片贴于试件的不同的部位,这样既能起到温度补偿作用,又能提高输出灵敏度。当试件变形时,测试片和补偿片的电阻将一增一减,因此电桥输出电压增加一倍,从而提高了灵敏度。

(2)温度自补偿法

为了解决线路补偿法无法解决的困难,如找不到安放补偿件的地方等,发展了一种自身具有温度补偿作用的应变片,这种应变片称为温度自补偿应变片。图 3-26 所示的是一种温度自补偿应变片,其应变丝是由两种不同的材料组成的,当温度发生变化时,它们所产生的电阻的变化相等。将它们接入电桥的相邻两臂,则电桥的输出与温度无关。

4. 应变式压力传感器的结构

应变式压力传感器是由应变片粘贴在感压弹性元件上构成的,它可将被测压力的变化转换成电阻的变化。

感压弹性元件根据被测压力的不同可有不同的形式,通常有悬臂梁、圆形薄片、圆筒等形式,如图 3-27 所示。

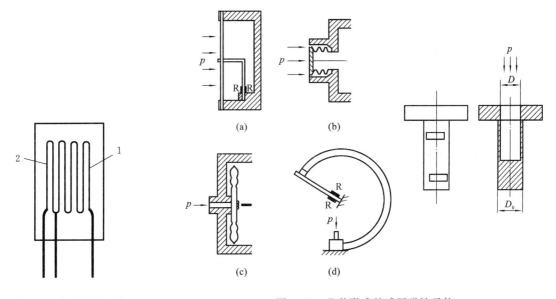

图 3-26　温度自补偿
　　　　　应变片

1—作用丝;2—补偿丝

图 3-27　几种形式的感压弹性元件
R—应变片

5. 固态应变式压力传感器

固态应变式压力传感器是一种新型的压力传感器,它是采用集成电路工艺在单晶硅膜片上扩散一组等值应变电阻制成的,单晶硅膜片置于传感器的压力腔体内,当压力发生变化时,单晶硅膜片产生应变,单晶硅膜片上扩散形成的电阻将产生与被测压力成比例的变化。所以传感器的核心部分是单晶硅膜片,它既是压敏元件,又是变换元件。

固态应变式压力传感器的输出有两种形式:一是输出模拟电压,测量电路与上述应变片压力传感器相同;二是输出频率信号,它的基本原理是利用半导体材料中 P-N 结本身存在的结间电容与 P 型电阻形成一个 R-C 分布阻容网络,再将 R-C 分布阻容网络接成单独的相移振荡器。在压力为零时,相移振荡器的输出频率为 f_0,在有压力作用时,网络中的电阻发生变化,相移振荡器的输出频率为 f_1。这样,频率的变化反映出压力的变化,即

$$\Delta f = f_1 - f_0 = f(p) \tag{3-23}$$

在结构上一般采用差频输出形式,也就是选择适当的晶相和位置做成两套如图 3-28 所示的相移振荡。当压力为零时,两个相移振荡器的输出频率都为 f_0,这时差频为零。当被测压力不为零时,一个相移振荡器由于电阻增加,输出频率减少为 f_1,而另一个相移振荡器则相反,其电阻减小,输出频率增加为 f_1',这时频率差 Δf 为:$\Delta f = f_1 - f_1'$。频率差 Δf 的变化值就反映了应力的变化值。

固态应变式压力传感器的优点是,精度高(误差可小至 $0.1\% \sim 0.05\%$),灵敏度高(灵敏度系数为 $100 \sim 200$),重复性好,迟滞小,尺寸小,重量轻,结构简单,可靠性高,能在恶劣的环

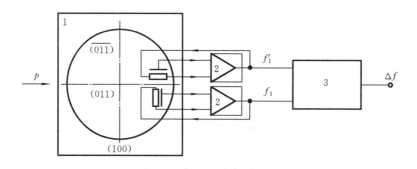

图 3-28 差频输出电路
1—单晶硅膜片；2—宽频带放大器；3—频率综合器

境下工作,耐震,耐冲击,耐腐蚀,抗干扰能力强,便于实现数字显示与运算。缺点是对温度敏感,需要进行温度误差补偿。

6. 应变式压力传感器测量电路

应变式压力传感器的测量电路一般采用电桥电路,将压力传感器中的应变片作为相邻的两个桥臂,通过桥路把电阻量的变化转换成电桥的输出电压的变化。电桥的电源电压的供给以及电桥输出信号的放大是由专门的仪器——动态电阻应变仪来完成的。经应变仪放大的信号可直接推动光线示波器的振子或其他记录仪器将信号记录下来。图 3-29 为应变式压力传感器测量系统框图。

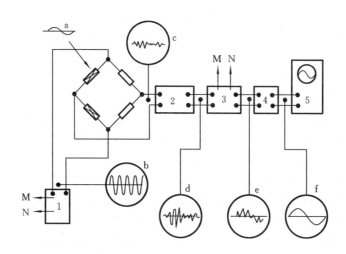

图 3-29 应变式压力传感器测量系统框图
1—振荡器；2—放大器；3—相敏检波器；4—滤波器；5—示波器

3.4.2 压电式压力传感器

1. 压电效应

压电式压力传感器的工作原理是基于某些材料的压电效应。所谓压电效应,是指某些电极化晶体在应力作用下具有的特性,即对于某些电极化晶体,在沿一定方向对其施加压力或拉力而使其变形时,其表面上会产生电荷,当除去外力后,又重新恢复到不带电状态。

现以石英晶体为例说明。天然的石英晶体是一个正六面体,在晶体学中可用三根互相垂直的轴来表示,如图 3-30 所示。其纵向轴称为"光轴",经过正六面体棱线并垂直于"光轴"的 x 轴称为"电轴",与"光轴"和"电轴"同时垂直的 y 轴称为"机械轴"。当沿 x 方向或 y 方向的力作用于晶体上时,在晶体边界面上就会产生电荷,其中,在沿 x 方向的力作用下产生电荷的现象称为纵向压电效应,在沿 y 方向的力作用下产生电荷的现象称为横向压电效应。而沿 z 轴方向受力时,则不产生压电效应。

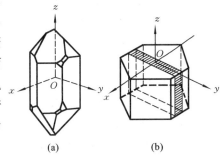

图 3-30 石英晶体

对于一片沿 y 方向切割下来的晶体,若有一沿 x 方向的力作用于 y-z 平面上时,则在晶体的 y-z 平面上将产生电荷(q_x),其值可用下式表示:

$$q_x = d_{xx} F_x \tag{3-24}$$

式中:d_{xx} 为 x 轴方向受力的压电系数,C/N;

  F_x 为沿 x 方向的作用力,N。

由上式可见,切片上产生的电荷的大小与切片的几何尺寸无关。

若在上述切片上,有一沿着"机械轴"方向的作用力,则所产生的电荷(q_y)仍在与 x 轴垂直的平面上,其值可由下式表示:

$$q_y = - d_{yy} \frac{a}{b} F_y \tag{3-25}$$

式中:d_{yy} 为沿 y 轴受力的压电系数;

  F_y 为沿 y 轴的作用力;

a、b 分别为晶体切片的长度和厚度。

能产生压电效应的材料有两大类:一类是单晶体的压电晶体,包括石英、酒石酸钾钠、酒石酸乙烯二胺、酒石酸二钾、硫酸钾、磷酸二氢钾等;另一类是多晶体的压电陶瓷,包括钛酸钡、锆钛酸铅、铌酸铅、铌酸钾、铌镁酸铅等。

2. 压电式压力传感器的结构及性能

压电式压力传感器的结构如图 3-31 所示,主要由感压弹性膜片、支持片、压电晶体及引出线、绝缘套管等组成。被测压力通过感压弹性膜片、支持片加到压电晶体上,压电晶体产生的电荷由压在压电晶体间的金属箔导出。支持片的作用是保护上部两片工作石英片,防止在被测压力的作用下产生破裂。传感器的头部具有螺纹,以便旋入被测压力腔内。

3. 压电式压力传感器的测量电路

压电式压力传感器输出的是电荷,只有在外电路负载无穷大、内部无漏电时,压电晶体表面产生的电荷才能长时间保持下来,但实际上负载不可能

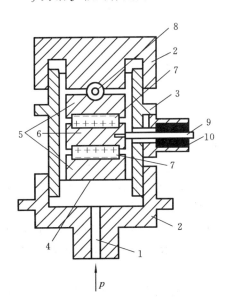

图 3-31 压电式压力传感器结构示意图
1—压力接头;2—压盖;3—钢筒;4—膜片;
5—钢垫块;6—铜垫块;7—压电晶体;
8—压紧珠;9—引出线;10—绝缘体

无穷大,内部也不可能完全不漏电,所以通常采用高输入阻抗的放大器来代替理想的情况。这种放大器称为电荷放大器。图 3-32 为电荷放大器的电路图。其中图(a)所示的是理想的电荷放大器。图中电容

$$C = C_{pz} + C_{cab} + C_a$$

式中：C_{pz} 为压电晶体的电容；

$\qquad C_a$ 为放大器的输入电容；

$\qquad C_{cab}$ 为引线电容。

在这种电路中存在一个小的基流,它将导致放大器中的积分器趋于饱和,所以不实用。实用的电荷放大器如 3-32(b)所示。图中的电阻 R_f 与 C_f 并联,为运算放大器的基流提供一条泄漏通路(基流主要由电容 C_f 上的电荷形成)。

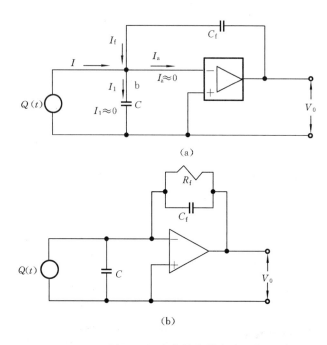

图 3-32　电荷放大器电路

由于 C_{cab} 的大小与引线的长度有关,因此消除引线电容的影响十分重要。消除的方法主要有两种:一是对连接引线进行屏蔽(采用屏蔽导线);二是将放大器做在传感器内,即做成一体化的压电式压力传感器。这样 C_{cab} 就成为一个很小的常量,而传感器以外的部分就只有电源和记录显示仪器了,由于它们与低阻抗的输出端相连,因此对系统的性能的影响可忽略不计。

压电式压力传感器具有体积小、结构简单、可测频带宽、无惯性、滞后小等优点,但由于无法避免漏电,故不宜测量频率太低的压力信号,特别是静态压力。

3.4.3　电感式压力传感器

1. 基本原理

电感式传感器的原理如图 3-33 所示。它主要由线圈、铁芯、衔铁等组成。当衔铁移动时,

气隙长度 δ 将发生变化,从而使线圈的电感 L 发生变化,这样就将位移的变化转换成电感的变化,所以它实质上是一种位移传感器。由电工学可知,图中线圈的电感量为

$$L = \frac{W^2}{R_M} \tag{3-26}$$

式中:W 为线圈匝数;

　　　R_M 为磁路总磁阻。

$$R_M = R_F + R_g = \sum^i \frac{l_i}{\mu_i S_i} + \frac{2\delta}{\mu_0 S} \tag{3-27}$$

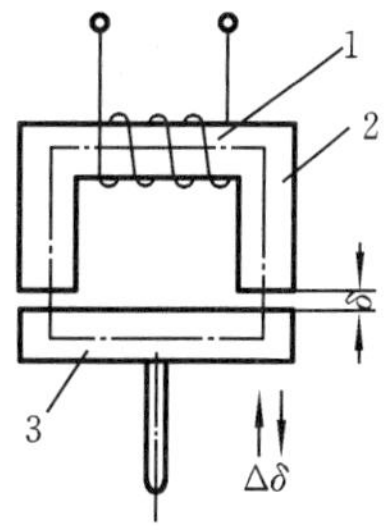

图 3-33　电感传感器原理
1—线圈;2—铁芯;3—衔铁

式中:l_i 为各段铁芯的长度,cm;

　　　μ_i 为铁芯的磁导率;

　　　S_i 为各段铁芯的截面积,cm^2;

　　　δ 为气隙长度,cm;

　　　μ_0 为空气的磁导率,$\mu_0 = 4\pi \times 10^{-9}$ H/cm;

　　　S 为气隙截面积,cm^2。

由于 $R_F \ll R_g$,故式(3-26)可写成

$$L = \frac{W^2 \mu_0 S}{2\delta} \tag{3-28}$$

由上式可见,电感 L 与气隙长度 δ 成反比,其特性 $L = f(\delta)$ 是非线性的。

2. 差动式电感传感器

从上述电感传感器的原理可知,简单的电感传感器有很多不足之处,如:由于线圈电流不可能为零,因此衔铁一直受到吸引力的作用,其输出特性为非线性,不便于读数;线圈电阻有温度误差;不能反映极性等。所以实际中很少应用,而多采用差动式电感传感器。

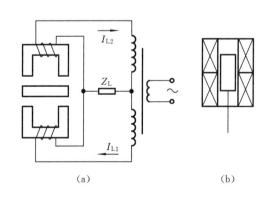

图 3-34　差动式电感传感器原理
(a)电路图;(b)结构

差动式电感传感器是由一个公共衔铁和两个相同的铁芯线圈结合在一起构成的。其原理如图 3-34 所示,当衔铁处于中间位置时,两个线圈的电感相等,负载电阻上没有电流,输出电压为零。当衔铁移动时,一边磁路的气隙增加,另一边气隙减小,从而两个线圈的电感量发生变化,一个减小,另一个增大,两线圈中的电流也不相等。两电流之差在负载电阻上就产生输出电压。显然输出电压的大小与衔铁的位移量成正比,而输出电压的极性则与衔铁位移的方向有关。

3. 差动电感式压力传感器

差动电感式压力传感器是由感压弹性元件、传动机构和差动式电感传感器等部分组成的。被测压力使弹性元件变形,通过传动机构带动衔铁或铁芯运动,传感器将衔铁或铁芯的位移变换成电信号输出,从而实现由压力信号向电信号的转换。

图 3-35 所示的是 BYM 型差动电感式压力传感器的结构与原理。它的感压弹性元件是 C 形弹簧管。弹簧管的自由端通过传动元件与衔铁相连,整个传感器装在一个圆形的金属盒

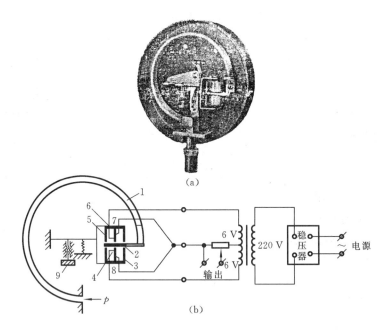

(a)

(b)

图 3-35　BYM 型差动电感式压力传感器结构及原理

(a)结构;(b)原理图

1—弹簧管;2—衔铁;3、5—铁芯;4、6—铁芯中央部分;

7、8—线圈;9—调节螺钉

内,用 M20×1.5 的螺纹与被测压力腔相连接。

4. 差动电感的测量

差动电感的测量通常采用交流电桥电路,如图 3-36 所示,传感器的两个线圈分别接入电桥的相邻两臂。当没有压力信号时,电桥平衡,输出电压为零;当感受压力时,电桥失去平衡,输出端有电压输出。输出电压的大小与被测压力成正比。

差动电感式压力传感器的优点是,简单可靠,输出功率大,可采用工频电源;缺点是,线性范围不大,输出量与电源频率有关,要求有一个频率稳定的电源。

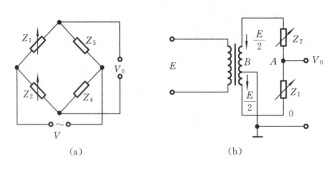

(a)　　　　　　　　　　(b)

图 3-36　差动电感测量原理图

(a)交流电桥;(b)差动线路

5. 差动变压器式传感器

差动变压器的工作原理类似于螺管式差动电感的工作原理。其结构和原理如图 3-37 所示。它是由初级线圈、两个参数完全相同的次级线圈,以及可动铁芯组成的。当铁芯处于中间位置时,两次级线圈中所产生的互感电势 E_{21} 和 E_{22} 完全相等,因两线圈是反向连接,故变压器

的输出电压 $V_2 = V_{21} - V_{22} = 0$。当铁芯偏离中间位置时,两次级线圈中的互感电势就不相等,变压器的输出电压 $V_2 = V_{21} - V_{22}$,V_2 随铁芯位移的不同成线性变化,所以测得 V_2 的值就可得知铁芯的位移量。

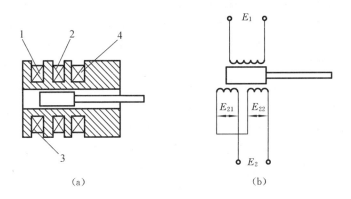

图 3-37　差动变压器的结构和原理
(a)结构;(b)电路简图
1—铁芯;2—初级线圈;3—次级线圈1;4—次级线圈2

差动变压器的框架形式一般有一节式、两节式和三节式三种,如图 3-38 所示。框架材料可采用酚醛塑料、陶瓷、聚四氟乙烯或聚苯乙烯。框架尺寸应尽量对称,其长径比则要根据具体要求而定。若要求输出线性度好,则长径比要大些;若要求灵敏度高,则长径比要小些。变压器的外面应用高导磁合金包起来,以起到对电场和磁场的屏蔽作用,亦可起到对线圈的保护作用。

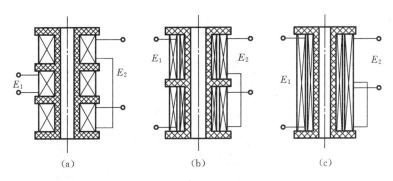

图 3-38　差动变压器的框架形式
(a)三节式框架;(b) 二节式框架;(c)一节式框架

差动变压器的线圈一般采用 36～40 号漆包铜线绕制而成。线圈绕好后要进行浸漆和浸硅油处理以防潮。

差动变压器的铁芯应采用高导磁材料,如纯铁、铁淦氧(铁氧体)合金或坡莫合金。一般可用纯铁。在高频时,为了降低高次谐波损失,通常采用铁淦氧合金,铁芯长度通常取框架全长的 70% 左右。

6. 差动变压器式压力传感器

差动变压器式压力传感器由感压弹性元件、差动变压器以及传动机构等组成。被测压力使感压弹性元件变形,通过传动机构带动差动变压器中的铁芯,铁芯的位移使传感器产生与压力成比例的输出信号。

图 3-39 所示的是 CPC 型差动变压器式压力传感器,它的感压弹性元件是弹性膜片,膜片的两边分别为高压室和低压室。当被测压力由高压导管和低压导管分别导入高压室和低压室时,在压力推动下膜片向低压侧移动,膜片通过无磁不锈钢连杆与差动变压器的铁芯相连,膜片的变形使铁芯产生位移,从而使差动变压器的次级线圈有电压信号输出。膜片的最大行程为 1 mm 左右,膜片能承受的单向静压由仪表的上限值决定,通常为 49000～147000 Pa。因此,当导入的压差过大,或操作失误时,膜片就有承受过大单向压力的危险。为了保护膜片不受损坏,在高压室和低压室分别装有保护挡板和橡皮保护环。当一侧压力过高时,另一侧的挡板就与橡皮环压紧,将另一侧容器密封起来。由于膜片两侧充满液体,被密封的液体产生抵抗力,使膜片不致被过高的单向压力所损坏。值得注意的是,若用它来测量气体压差,则事先应在传感器的高、低压室内灌满液体(水或变压器油),排净气泡。为此,在高、低压室的两侧分别装有排气和排液阀。

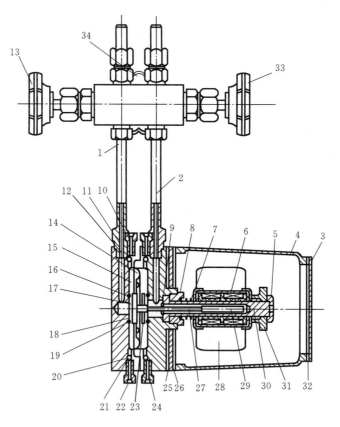

图 3-39　CPC 型差动变压器式压力传感器结构示意图

1—高压导管;2—低压导管;3、28—盖板;4—罩壳;5—紧固螺母;
6—线圈;7—弹簧;8—导管螺母;9、12、18、19、21、26、32—密封垫圈;
10—放气螺钉;11、20—滚珠;13—高压阀;14—膜片;15—高压室;
16—保护环;17—正压保护挡板;22—排液螺钉;23—负压保护挡板;
24—低压室;25—安装板;27—连杆;29—铁芯;30—导管;
31—调节螺母;33—低压阀;34—平衡阀

7. 差动变压器的测量电路

差动变压器输出的是交流电压,通常将它整流后变成直流输出,为了能指示铁芯移动的方向,即压力的方向,常采用相敏检波电路,如图 3-40 所示。它把差动变压器的次级电压和具有同一频率和相位的电压一起进行整流,作为直流输出,从铁芯位置的零点两边移动,相应地反映出正或负,为了使比较电压和次级电压的相位一致,运用了移相电路,通常应使比较电压尽可能大些。

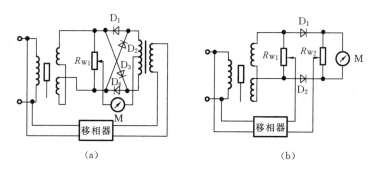

图 3-40 相敏检波电路

差动变压器式压力传感器的优点是,灵敏度高,结构简单,测量范围大,测量电路简单。缺点是,零点漂移不易消除,体积较大。

3.4.4 电容式压力传感器

1. 工作原理

由物理学可知,平行板电容器的电容量(C)可用下式表示:

$$C = \frac{\varepsilon S}{3.6 \pi d}$$
(3-29)

式中:ε 为电容器极板间介质的介电常数;

S 为电容器极板间的遮盖面积;

d 为极板间的距离。

由上式可见,只要改变 ε、S、d 中的任一参数,都可改变电容 C 的值。电容式传感器就是利用这一原理将被测量的变化转换成电容的变化的。

2. 电容式压力传感器的结构及性能

电容式压力传感器是通过改变电容器极板间的距离来实现信号转换的。图 3-41 为电容式压力传感器的结构示意图。它以感压弹性元件——金属膜片为电容器的活动极板,与固定在传感器壳体上的另一极板形成一电容器。当感受被测压力时,弹性膜片的变形就使得电容器极板之间的距离发生变化,从而导致了电容 C 的变化,因此,通过测量电容 C 的变化就可得到压力 p 的变化。

电容式压力传感器的优点是,灵敏度高,动态响应快,结构简单,输入能量低,不受磁场的影响。缺点是,输出阻抗高,传感器与测量电路的连接导线的寄生电容影响大,输出为非线性。

3. 电容式传感器的测量电路

电容式传感器的测量电路通常有以下几种。

(1)交流电桥

测量电容量变化的最常用的电路是交流电桥。此电路就是将传感器的电容作为电桥的一

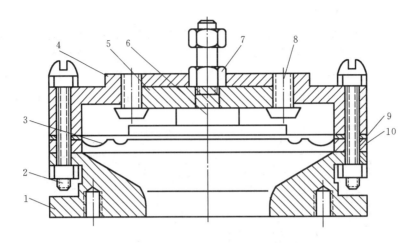

图 3-41　电容式压力传感器结构示意图

1—支座；2—固定螺钉；3—膜片；4—定极片支架；5—定极片陶瓷支架；

6—定极片；7—定极片固定螺母；8—陶瓷支架的固定螺钉；9—标准垫片；10—垫片

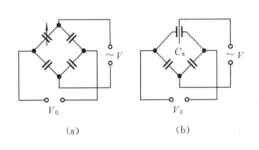

图 3-42　交流电桥测量电路

个桥臂，若传感器是差动式的，则将两个电容器分别接入电桥相邻的两个桥臂，如图 3-42 所示。当被测压力为零时，调节到电桥平衡，输出为零；当感受被测压力时，电桥失去平衡，产生输出电压。用交流电桥测量时，必须将传感器屏蔽，或采用复杂的接地法，这增加了系统的复杂性和输出信号的噪声电平。

（2）谐振电路

将传感器的电容与一固定电感并联组成谐振电路，此谐振电路的频率与电容值有关。测量此谐振电路的频率就可求得电容值的大小。图 3-43 所示的电路输出的是电压，它由高频振荡器供电，在由电感 L、电容 C 和 C_x 组成的并联谐振回路中，调节电容 C 使回路的振荡频率处于谐振频率附近，使回路的电压为谐振电压的一半，即调整初始工作点到 N 处，此时传感器无压力信号，$C_x = C_{x0}$。当传感器感受压力信号时，C_x 相应变化，输出电压 V_{sc} 即随之在 V_0 上下变化，经放大器放大后，即可由指示器显示或记录下来。

（3）双 T 网络电路

双 T 网络电路是一种较简单又灵敏的电路，它可将传感器的电容量的变化转变成高电平的直流电压或电流的变化。其原理如图 3-44 所示。图中 S 是高频电源，提供幅值为 E 的对称方波。当电压为正半周时，二极管 D_1 导通，电容 C_1 充电；负半周时，D_1 截止，电容 C_1 经电阻 R_1、R_L（指示器、记录仪等负载的电阻）放电，此时流经电阻 R_L 的电流为 I_1。同时 D_2 导通，电容 C_2 进行充电，当 D_2 截止时，电容 C_2 经电阻 R_2、R_L 放电，而流经电阻 R_L 的电流为 I_2。若 D_1 和 D_2 特性相同，且 $C_1 = C_2$，$R_1 = R_2$，则 $I_1 = -I_2$，若负载为电流表，则指针不动。若 $C_1 \neq C_2$，则电流表的指针必然发生偏转，因此，可以用流经电阻 R_L 的电流的大小来表示电容 C_1 和 C_2 的变化。

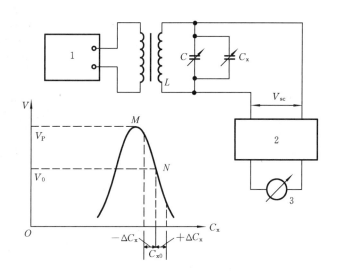

图 3-43 谐振法测量电容的电路
1—高频振荡器；2—放大器；3—指示器

3.4.5 压阻式压力传感器

压阻式压力传感器是基于某些材料的电阻值随压力的变化而变化的原理而制成的。这些材料包括半导体、铂、锰、康铜和钨。研究表明，其中锰最适于制作压阻式压力传感器，因为锰的电阻值与压力呈线性关系，其函数关系可由下式表示：

$$\Delta R = K R p_{\mathrm{g}} \tag{3-30}$$

式中：ΔR 为电阻的增量；

  K 为锰的压阻系数；

  R 为锰电阻的阻值；

  p_{g} 为被测压力。

试验表明，当压力小于或等于 3000 MPa 时，锰的电阻值是所施加的压力的线性函数。同时由于锰的电阻温度系数非常小，因此由于温度变化而引起的电阻变化可以忽略不计。其缺点是，在高压(100 MPa 以上)下灵敏度较低，从而限制了它的应用范围。

压阻式压力传感器的结构如图 3-45 所示。它由锰铜丝绕制的电阻、金属支架、绝缘密封螺丝和传感器压力腔等组成。被测压力由接口管引入。

由于冶炼工艺和纯度的差异，锰的压阻系数 K 的变化范围为 $2.34 \times 10^{-11} \sim 2.51 \times 10^{-11}$ m^2/N。因此，对于精密测量，这种压力传感器需要进行个别标定。

压阻式压力传感器的测量电路通常采用电桥电路，在精密测量中，可用电位差计测量，其测量精度取决于标定精度，基本精度可达到 $\pm 1\%$。

3.4.6 压磁式压力传感器

压磁式压力传感器是利用铁磁材料在压力作用下会改变其磁导率的物理效应制成的。其

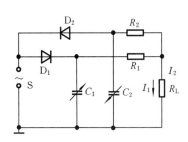

图 3-44 双 T 网络法测量电容的电路

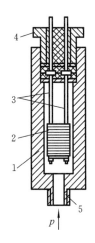

图 3-45 压阻式压力传感器结构示意图
1—外壳；2—电阻；3—引线；4—密封垫；5—连接头

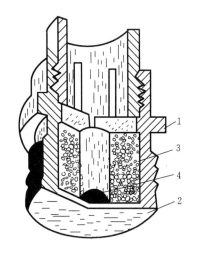

图 3-46 压磁式压力传感器结构示意图
1—外壳；2—感压弹性膜片；3—线圈；4—铁芯

结构如图 3-46 所示，它由感压弹性膜片、线圈、铁芯等组成。被测压力通过感压弹性膜片传递给铁芯，由坡莫合金制成的铁芯在压力的作用下，其磁导率就发生改变，从而引起线圈阻抗的变化。显然，线圈阻抗的变化与被测压力有关。

这种传感器的测量电路一般采用交流电桥电路，用 5～10 kHz 的高频电源供电，这种传感器可用于 1000 Hz 的脉动压力测量。

3.4.7 霍尔效应压力传感器

1. 霍尔效应

若在某些金属或半导体薄片两端通以控制电流 I，并在此薄片的垂直方向上加上磁感应强度为 B 的磁场，如图 3-47 所示，则在垂直于电流和磁场的方向上将产生一电动势 E_H，这一现象称为霍尔效应。能产生霍尔效应的薄片称为霍尔元件。若霍尔元件的厚度为 d(mm)，磁感应强度为 B(T)，所加的控制电流为 I_P(mA)，则霍尔电势 E_H 可用下式表示：

$$E_H = R_H \frac{BI_P}{d} = K_H I_P B \tag{3-31}$$

式中：R_H 为霍尔系数；

K_H 为霍尔元件的灵敏度系数。

由于金属的 R_H 很小，因此霍尔元件一般采用半导体材料，如锗、锑化铟、砷化镓、砷化铟等制作。

2. 霍尔效应压力传感器的结构及特性

霍尔效应压力传感器的工作原理是霍尔效应。其结构如图 3-48 所示。它主要由感压弹性元件、霍尔元件及永久磁体等组成。霍尔元件与感压弹性元件相连接，当被测压力使感压弹性元件变形时，处在非均匀磁场中的霍尔元件就被带动，产生位移，使得施加于霍尔元件上的

磁感应强度 B 发生变化,从而霍尔元件的输出电势 E_H 发生变化。显然,E_H 的变化与被测压力的大小有关。施加于霍尔元件上的磁场通常为由四个磁极构成的线性梯形磁场,如图 3-49 所示,因此,霍尔元件的输出电压与位移呈线性关系。

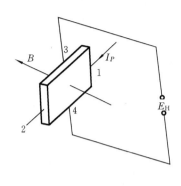

图 3-47　霍尔效应原理图

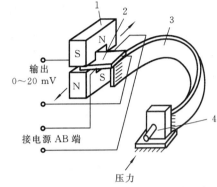

图 3-48　霍尔效应压力传感器结构示意图
1—磁钢;2—霍尔元件;3—弹簧管

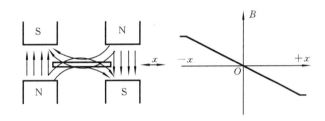

图 3-49　线性梯形磁场原理图

用霍尔效应压力传感器进行测量时应注意,施加于霍尔元件上的控制电流必须是恒定的,因此,一般采用稳压电源供电。测量仪表可直接使用数字电压表。

霍尔效应压力传感器具有较高的灵敏度,测量仪表简单,可配用通用的动圈仪表来指示结果,能远距离指示或记录。其缺点是受温度影响较大。

3.5　测压仪器及测压系统的标定与安装

3.5.1　测压仪器及测压系统的标定

1. 静态标定

当被测压力恒定时,测压系统的输出量与输入量之间的关系式 $s=f(p)$ 称为测压系统的静态响应或静态特性。

用试验的方法确定静态特性的工作称为静态标定。静态标定通常采用比较法,即在恒定温度下,把相对测量仪表(如弹性式压力计和各种压力传感器)的响应和标准压力计或参考压力计的绝对测量仪表(如液柱式压力计、测压天平等)的响应进行比较,从而确定测压系统或仪表的静态特性。

(1)采用液柱式压力计的静态压力标定系统

采用液柱式压力计的静态压力标定系统如图 3-50 所示。其标定压力范围为几帕到几百

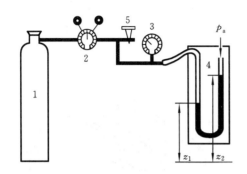

图 3-50 采用液柱式压力计的静态
压力标定系统

1—气瓶；2—减压阀；3—被标定压力表；
4—U 形管压力计；5—放气阀

千帕。压力源由氮气瓶经减压阀减压后提供。由于流量为零时，减压阀不太稳定，因此，在管路上安装了一个泄漏阀。测量中应注意下列事项：

①U 形管压力计应垂直安装；

②系统应是密封的，因为任何泄漏都会造成压力下降；

③连接管内不应含有寄生流体（在液体情况下为气泡，在气体情况下为凝结物），可使用直径大于 8 mm 的透明连接管，让气泡沿管道上升，在连接管上部装一个排放阀。

（2）采用测压天平的静态压力标定系统

采用测压天平的静态压力标定系统如图3-51所示。系统主要由手摇压力泵、带托盘的活塞、砝码、被标定压力表或传感器接口、标准压力表接口等组成。标定时，摇动手柄使托盘升起，在托盘上加放砝码，同时记录被标定压力表的读数或压力传感器的输出。另一种标定方法是，摇动压力泵的手轮，使系统内的压力逐渐升高，通过标准压力表读数，同时记录被标定压力表的读数或压力传感器的输出。

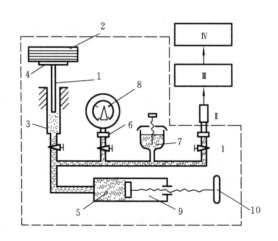

图 3-51 采用测压天平的静态压力标定系统
1—活塞；2—砝码；3—活塞缸；4—托盘；5—工作液体；
6—压力表接头；7—油杯；8—压力表；9—加压泵；10—手轮

用这种装置进行静态标定，既方便又灵活，其标定范围为 $10 \sim 10^6$ kPa。

2. 动态标定

动态标定就是确定压力测量系统或压力仪表的动态特性，即测压系统或压力传感器对试验信号（如阶跃信号、脉冲信号、正弦信号）的响应。

确定测量系统的动态特性可采用两种方法：一是通过建立系统的数学模型，然后用试验函数来求动态特性；二是用试验方法来确定动态特性。这里只介绍用试验的方法进行动态标定的步骤。动态标定的压力源可分为两种形式：①非周期性压力发生器；②周期性压力发生器。

(1)激波管型动态标定系统

激波管中有由膜片隔开的截面相同的两个空间,在一个腔内充以高压气体,另一个腔处于低压状态。当压差达到某一值时,膜片破裂,造成高压气体向低压腔膨胀,产生一个速度大于膨胀速度的冲击波,它和膨胀波相平行,一个压缩波在相反的方向行进。

激波管可得到方形压力脉冲,它的上升时间极短,约为 10^{-9} s,持续时间为几微秒(μs),压力幅值为几帕到几十万帕。它是一个理想的阶跃压力信号发生器。

采用激波管进行动态标定的基本原理是:由激波管产生一个阶跃压力来激励被标定的传感器,并将它的输出记录下来,经计算便可求得被标定压力传感器的传递函数。

激波管型压力传感器动态标定系统原理如图 3-52 所示。它由激波管、高压气源、测速和记录几部分组成。气源部分用以给激波管高压腔提供高压,气瓶内的高压氮气是经过减压阀、控制阀调节后进入激波管的,控制阀用来控制进气量。膜片破裂后,立即关闭控制阀。减压阀和控制阀均装在操作台上。操作台上还装有放气阀和压力表。压力表用于读取膜片破裂时高压室和低压室的压力值。放气阀用于每次做完试验后将激波管内的气体放掉。

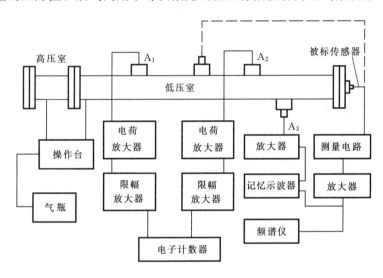

图 3-52　激波管型压力传感器动态标定系统原理示意图

测速部分由压电式传感器、电荷放大器、限幅放大器和电子计数器组成。当膨胀波掠过传感器 A_1 时,A_1 输出一个信号,经电荷放大器和限幅放大器放大后加至电子计数器,电子计数器开始计数。膨胀波继续前进,掠过传感器 A_2 时,A_2 输出一信号,经电荷放大器和限幅放大器放大后加至电子计数器,使其停止计数,从而可测得膨胀波的速度。要求测速用的传感器具有较高的频率响应。为减小测速误差,传感器 A_1、A_2 的特性应一致。测速部分的开门系统和关门系统的固有误差应在试验前校正。

记录部分由测量电路、放大器、记忆示波器和频谱仪组成。被标传感器可装在低压室侧壁上,也可装在低压室端面上。传感器装在侧壁上感受膨胀波压力时,膨胀波掠过传感器敏感元件表面,此较符合实际应用中的情况。但由于膨胀波在侧壁上的压力值较低,故在实际标定中较少采用,而作用在端面上的压缩波压力较大,且激波的波前又平行于传感器表面,所以在标定中常将传感器装在激波管低压室末端。

标定时,记忆示波器处于等待扫描状态,A_3 是触发传感器,当它感受到激波管的压力后,即输出一个信号,经放大后加至记忆示波器触发输入端,产生扫描信号。接着被标传感器又被激励,输出信号经放大后送至记忆示波器输入端,于是被标传感器的过渡过程由记忆示波器记录下来。被标传感器的输出信号同时还加到频谱仪上,在频谱仪的示值最大时通道的中心频率即为被标传感器的固有频率。

用激波管标定压力传感器时,一般可以标定具有较高固有频率的传感器,其精度可达到5%。

(2)活塞发声仪型动态标定系统

周期性的压力变化可通过密闭的体积变化即活塞发声仪测得。活塞发声仪是由活塞和密闭空腔(即气缸)组成的,当活塞在气缸内运动时,气缸容积就将发生变化,气缸内气体的压力也将发生周期性的变化,其原理如图 3-53 所示。

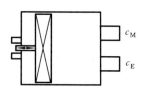

图 3-53 活塞发声仪型动态标定系统

活塞运动可以由一台机械发生器、偏心轮和变速电机提供,或者由一台电磁振动器提供。第一种系统的优点是,能提供一个幅值与频率无关的信号,第二种系统通常应用于 $100 \sim 1000$ Hz 的频率范围,经过功率放大,可提供较大的压力,但它的动态特性随频率的变化而变化。

活塞发声仪型动态标定系统通常采用比较法标定,即在被标传感器旁边装一个标准传感器(假定标准传感器对压力信号的响应是已知的)。

3.5.2 测压仪器及测压系统的安装

压力测量中,被测介质的种类、性质和状态是多种多样的,对于不同的情况,测压仪器及测压系统的安装都有差异,下面介绍几种工程中常碰到的情况。

1.普通压力测量系统

所谓普通压力测量系统,是指在常温下,对被测介质为干燥气体或低黏度液体的压力进行测量的系统。普通压力测量系统及压力计的安装如图 3-54 所示。其中图(a)、(b)所示的为被测介质是气体的情况,原则上应从容器上方取压,当受条件限制必须从侧面取压时,应在压力计的下方安装放液阀,以避免压力计中积存冷凝液。图(c)、(d)所示的为被测介质是液体的情况,这时,原则上从容器的侧面取压,同时注意使液体能自然从压力计中排出。

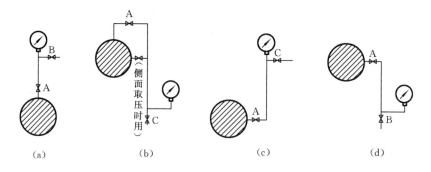

图 3-54 普通压力测量系统及压力仪器的安装

(a)普通气体,压力计安装位置高于容器位置;(b)普通气体,压力计安装位置低于容器位置;

(c)普通液体,压力计安装位置高于容器位置;(d)普通液体,压力计安装位置低于容器位置;

A—取压阀;B—泄压阀;C—泄压阀兼放水阀或排气阀

在压力计附近安装的阀门的位置及种类和数量应根据阀门的用途和安装目的适当选择。

具体应注意下列几条：

①能在生产运行中拆卸或更换压力计；

②不拆下压力计就可安全、方便地调整零点；

③在生产运行中，导压管和阀门发生泄漏或堵塞时，能及时进行处理；

④清洗导压管时，清洗液不能流入压力计内；

⑤导压管和阀门等零部件的设计要经济合理。图 3-55 为测压系统中阀门安装示意图。压力计应采用专用的管接头安装。

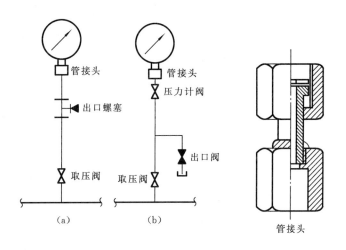

图 3-55　测压系统中阀门安装示意图

2. 水蒸气压力测量系统

由于水蒸气在常温、常压下会变成液体，因此它在导压管道中会全部凝结成液体。在测量其压力时，通常将测量仪表安装在比测压点低的位置，并使冷凝液积存在导压管内。其测量系统如图 3-56 所示。为了尽量减少导压管内的冷凝液，通常从测压点到吸湿器或冷凝液槽的管道要尽量短，且要包扎保温层。

冬季，冷凝水可能发生冻结，这时要对包括吸湿器或冷凝液槽和测量仪器在内的整个系统加热。应尽量避免将测压仪器安装在与测压点同一水平位置或比测压点高的位置，以免导致测压仪器过热。

测量过热水蒸气压力时，测量系统的组成随过热程度而异。过热不明显时，可采用图 3-56 所示的系统；过热明显时，在采用上述系统时，要注意使从测压点到冷凝液槽的管道有适当的长度，以保证冷凝液槽中的水不再蒸发。也有采用水平配管方式

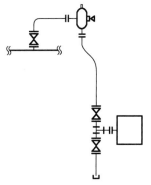

图 3-56　水蒸气压力测量系统示意图

的，即把测压计装在与测压点同一水平位置上，但此时要设置适当长度的导压管道，以防测压仪器过热。

3. 易蒸发液体压力测量系统

易蒸发液体是指被测液体的温度比环境温度低的液体，如各种制冷剂、低温液体等。

易蒸发液体压力测量系统通常采用水平配管方式，由于导压管内的液体会不断蒸发，因此

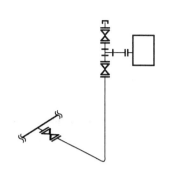

图 3-57 易蒸发液体压力
测量系统示意图

导压管道一定要有足够的长度。测压计一般不能装在比测压点位置低的地方,因为导压管内液体的蒸发会引起静压测量误差。合理而常用的方案是将测压仪器装在比测压点高的地方,如图3-57所示。这时,易蒸发液体在水平管道部分蒸发,而不会将液体导入测压计中,对于蒸发温度很低的液体,必须采用专门的汽化器将低温液体汽化后再进行测量。

4.层分离及相分离液体压力测量系统

所谓层分离液体,是指在管道内有两种成分以上的混合液体,在导压管内呈静止状态时,是分层状态的。而相分离液体,是指在管道内的流体是气、液混合的,这种液体在导压管内处于气、液分离状态。对于上述两种液体,测压计的安装通常采用如下两种方式:

(1)测压计安装在与测压点同一水平的位置上,这种方式没有由导压管内的静压差引起的误差。

(2)测压计安装在比测压点低的位置上,这时测量系统内要预先充入比被测液体密度大的液体。

对层分离和相分离液体进行压力测量时,应尽量避免将测压仪器安装在高于测压点的位置上。因为这样会使管道内的气泡进入压力计,或由于导压管内液相的不稳定而使测量产生误差。

5.凝固性液体压力测量系统

所谓凝固性液体,是指被测介质的温度高于环境温度时为液态,而当它进入导压管和测压仪器,由于温度降低,其黏度明显增加甚至完全凝固的液体。测量凝固性液体的压力时,通常采用下面几种方法。

(1)采用薄膜密封式测量仪器

这种测量系统实际上等于没有用导压管,如图3-58所示。它带有短而粗的导压管,取压阀的尺寸也较大,而且二者都包扎了绝热层加以保温。被测液体的压力通过薄膜传递给压力计中的工作液体,而不直接进入测压计中。图3-59所示的系统完全取消了取压阀和导压管,而将压力计的感压薄膜直接插入被测液体中,这种方式适用于特别容易凝固的液体的压力测量。

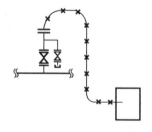

图 3-58 采用薄膜密封式测压计的系统

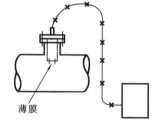

薄膜

图 3-59 插入管道中的薄膜密封式测压计

薄膜密封式压力计还可用于测量混有固体颗粒的液体的压力、具有腐蚀性的液体的压力(膜片应采用不锈钢等耐腐蚀材料)等,广泛地应用于实验室和工厂的实际测量现场。

（2）在导压管道上安装隔离器

这是利用隔离液体来传递压力,即被测液体不直接进入测压计的测量方法。显然隔离液体与被测液体应是互不相溶的。但时间长了,难免有部分液体互相混合,这就会导致隔离液的凝固,因此,这种方法在实际中较少采用。

（3）采用耐高温的测压仪器

当测量仪器允许加热,且允许温度高于被测液体的温度时,可采用普通的压力测量系统,这时只要对导压管和测压仪器进行加热和保温即可。

3.6 真 空 测 量

3.6.1 真空测量仪

1. 基本概念

真空是指压力低于一个标准大气压的稀薄气体状态。真空度的单位与压力的单位相同,其国际单位制为帕(Pa)。通常将真空度划分为五个等级:

① p 为 $10^3 \sim 10^5$ Pa, 黏滞流状态——粗真空;

② p 为 $10^{-1} \sim 10^3$ Pa, 过渡流状态——低真空;

③ p 为 $10^{-6} \sim 10^{-1}$ Pa, 分子流状态——高真空;

④ p 为 $10^{-10} \sim 10^{-6}$ Pa, 分子流状态并有表面移动现象——超高真空;

⑤ $p < 10^{-10}$ Pa, 气体分子运动开始偏离经典统计规律——极高真空。

真空测量的特点是利用气体在低压力下的某些特性(如热传导、电离现象等)作间接测量。在间接测量中,往往要借助于外加能量的办法,从而必然带来测量误差,因此,真空测量的准确度较低。且被测压力越低,测量准确度越差。测量高真空的基准仪表的测量误差为±（3%～10%）,实际使用的真空测量仪表的测量误差更大,但一般已能满足工程应用中的要求。

2. 低真空测量仪

低真空通常采用热偶真空计进行测量。其工作原理是气体分子的导热能力与气体的压力有关。热偶真空计(真空计又称为真空规管)的结构如图 3-60 所示。热偶真空计由灯丝和热电偶组成。热电偶是用来测量灯丝温度的。测量时,灯丝中通以恒定的电流,显然灯丝的温度与规管中气体的压力有关。因此,热电偶的输出就标志着规管内真空度的高低,而规管又与被测系统相连,这样,通过测量热电偶的输出电势,就可测得系统中的真空度。热偶真空计的测量范围是 $10^{-1} \sim 10^2$ Pa。

3. 高真空测量仪

常用的高真空测量仪器是电离真空计。其工作原理是,在稀薄气体中,带电粒子与气体分子碰撞,使气体分子电离,电离后产生的正离子数目(即离子电流)与气体的压力有关。因此,测量离子电流的大小就可间接地测量出气体压力。热阴极电离真空计的结构如图3-61所示。它类似于电子三极管,管内有三个电极:一个是由纯钨丝制成的热阴极;一个是由钼丝绕制成双螺旋线的栅极,带正电位,用来加速阴极发射的电子,也称为加速极;一个是用镍制成的圆筒形的板极,带负电位,用于收集离子,称为离子收集极。

电离规管的工作过程是:热阴极通电加热到 2200～2400 K,就发射出电子,电子在加速极所形成的电场作用下,往加速极方向高速运动,在此过程中被加速的电子与管内残余气体分子

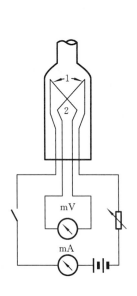

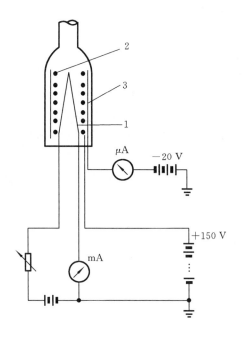

图 3-60　热偶真空计结构示意图
1—加热丝；2—热电偶

图 3-61　热阴极电离真空计结构示意图
1—灯丝；2—加速极；3—离子收集极

相碰撞,使气体分子电离,电离后产生的正离子飞向带负电位的离子收集极,离子流的大小由测量电路中的微安表读出,也即是管内的真空度。

　　电离真空计的灵敏度与许多因素有关,通常以试验方法确定,目前各种结构的热阴极电离真空计的灵敏度一般在 $5\sim50~\mu A/Pa$ 范围内。

　　使用热阴极电离真空计时,必须注意系统内的压力要低于 $10^{-1}~Pa$ 时才能开启,否则其灯丝易于烧毁。此外,若蒸气分子(如泵油、真空脂等高分子碳氢化合物)进入规管,则它碰到灼热的灯丝后会分解,使规管内压力增大,造成测量误差,应予防止。

4. 磁控放电真空计

　　磁控放电真空计的工作原理与热阴极电离真空计的相同,也是利用气体分子电离后,离子流的大小与气体压力有关的特性制成的。它与热阴极电离真空计的不同之处是,气体的电离不是靠热阴极发射电子而形成,而是最先由宇宙射线或其他因素产生出少量的自由电子;这些电子向阳极运动时碰撞气体分子而发生电离,产生的正离子奔向阴极,在阴极表面上打出二次电子,这些电子飞向阳极时又使气体分子电离,如此不断发展,终于形成自持放电。因此,磁控放电真空计是一种冷阴极电离真空计。

　　利用磁场来控制电子运动,可以提高真空计的灵敏度。由于压力低至 0.133 Pa 时,电子的平均自由程大于一般放电管的电极距离,故这时放电停止,为了使放电能维持,可以利用磁场来增加电子的运动路程。图 3-62 为磁控放电真空管的结构示意图,它主要由两块平板阴极、一个方框形阳极、一对磁极和玻璃外壳所构成。当电子受到

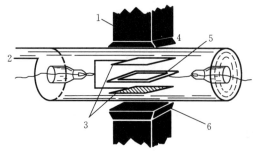

图 3-62　磁控放电真空管的结构
1—磁铁；2—导管；3—阴极；5—阳极；4、6—磁铁磁极

加速电场作用而向阳极运动时,因为其速度方向与磁场方向成一定的角度,故其轨迹不是直线而是螺旋线;又因为阳极为框形,所以电子很容易穿过阳极,但受到另一平板阴极的负电场的排斥作用而返回。结果可能多次穿过方框阳极的空间,这将大大地增加电子的运动路程,也增大气体的电离效果,故即使在低压力时也能引起放电,产生的放电电流可用简单的仪表量出,且与压力成一定的关系。和热阴极电离真空计一样,磁控放电真空计利用压缩真空计就可求出其刻度曲线。

阴极受正离子轰击时会发生阴极溅射,因此,常采用钍或锆作阴极,以减小阴极溅射及增加阴极的二次发射。此外,镍、钼、铝、石墨等也可以用作阴极材料,其中,铝和镍作为阴极性能较好。阳极通常可用镍、铝、钼、钽等金属制作。

真空计的电极引出线常装在玻璃管的两端,这样布置主要是因为电极间的电压高达 2 kV 以上,而电极间的漏电问题又常会因金属的溅散或管壁上附有分解的碳水化合物,而比热阴极电离真空计的更严重些。

磁控放电真空计的磁极可用永久磁体,也可采用电磁线圈制成。磁场强度约为 32000 A/m。

磁控放电真空计的测量电路如图 3-63 所示。图中的毫安表和微安表是用于测量不同真空度的。而气体放电指示管是用于真空度的近似测量的,该管中有长轴形的阴极,当放电电流流经它时,在阴极上就产生辉光,真空系统中压力愈大,在阴极上产生的辉光也愈长。限流电阻(R)的作用是使辉光放电稳定,当放电电流增大时,真空管电极间的电压就会降低,使电流的增大受到限制,从而不致损坏真空计;当放电电流减小时,限流电

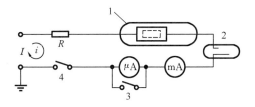

图 3-63 磁控放电真空计测量电路原理图
1—真空计管;2—气体放电指示管;
3—开关;4—电源开关

阻两端的电压降减小,真空计管电极间的电压就增大,使放电能保持较长的时间。限流电阻的阻值不宜太大,否则当测量低真空时放电电流较大,就会使得真空计管电极间的电压太低,从而会降低灵敏度,且使得它的特性曲线产生非线性。限流电阻一般在 $1\sim2$ MΩ。

测量电路的电源通常采用直流高压电源,其电压约为 2000 V。由于真空计本身具有整流特性,因此也可采用交流电源,但它会降低测量电路的灵敏度。真空管的灵敏度与管子的尺寸、电极的形状,电场、磁场强度的大小,外加电场的性质、气体种类和电极吸气情况等因素有关,通常为了提高管子的灵敏度,管子的尺寸应取得大些。

这种真空计的测量范围一般在 $1.3\times10^{-4}\sim1.3$ Pa。量程的下限主要受电流灵敏度、放电不稳定甚至不激发,以及在低压力时管子所用材料本身的吸气和放气等因素的影响。为了在低压下易于激发,一种方法是,在管内放置一根钨丝,使用时通电流加热,使其放出气体,提高管内气体的压力,使其易于激发;另一种方法是,在阴极表面上装上尖端电极,以提高电场强度,引发场致发射效应,使管子易于放电。

磁控放电真空计的优点如下:

①没有热阴极存在,不怕漏气使真空管烧坏,使用寿命长,可避免高温灯丝产生的化学吸气作用。

②受化学活性气体的影响少,不怕毒化,不影响电子发射。

③可测气体(包括蒸气)的总压。

④能连续读数,可实现远距离测量与控制。

⑤结构简单,易于制造,由于放电电流较大,故可以降低对测量仪表灵敏度的要求。

⑥结构稳固,有一定的抗震能力。

磁控放电真空计的缺点如下:

①在高真空时,它的灵敏度不如热阴极电离真空计高。

②电吸气作用较强,因此读数偏低,误差较大,为了减小误差,必须对管子进行彻底除气。

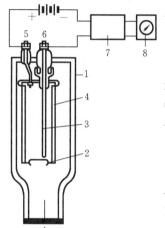

图 3-64 放射性电离真空计
结构示意图

1—真空计外壳;2—放射源;
3—离子收集极;4—正电位电极;
5、6—绝缘子;7—放大器;
8—测量电表

由于磁控放电真空计在不断地改进,其性能已得到很大提高,目前已能用它来进行超高真空的测量。

5. 放射性电离真空计

放射性电离真空计是另一种冷阴极电离真空计,其工作原理是,利用放射性物质引起气体分子电离。通常选用放射 α 粒子的物质制作,因为 α 粒子最能使气体强烈地电离,故放射性真空计也称为 α 粒子真空计。

放射性电离真空计的结构如图 3-64 所示。它主要由放射源(通常是镭)、离子收集极、正电位电极、绝缘子及外壳组成。外电路包括电源、放大器和测量电表。电源的电压为 40 V 左右。放大器的作用是要将 α 粒子撞击气体分子所形成的离子电流(约为 10^{-15} A)进行放大,而测量电表必须是高灵敏度的电表。

这种真空计的测量线性范围较宽。由于 α 粒子在高真空时产生的离子电流很小,因此这种真空计的下限比磁控放电真空计要高,一般在 0.01～0.1 Pa 数量级。此外测量下限还受到 α 粒子和离子收集极的碰撞所打出的二次电子,以及漏电流的影响。特性曲线的线性范围可延伸到 1333 Pa。压力超过这个范围时,离子将开始发生强烈的复合,这时特性曲线开始偏离线性特性。

与其他真空计一样,它的特性曲线与气体的种类有关,如图3-65所示。

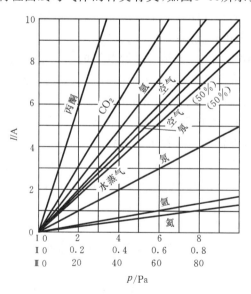

图 3-65 放射性电离真空计对各种气体的标定曲线

放射性电离真空计的优点如下：

①提高了电离真空计量程的压力上限。

②没有热阴极存在，故不怕烧毁阴极，不怕化学作用影响阴极的发射。

③与热偶真空计相比，蒸气的存在不影响校准曲线，而在热偶真空计中，蒸气会逐渐改变热丝表面的辐射及热传导的性能，从而影响校准曲线。

④化学性质很稳定，故可用于测量化学性质活泼的气体的真空度。

这种真空计的缺点如下：

①灵敏度很低，测量介质为空气的真空度时，灵敏度只有 2.0×10^{-6} $\mu A/Pa$，在低压力下，离子电流很小，测量有困难。

②放射性元素很昂贵，且对工作人员的健康不利，故使用时要特别注意安全。

3.6.2 真空测量仪表的使用与安装

1. 真空计的选用

选择真空计时，原则上应考虑以下因素：

①应具有足够的测量范围。一般要求真空仪表的测量范围比被测系统的真空度范围宽 1~2 个数量级。

②应具有足够的测量精度。

③吸气与放气量要小。

④被测气体对测试结果的影响要小，气体对仪表应无损害。

⑤应能测量气体（包括蒸气）的总压。

⑥能连续指示和测量，有时还需要考虑自动控制和远距离测量。

⑦响应要快。

⑧仪表和规管应稳定可靠，结构牢固，使用寿命长。

⑨安装使用方便，维修简单，对操作人员无伤害。

进行真空测量时，往往不是用一种仪表就能解决问题的，而需要用两种以上的仪表才能满足所需的整个测量范围。

2. 真空计与真空系统的安装

真空计在被测真空系统上安装的正确与否，将直接影响测量结果，严重时甚至会造成数量级的误差。在安装时，通常除了要考虑真空计本身吸气和放气的影响外，还应考虑真空系统中气源和气流方向等因素的影响。安装方法可归纳如下：

①真空计应尽量安装在接近要测量的部位，这对于大型真空系统尤为重要。

②真空计的进气口方向应与气流方向垂直，避免气流方向直对进气口。

③连接管道应尽量短而粗，管材放气量要小。

④根据压力的大小来选择真空计与真空系统的连接和密封方法。

真空计的规管与真空系统的连接一般有如下三种情况：

①真空计的玻璃规管与玻璃管道的连接；

②真空计的玻璃规管与金属管道的连接；

③真空计的金属规管与金属管道的连接。

对于第一种情况的连接，除了在低真空时可采用真空橡皮管作为连接管道外，一般采用玻璃管与玻璃管的熔接，以保证良好的密封。但熔接时两管的玻璃的膨胀系数必须接近，否则需用过渡的玻璃接头。

对于后两种情况的连接,在保证良好密封的条件下,应尽量做到拆装方便,以利于维修。此外,还要求连接管道和密封材料的放气率要低,在测量高真空和超高真空时,要能承受高温(150～450 ℃)的反复烘烤。常用的密封材料有真空橡胶、氟橡胶与氟塑料及一些软金属。

真空橡胶的放气率高,不耐高温烘烤,密封性能较差,因此,通常只能用于低于 10^{-4} Pa 的系统中。

氟橡胶与氟塑料的放气率较低,可耐 150 ℃ 左右的烘烤,加工方便,密封性能好,可用于 10^{-6} Pa 的系统中。

软金属密封材料主要有无氧铜、金、银、铟等,这些材料具有密封性能好、放气率低、可耐 450 ℃(除铟外)的高温烘烤等特点,主要用于超高真空、极高真空及低温下的真空密封。

真空计的玻璃规管和金属管道之间的连接方法较多,图 3-66 所示的是常用的两种方法。其中一种是采用橡胶 O 形圈密封,另一种是采用可阀管过渡接头的方法密封。

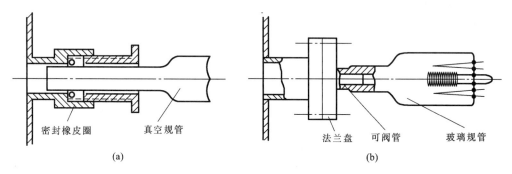

图 3-66　常用的真空计的规管连接密封方法
(a)采用橡胶 O 形圈密封;(b)采用可阀管过渡接头密封

3. 热偶真空计工作电流的确定

在使用热偶真空计之前,首先必须确定其规管的工作电流。由于热偶真空计的规管所用的材料及制造工艺的不同,因此每个真空计的工作电流均不相同。同时,在使用过程中真空计老化亦会使其工作电流变大,因此,在使用热偶真空计时,首先应调整真空计的工作电流到确定值。调整工作电流的方法如下:

当量程为 10^{-1}～26 Pa 时,在保持规管的玻璃封口完好的情况下,将规管管座朝上垂直放置,再接上复合真空计插头,调整电流旋钮使指针指到 10^{-1} Pa,然后将开关转到电流挡读取电流值。DL-3 型热偶真空计的工作电流一般调整在 95～150 mA 范围内。

当量程为 26～10^2 Pa 时,打开玻璃封口,将规管管座朝上垂直放置,在大气压条件下,调整电流旋钮使指针指示到 26 Pa,然后将开关转换到电流挡读取电流值,DL-3 型热偶真空规管的工作电流一般调整在 175～300 mA 范围内。

思考题与习题

1.根据压力的定义,说明静止流体的静压和稳态运动流体的静压之间的差别。
2.静压探针和总压探针在结构上有什么不同? 它们分别是根据什么原理制成的?
3.静压探针通常有哪几种型式? 各有什么特点?
4.总压探针通常有哪几种型式? 总压探针选用的原则是什么?

5. 压力探针的测量误差是由哪些因素造成的？如何减小这些误差？

6. 常用的液柱式压力计有哪几种型式？各有什么特点？

7. 弹性式压力计通常有哪几种型式？试述它们的测压范围和使用注意事项。

8. 对于应变式传感器如何消除（或减小）由温度变化而引起的误差？

9. 试述压电式压力传感器的原理和特点。

10. 差动式电感传感器与简单电感传感器在结构上有何不同？性能上有何优点？

11. 电容传感器的测量电路通常有哪几种？试述它们的工作原理和特点。

12. 试述霍尔效应压力传感器的原理和优缺点。

13. 试述压力传感器和压力测量系统静态标定的目的，并画出采用测压天平的静态标定系统原理图。

14. 如何确定压力传感器和压力测量系统的动态特性？常用的试验方法有哪几种？试述其原理。

15. 试述热偶真空计的原理和工作电流的确定方法。

16. 热阴极电离真空计和冷阴极电离真空计在结构和原理上有何不同？试分析它们的优缺点。

17. 试述安装真空计和真空系统时应注意的事项。

第4章 流速测量

流体速度是一个矢量,它具有大小和方向,所以测量流体速度时,应测量其大小和方向。对于速度的大小,可在测点上分别测得其总压和静压,也可用速度探针直接测得总压和静压之差,然后用伯努利方程求得。流体的方向可用方向探针来测量,根据流体速度的二维性或三维性,可以相应地用二维方向探针或三维方向探针,测出流动的方向。采用复合探针可以一次测出总压、静压、速度大小和方向。

在动力工程中,被测流体的流量是指单位时间内通过流体的质量或体积。它们之间的关系为

$$G = \rho Q$$

式中:G 为质量流量,kg/s;

$\quad Q$ 为体积流量,m^3/s;

$\quad \rho$ 为流体密度,kg/m^3。

由于流体密度 ρ 随状态参数变化而变化,因此,在说明体积流量时,必须同时指出流体的状态参数,或将它折算到标准状态($0\ ℃$,$101325\ N/m^2$)下的体积流量值,单位为 Nm^3/s。

流量的测量方法有直接测量法和间接测量法等两种。直接测量法是,测出某段时间间隔内流体通过的总量,然后求出单位时间内的平均流量。间接测量法是,测出与流量有关的物理量,然后用相应的公式计算出流量。后者是目前工程上或科学实验中广泛采用的方法。

4.1 流速大小的测量

对于不可压缩流体,伯努利方程可写成

$$p_0 = p_s + \rho c^2/2 \qquad\qquad (4\text{-}1)$$

式中:p_0 为流体的总压;

$\quad p_s$ 为流体的静压;

$\quad \rho$ 为流体的密度。

这样只要测出流体的总压 p_0、静压 p_s 或者压差 $p_0 - p_s$ 以及流体的密度 ρ,就可利用式(4-1)求出流体速度 c 的大小,式(4-1)是测量不可压缩流体速度的基础方程。

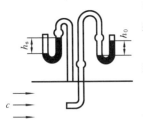

测量压差 $p_0 - p_s$ 或单独的总压 p_0 和静压 p_s,可以采用下列三种不同的方法:

①利用壁面开孔测静压,用总压探针测总压(图 4-1),进而求得压差 $p_0 - p_s$。

②利用静压探针测静压,用总压探针测总压。

③利用速度探针测总压与静压之差。

图 4-1 压差测量示意图

4.1.1 速度探针

1. L 形速度探针

图 4-2 所示的是这种探针的最佳几何关系。探针头部临界点的中心孔用来测量流体的总压,侧面孔用来测量静压,如果把它们连接到同一个 U 形管上,便能得到确定流体速度的总压与静压之差。

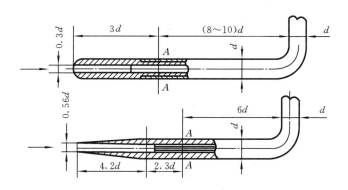

图 4-2　L 形速度探针的几何关系

在平面流场中,流动方向与探针轴线的夹角称为流向偏斜角,用 α 表示,流向偏斜角 α 对 L 形速度探针的影响如图 4-3 所示,图中的压力系数分别为

$$K_{p_s} = (p_{s\alpha} - p_s)/(\rho c^2/2)$$
$$K_{p_0} = (p_{0\alpha} - p_0)/(\rho c^2/2) \tag{4-2}$$
$$K_{p_{动}} = \left[(p_{0\alpha} - p_{s\alpha}) - (p_0 - p_s)\right]/(\rho c^2/2)$$

式中:p_0、p_s 分别为 $\alpha = 0$ 时总压孔与静压孔的测量值;

$p_{0\alpha}$、$p_{s\alpha}$ 分别为 $\alpha \neq 0$ 时总压孔与静压孔的测量值。

从图 4-3 中可以看出,对于头部为半球形的探针(图中实线所示),当流向偏斜角在 $\pm 10°$ 的范围内变化时,探针的读数不改变,这是因为在这个范围内,总压和静压均下降,因而压差 $p_0 - p_s$ 保持不变。对于头部为锥形的探针(图中虚线所示),在流向偏斜角为 $\pm 15°$ 时,总压保持不变,而静压却对流向偏斜角非常敏感,只要流向偏斜角 $\alpha \neq 0$,压力系数 $K_{p_{动}} \neq 0$。

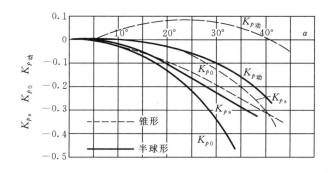

图 4-3　流向偏斜角 α 的影响

由此可见,L 形速度探针的头部形状对探针的特性影响很大,在选择测量速度的探针时,

必须加以注意。利用速度探针测量流体速度时,可按下式计算速度的大小:

$$c = \left[\alpha(p'_0 - p'_s)K_c/\rho\right]^{1/2} \tag{4-3}$$

式中:K_c 为速度探针校正系数,由试验确定,$K_c = (p_0 - p_s)/(p'_0 - p'_s)$,它与探针头部形状、静压孔的位置以及感受部分的加工精度等有关。

除了使用最广泛的 L 形速度探针外,在一些特殊场合下,还可采用一些其他形式的探针。

2. 笛形管探针

在测量尺寸较大的管道内的平均流速时,经常采用笛形管探针,如图 4-4 所示。将一根不锈钢管或铜管垂直插入被测管道内,在笛形管上,按等面积原则开设若干小孔,并在笛形管两端用连通管连接起来,测量孔感受到管内不同半径处的总压就会自动取平均值,将它作为被测管道内的总压,而静压孔就开在被测管道的壁面上,为减少堵塞的影响,在保证刚度前提下,笛形管直径 d 应尽量取得小些。

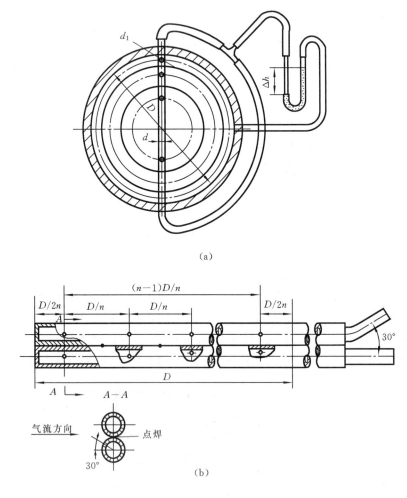

(a)

(b)

图 4-4　笛形管探针示意图

(a)单笛形动压管;(b)双笛形动压管

3. 吸气式速度探针

在锅炉等设备中,经常有含尘量比较大的负压管道,利用吸气式速度探针测量该管道的气流量有其优越性。如图 4-5(a)所示,它由三层套管焊接而成,中心管 1 与外界大气连通,头部

有 $\phi 0.5$ mm 的小孔与管 2 相通,当吸气式速度探针插入负压管后,由于 $\phi 0.5$ mm 的小孔离被测气流很近,管 2 感受的压力可以认为是被测总压,$\phi 1$ mm 的静压孔可开在管 3 周围。由于管 1 中始终有清洁空气流向被测负压管,因此总压孔($\phi 0.5$ mm)不易被堵塞。

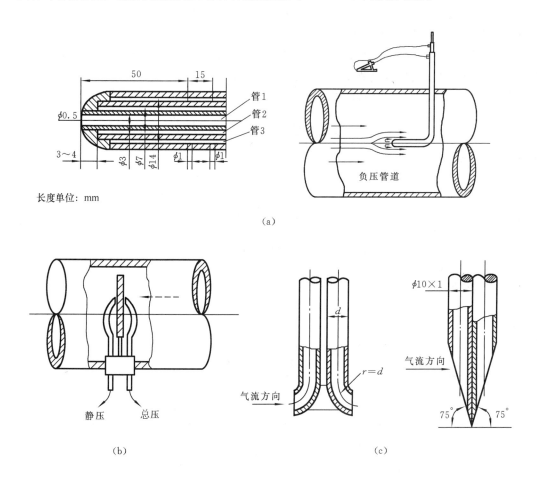

图 4-5　三种测高含尘浓度气流的动压管
(a)吸气式；(b)遮板式；(c)靠背式

4. 遮板式和靠背式探针

为防止灰尘堵塞,可以用遮板式及靠背式探针测量管道气流,如图 4-5(b)、(c)所示,前者是依靠遮板来阻止灰尘直接进入测管的,而后者管径大,不易被堵塞。

上述这些速度探针,使用前都必须经过标定。

4.1.2　可压缩性对气流速度测量的影响

在不可压缩流体中,流体速度仅由压差 $p_0 - p_s$ 决定,而不是由压力的绝对值决定,但在高速气流中,必须考虑影响气体密度的压力绝对值,因为气流速度的变化会引起压力变化。

等熵流动的可压缩性气体的伯努利方程为

$$\frac{k}{k-1}\frac{p_0}{\rho_0} = \frac{k}{k-1}\frac{p_s}{\rho_s} + \frac{c^2}{2}\qquad(4\text{-}4)$$

将式(4-4)代入等熵流动的过程方程式

$$\frac{p_0}{p_s} = \left(\frac{\rho_0}{\rho_s}\right)^k \tag{4-5}$$

得
$$c = \sqrt{\frac{2k}{k-1}\frac{p_s}{\rho_s}\left[\left(\frac{p_0}{p_s}\right)^{\frac{k-1}{k}} - 1\right]} \tag{4-6}$$

式中:k 为气体的等熵指数,对于空气,$k = 1.4$。

由此可见,可压缩气流的速度 c 不是由压差 $p_0 - p_s$ 确定,而是由压力比 p_0/p_s 决定,因此,在测量气流速度时,要分别测出气流的总压 p_0 及静压 p_s。

将马赫数 Ma 引入式(4-6),可得速度 c 与压差 $p_0 - p_s$ 的函数关系,即

$$Ma = c/a = c/\sqrt{kRT_s} = \sqrt{\frac{2}{k-1}\left[\left(\frac{p_0}{p_s}\right)^{\frac{k-1}{k}} - 1\right]} \tag{4-7}$$

再将式(4-7)变为

$$p_0 = p_s\left(1 + \frac{k-1}{2}Ma^2\right)^{\frac{k}{k-1}} \tag{4-8}$$

把式(4-8)用牛顿二项式展开,并写成压差形式,有

$$p_0 - p_s = \frac{\rho_s}{2}c^2\left(1 + \frac{Ma^2}{4} + \frac{2-k}{24}Ma^4 + \cdots\right) = \frac{\rho_s}{2}c^2(1 + \varepsilon) \tag{4-9}$$

最后得到考虑可压缩性时气流速度的公式,即

$$c = \sqrt{\frac{2(p_0 - p_s)}{\rho_s(1+\varepsilon)}} \tag{4-10}$$

式中:ε 为对可压缩性的修正系数,它与马赫数 Ma 有关,如表4-1所示。

表 4-1　$\varepsilon\text{-}Ma$ 关系

Ma	0.1	0.2	0.3	0.4	0.5	0.6	0.7	0.8	0.9	1.0
ε	0.0025	0.01	0.0225	0.04	0.0625	0.09	0.128	0.173	0.219	0.275

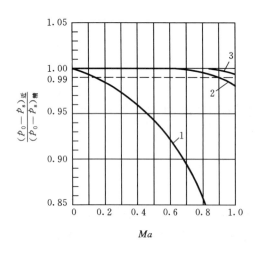

图 4-6　$(p_0 - p_s)$的近似值与精确值
之比随 Ma 数的变化

1—式(4-11)曲线;2—式(4-12)曲线;
3—式(4-13)曲线

下面讨论式(4-10)的三种近似关系:

第一种情况
$$\varepsilon = 0, \quad p_0 - p_s = \rho_s c^2/2 \tag{4-11}$$

第二种情况
$$\varepsilon = Ma^2/4, \quad p_0 - p_s = \frac{\rho_s}{2}c^2\left(1 + \frac{Ma^2}{4}\right) \tag{4-12}$$

第三种情况
$$\varepsilon = \frac{Ma^2}{4} + \frac{2-k}{24}Ma^4$$

$$p_0 - p_s = \frac{\rho_s}{2}c^2\left(1 + \frac{Ma^2}{4} + \frac{2-k}{24}Ma^4\right) \tag{4-13}$$

上述关系如图4-6所示,从图中可看出,在 $Ma \leqslant 0.2$ 时,用式(4-11)计算是比较满意的,所引起 $p_0 - p_s$ 的误差小于 1%;式(4-12)在 $Ma = 0.8$ 之前

是比较满意的,误差仅为 1%;式(4-13)在 $Ma=1.0$ 之前是比较满意的,误差为 0.2%。

4.2　流速方向的测量

根据流体力学原理可知,如果在规则形状的物体表面开两个对称的小孔,则流体正对其对称轴流来时,两孔感受的压力相等;若来流相对于对称轴有一偏角,则两孔感受的压力必然不相等。根据这一原理可设计出各类方向探针,来测量流动方向。

如果在两方向孔的对称轴上再开一个孔,则当流体按对称轴方向流向探针时此孔感受的压力为总压,而方向孔上感受的压力应为流体总压与静压之间的某一值。这样,只要预先将这种探针在校准风洞中进行标定,用开有三个测孔的探针就可以一次性测出平面流场中流体的总压、静压以及流体速度和方向。

4.2.1　方向探针

图 4-7 为不同形式方向探针的简图。这类探针是基于流体对物体绕流时,物体表面的压力与流动方向有确定关系的原理而工作的。

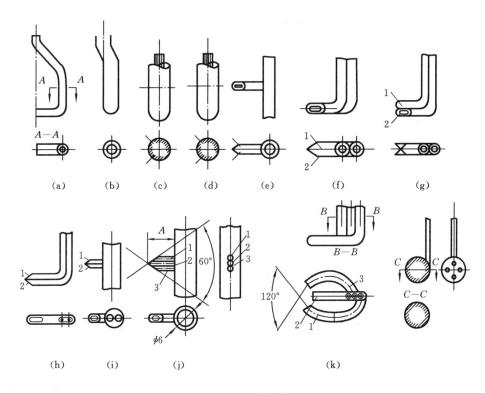

图 4-7　方向探针

方向测量通常有两种方法:对向测量和不对向测量。对向测量就是使探针绕其本身的轴转动,当两测孔所指示的压力相等时,两孔的对称中心就与流动方向一致。这时相对于一定的参考方向(初始位置)就可以决定流动方向角。不对向测量就是将两孔的对称轴固定在某一参考方向,测量两孔的压差,根据校正曲线(两孔压差与流动方向的关系)确定流体方向。

在三维流场中,有时要把对向测量和不对向测量结合起来使用,才能确定平面流向角和空间流向角。

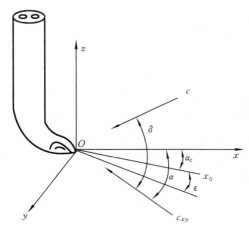

图 4-8　方向探针中的参数

在流动方向的测量中,要用到用来说明方向探针原理的一些参数,如图 4-8 所示,图中:

c 为速度;

x、y、z 为参考轴;

α 为速度的平面流向角,即速度 c 在 xy 平面内的投影与 x 轴的夹角;

δ 为速度的空间流向角,即速度与平面 xy 的夹角;

x 为探针两侧孔的几何对称轴;

x_0 为探针的空气动力轴线,即在没有速度梯度的平面流场中,能使两孔压力相等时的轴线;

α_c 为校正角,即探针的几何轴线 x 与空气动力轴线 x_0 之间的夹角;

ε 为误差角,即在 xy 平面内,当有速度梯度时,空气动力轴线 x_0 与真实流体方向之间的夹角。

对方向探针来说,灵敏性是一个很重要的指标。所谓灵敏性,就是探针空气动力轴线 x_0 与流动方向偏离单位角度时,在探针两侧孔之间产生的压差的大小,可用下式表示:

$$\Delta p = \frac{\mathrm{d}\left[(p_1 - p_2) / \frac{\rho}{2} c^2\right]}{\mathrm{d}\alpha} \tag{4-14}$$

如果流向偏斜角 α 较小,探针两侧孔压差 $p_1 - p_2$ 较大,则探针的灵敏性就高。每种方向探针,都可以找到一个用来测量流动方向的压力孔的最佳位置。

从流体绕流时沿圆柱表面的压力分布曲线(图 4-9)可以看出,在 $(p_1 - p_2)/(\rho c^2/2) = 0$ 的点,当流向偏斜角有微小变化时,两侧孔之间都会引起较大的压差。

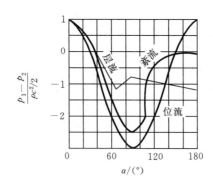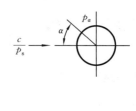

图 4-9　沿圆柱面压力分布

4.2.2　平面流速的测量

对于平面流速的测量,有对向测量和不对向测量两种方法,一般都可以采用。下面分别介绍这两种方法的具体使用。

1. 对向测量

在对向测量中,通常采用 L 形、U 形及圆柱三孔式探针。

L 形和 U 形方向探针是用两根不锈钢针管弯成 L 形或 U 形(图 4-10)制成的,其中以具有外切角的方向探针比较常用。图 4-11 所示的是具有外切角的 L 形方向探针的方向特性。

试验研究表明,具有外切角 $\theta=60°$ 的 L 形方向探针具有最大的灵敏度。表 4-2 所示的为这类探针的几何参数和空气动力特性。

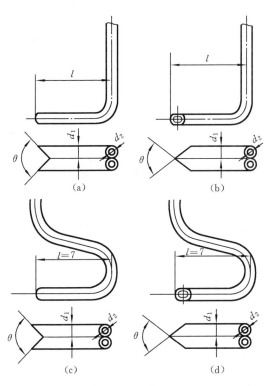

图 4-10　L 形和 U 形方向探针

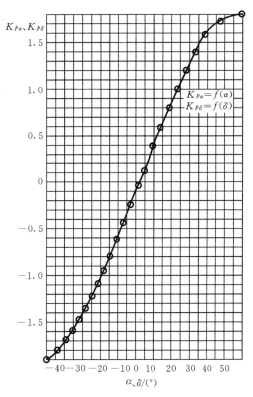

图 4-11　外切角方向探针特性

表 4-2　L 形和 U 形探针的几何参数和空气动力特性

型　　式	几何关系				空气动力特性	
	$\theta/(°)$	d_1/mm	$\dfrac{d_2}{d_1}$	$\dfrac{l}{d_1}$	$n/(\%)$	$\delta/(°)$
L 形(内切)	90	1.0	0.7	9	0.015	±20
	90	1.0	0.7	8	0.013	±15
	60	1.0	0.7	9	0.019	±20
	60	1.0	0.7	8	0.023	±25
	60	1.0	0.7	6	0.022	±15
	60	1.0	0.7	5	0.020	±20
	60	1.0	0.7	4	0.021	±10
	60	1.0	0.7	3	0.019	±20
L 形(外切)	90	1.0	0.7	9	0.021	±20
	90	1.0	0.7	8	0.020	±15
	60	1.0	0.7	9	0.045	±20
	60	1.0	0.7	8	0.042	±20
	60	1.0	0.7	6	0.044	±20
	60	1.0	0.7	5	0.042	±10
	60	1.0	0.7	4	0.038	±25
	60	1.0	0.7	3	0.044	±10

型 式	几何关系				空气动力特性	
	$\theta/(°)$	d_1/mm	$\dfrac{d_2}{d_1}$	$\dfrac{l}{d_1}$	$n/(\%)$	$\delta/(°)$
U 形（内切）	90	1.0	0.7	7	0.015	±10
	60	1.0	0.7	7	0.026	±15
U 形（外切）	90	1.0	0.7	7	0.015	±10
	60	1.0	0.7	7	0.026	±20

　　圆柱形三孔式探针的结构如图 4-12 所示。在一根圆柱形的杆上,离开端部一定距离(一般大于 $2d$)并在垂直于杆的轴线的同一平面上,开有三个孔,中孔用来测总压,两个侧孔以中孔为对称,并相隔 45°,用来测量流动方向。利用圆柱形三孔式探针测量流动方向的依据是:流体绕圆柱体流动时,在圆柱表面上任意一点的压力与流速的大小和方向有关,压力分布曲线

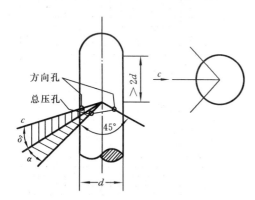

图 4-12　圆柱形三孔式探针

如图 4-9 所示。图中,理论和试验压力分布曲线之间发生差异的原因是在实际流体中,沿圆柱表面会产生边界层分离。层流时,分离点发生在最小压力点($\alpha=90°$)之前。而紊流时,流体的动量交换使最小压力点以后的流体边界层都不致分离。边界层的分离,使圆柱体表面的压力分布发生变化。如果分离是对称的,那么这个压力变化不会影响方向探针测量方向的精确性。从图 4-9 可以看出,在 $\alpha=50°$ 之前,沿圆柱表面的压力分布的理论曲线与试验曲线很接近。在 $\alpha=20°\sim50°$,圆柱表面具有较大的压力梯度,所以方向孔应开在中间孔的两侧大约 45°角的位置,这时两孔对流动方向的变化特别敏感。

　　图 4-13 所示的为在不同马赫数 Ma 时,方向孔的位置与探针灵敏性的关系。由图可见,随着 Ma 增加,为了得到大的灵敏性,必须相应地增大 θ 角。

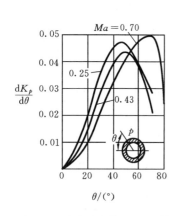

图 4-13　方向孔的位置和 Ma 数
　　　　对探针性能的影响

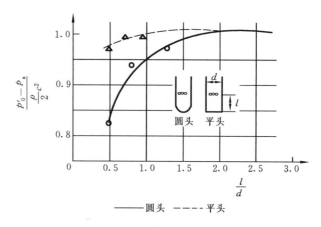

图 4-14　探针头部形状和距离对特性的影响

为了消除探针端部对测孔的影响,测孔离开端部的距离至少应为探针直径的 2 倍,图4-14 所示的为探针头部形状和距离对特性的影响。

由于圆柱形三孔式探针结构简单,尺寸小(压力感受部分的圆柱直径可作到 2.5 mm),使用安装方便,因此,广泛用于流体机械进出口处对流体速度大小和方向的测量。它用于对向测量时,通常是把两个侧孔接到一个 U 形管压力计上,以测两侧孔的压差;探针中孔及其中一个侧孔接第二个压力计,以测中孔和侧孔的压差;第三个压力计则与中孔连接,以测中孔压力与大气压之差。当探针绕其本身轴转动,使得两侧孔压力相等时,探针中孔就对准了流向,这时,探针各孔所测的压力可以表示成下面的形式:

中孔 2(图 4-15)的压力为

$$p_2 = p_s + K_0 \rho c^2/2 \tag{4-15}$$

式中:K_0 为探针中间孔的校正系数。

侧孔压力为

$$p_1 = p_s + K_1 \rho c^2/2 \tag{4-16}$$

式中:K_1 为探针一个侧孔的校正系数。

中孔与侧孔压差为

$$\begin{aligned} p_2 - p_1 &= (p_s + K_0 \rho c^2/2) - (p_s + K_1 \rho c^2/2) \\ &= (K_0 - K_1)\rho c^2/2 \end{aligned} \tag{4-17}$$

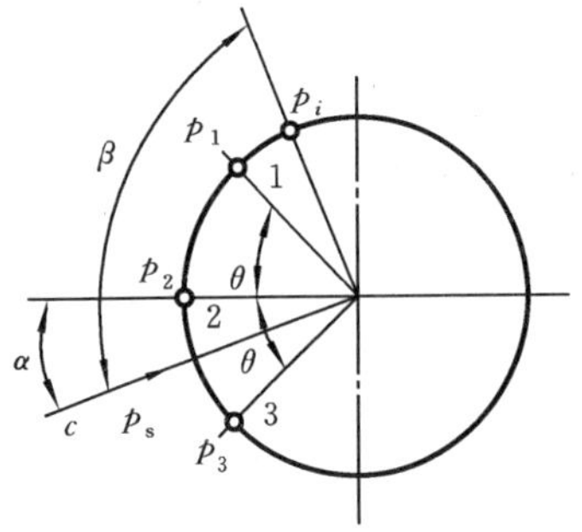

由式(4-15)及式(4-17),得

$$p_s = p_2 - \frac{K_0}{K_0 - K_1}(p_2 - p_1) \tag{4-18}$$

图 4-15　流体对圆柱体绕流

将 $p_0 = p_s + \rho c^2/2$ 和式(4-17)代入式(4-18),得

$$p_0 = p_2 + (1 - K_0)(p_2 - p_1)/(K_0 - K_1) \tag{4-19}$$

流体速度的大小为

$$c = \sqrt{2(p_2 - p_1)/[\rho(K_0 - K_1)]} \tag{4-20}$$

因此,只要测得中孔压力 p_2 及中孔与侧孔的压差 $(p_2 - p_1)$,就可以用上述公式计算流体的静压、总压和速度。式中,压力 p 都以表压来表示,当要求绝对压力时,加上当地大气压 p_a 即可。K_0、K_1 是探针校正系数,由试验确定,它们表征探针的总压和速度特性。实际上,在选用探针时,一般选用 $K_0 = 1$,这时中孔所测压力 p_2 就是总压 p_0。

2. 不对向测量

(1)基本原理

在圆柱形三孔式探针中,流动方向、总压、静压和速度与三个测压孔所测出的压力有一定的函数关系,这些关系分别为探针的方向特性、总压特性、静压特性和速度特性。这些特性也称探针的校正曲线,它们都可通过试验求得。

当位流横向流过绕流物体(图 4-15)时,圆柱体表面上任意点的流体速度为

$$c_i = -2c\sin\beta \tag{4-21}$$

把式(4-21)代入位流绕圆柱体流动的伯努利方程,有

$$\begin{cases} p_1 = p_s + [1 - 4\sin^2(\theta + \alpha)]\rho c^2/2 \\ p_2 = p_s + (1 - 4\sin^2\alpha)\rho c^2/2 \\ p_3 = p_s + [1 - 4\sin^2(\theta - \alpha)]\rho c^2/2 \end{cases} \tag{4-22}$$

将上式变换就可得到流动方向与三孔压力的函数关系,即

$$\frac{p_1 - p_3}{p_2 - \dfrac{p_1 + p_3}{2}} = -\frac{\sin(2\theta)\tan(2\alpha)}{\sin^2\theta} \tag{4-23}$$

又因 $p_s = p_0 - \rho c^2/2$，将其代入式（4-22）并变换，可得流体总压 p_0、静压 p_s 以及代表速度特性的 p_s/p_0 与 α、p_1、p_2、p_3 的函数关系，即

$$\frac{p_2 - \dfrac{p_1 + p_3}{2}}{p_0 - \dfrac{p_1 + p_3}{2}} = \frac{(1 - \tan^2\alpha)\tan^2\theta}{\tan^2\alpha + \tan^2\theta} \tag{4-24}$$

$$\frac{p_2 - \dfrac{p_1 + p_3}{2}}{p_s - \dfrac{p_1 + p_3}{2}} = \frac{4\sin^2\theta}{\sec(2\alpha) - \cos(2\theta)} \tag{4-25}$$

$$\frac{p_1 + p_3}{2p_0} = 1 - 4(\sin^2\alpha\cos^2\theta + \cos^2\alpha\sin^2\theta)(1 - \frac{p_s}{p_0}) \tag{4-26}$$

当侧孔 1 和 3 与中心孔 2 的夹角 $\theta = 45°$ 时，表示方向、速度、静压和总压特性的函数式分别变为

$$(p_1 - p_3)/[p_2 - (p_1 + p_3)/2] = f_1(\alpha) \tag{4-27}$$

$$(p_1 + p_3)/(2p_0) = 2p_s/p_0 - 1 = f_2(\alpha) \tag{4-28}$$

$$[p_2 - (p_1 + p_3)/2]/[p_s - (p_1 + p_3)/2] = f_3(\alpha) \tag{4-29}$$

$$[p_2 - (p_1 + p_3)/2]/[p_0 - (p_1 + p_3)/2] = f_4(\alpha) \tag{4-30}$$

气流速度较高时，要考虑可压缩性的影响，这时式（4-27）至式（4-30）不仅是流体方向的函数，而且与 Ma 数有关。

式（4-27）、式（4-28）、式（4-30）的关系分别如图 4-16 至图 4-18 所示。

（2）测量方法

①根据圆柱形探针测孔 1、3 的压差和孔 1、2、3 的压力值，然后由方向特性曲线（图 4-16）决定 α 角。

②有了 α 角和 p_1、p_2、p_3 的大小，利用总压特性就可以求出 p_0 值。

③由已知的 p_1、p_3 和 p_0 值，计算 $\dfrac{p_1 + p_3}{2p_0}$ 的大小，根据这个比值和 α 角，利用速度特性（图 4-17）确定 p_s/p_0 的大小，由式 $p_s = (p_s/p_0)p_0$，就可以求出静压 p_s。

④根据 p_s/p_0 可以决定流体的速度系数 λ、Ma 数和速度 c：

$$\lambda = \sqrt{\frac{k+1}{k-1}[1 - (p_s/p_0)^{\frac{k-1}{k}}]} \tag{4-31}$$

$$Ma = \sqrt{\frac{2}{k-1}[(p_0/p_s)^{\frac{k-1}{k}} - 1]} \tag{4-32}$$

$$c = \sqrt{\frac{2k}{k-1}\frac{p_s}{\rho_s}[(p_0/p_s)^{\frac{k-1}{k}} - 1]} \tag{4-33}$$

式中：k 为等熵指数。

（3）速度梯度对测量的影响

在有速度梯度的流场中，当流动的方向与空气动力轴线一致时，孔 1 和孔 2 所感受的压力不相等，如果把探针转过一个角度 ε，这时 1、2 两孔所感受的压力就相等了，则这个角 ε 就是由

于速度梯度的存在而引起的误差角。它与速度梯度的强度、两侧孔中间距离、孔径及探针的灵敏性有关。减小两侧孔中间的距离,减小孔径可以使误差角 ε 变小。但孔径过小,探针的响应时间会增加,这也降低了探针的灵敏度,所以在设计探针时应当注意,既要保持高的灵敏度,又要使响应时间不致太长。

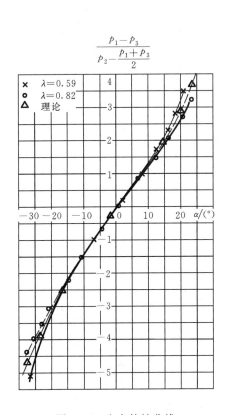

图 4-16　方向特性曲线

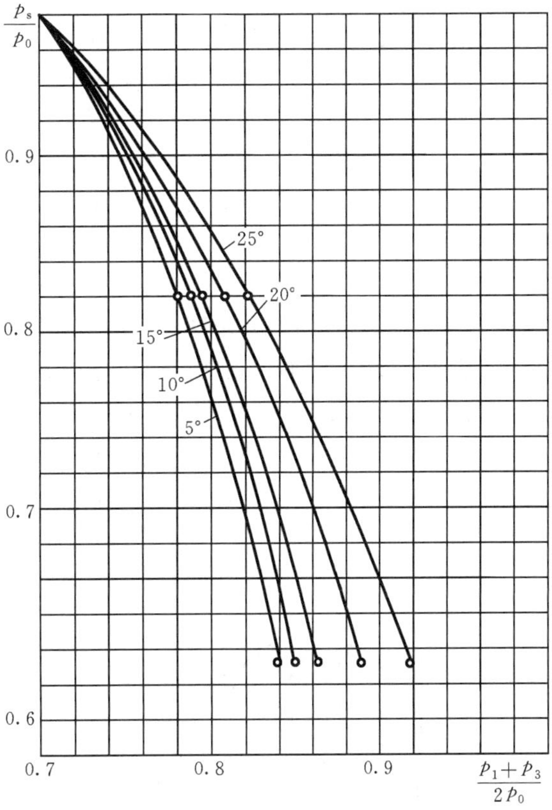

图 4-17　速度特性

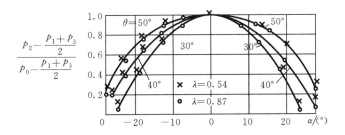

图 4-18　总压特性

4.2.3　空间流速的测量

空间流速的测量通常采用的测量方法是,在 xy 平面内,采用对向测量方法测出 α 角,而在垂直的 xz 平面内,采用不对向测量方法。根据压力孔的读数,由校正曲线确定 δ 角的大小。

空间流速的测量通常采用四孔圆柱探针和五孔球形探针。

1. 四孔圆柱探针

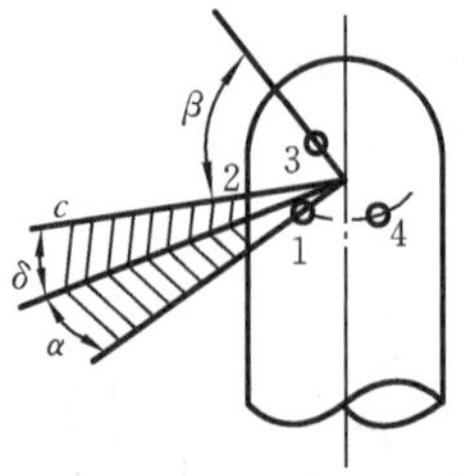

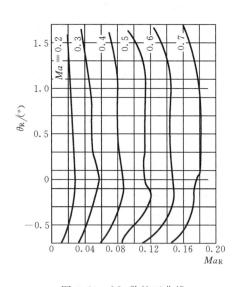

图 4-19 四孔圆柱探针
结构示意图

这是一种尺寸较小、结构简单的三维探针,如图 4-19 所示,它的总压孔 1 和方向孔 2、4 与二维圆柱形探针的相同。在探针头部增加了一个孔 3,根据它与总压的压差即可确定速度的三维流向角 δ。在决定 δ 角时,为了补偿可压缩性的影响,需要考虑 Ma 数对其值影响的修正。

图 4-20 及图 4-21 所示的是这种探针的典型校正曲线,这些校正曲线的使用方法如下:

假定探针在 2、1、4 三个孔所在的平面内已对向,并且 $p_2 = p_4$,则可根据 p_1、p_2、p_3 的值计算 Ma_R 和 θ_R 两个参变量,即

$$Ma_R = (p_1 - p_2)/p_1 \tag{4-34}$$

$$\theta_R = (p_1 - p_3)/(p_1 - p_2) \tag{4-35}$$

根据式(4-34)、式(4-35)及图 4-20 所示的 Ma 数校正曲线,便可查得 Ma 数。再根据 Ma 数和 θ_R,从图 4-21 所示的校正曲线中可查得 θ 值($\theta = 90 - \delta$)。然后根据 θ 和 Ma 数查出 p_{0r} 和 p_{sr} 值。最后按照下式计算总压和静压:

$$p_0 = p_1 + p_{0r}(p_1 - p_2) \tag{4-36}$$

$$p_s = p_1 - p_{sr}(p_1 - p_2) \tag{4-37}$$

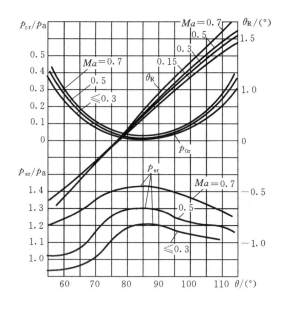

图 4-20 Ma 数校正曲线

图 4-21 俯仰角、静压、总压校正曲线

2. 五孔球形探针

图 4-22 所示的是测量三维气流最常用的五孔球形探针,在球面上有五个孔,中间孔用来测总压,其他四个孔是方向孔,也可测量静压和气流速度。图中示出了探针的基本尺寸。球的直径可以在 5~10 mm 之间选取,测量孔直径为 0.5~1.0 mm,中心孔轴线与侧孔轴线夹角为 45°。

五孔球形探针的工作原理是:在球面上任一测量孔的指示压力与绕圆球流动的气流方向有关,这可以由理想流体绕圆球的流动情况来说明。如图 4-23 所示,当速度为 c、静压为 p_s 的

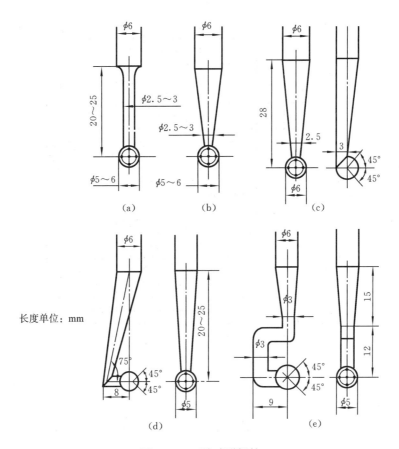

長度單位：mm

(a)　　(b)　　(c)

(d)　　(e)

图 4-22　五孔球形探针

气流绕圆球流动时,在圆球表面上任一点 i 的速度和压力系数分别为

$$c_i = -\frac{3}{2}c\sin\theta_i \qquad (4-38)$$

$$K_p = \frac{p_i - p_s}{\rho c^2/2} = 1 - \frac{9}{4}\sin^2\theta_i \qquad (4-39)$$

式中: θ_i 为气流方向与 i 点和球心连线的夹角。当 $\theta_i = 0°$ 时, i 点为 $K_p = 1$ 的临界点;当 $\theta_i = 42°$ 时, i 点为 $K_p = 0$ 的点。实际上为提高测量方向的灵敏度,一般取 $\theta_i = 45°$。

从图 4-24 所示的沿圆球表面的压力分布曲线也可看出, θ 角对气流方向敏感性的影响。理论上是,在 $\theta = 45°$ 时敏感性最高,而试验表明 $\theta = 50°$ 时敏感性最高,这个偏差与随 Re 的变化而变化的边界层分离点的位置有关。

利用五孔探针测量气流方向角 α 和气流总压

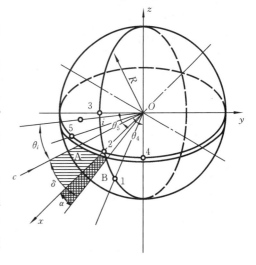

图 4-23　理想流体绕圆球流动

p_0 时,可在 xy 平面内转动探针测得,而空间气流角 δ、静压 p_s 和速度 c 则可由 1、2、3、4 孔的压力关系及图 4-25 所示的探针的校正曲线求出。

根据理想流体绕圆柱流动的伯努利方程

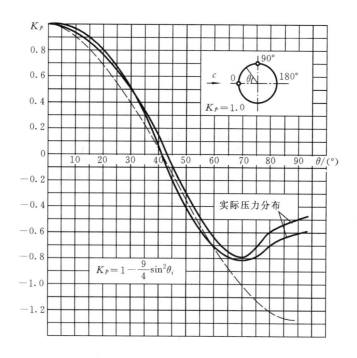

图 4-24 压力分布曲线

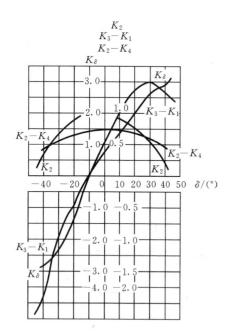

图 4-25 球形五孔探针校正曲线

$$\begin{cases} p_1 = p_s + \dfrac{\rho c^2}{2}\left[1 - \left(\dfrac{c_1}{c}\right)^2\right] = p_s + K_1 \dfrac{\rho c^2}{2} \\[2mm] p_2 = p_s + \dfrac{\rho c^2}{2}\left[1 - \left(\dfrac{c_2}{c}\right)^2\right] = p_s + K_2 \dfrac{\rho c^2}{2} \\[2mm] p_3 = p_s + \dfrac{\rho c^2}{2}\left[1 - \left(\dfrac{c_3}{c}\right)^2\right] = p_s + K_3 \dfrac{\rho c^2}{2} \\[2mm] p_4 = p_s + \dfrac{\rho c^2}{2}\left[1 - \left(\dfrac{c_4}{c}\right)^2\right] = p_s + K_4 \dfrac{\rho c^2}{2} \end{cases} \tag{4-40}$$

得出

$$\begin{cases} p_3 - p_1 = (K_3 - K_1)\dfrac{\rho}{2}c^2 \\[2mm] p_2 - p_4 = (K_2 - K_4)\dfrac{\rho}{2}c^2 \\[2mm] K_\delta = \dfrac{p_3 - p_1}{p_2 - p_4} \end{cases} \tag{4-41}$$

进而得

$$K_3 - K_1 = \frac{p_3 - p_1}{p_0 - p_s}$$

$$K_2 - K_4 = \frac{p_2 - p_4}{p_0 - p_s}$$

$$K_2 = \frac{p_2 - p_s}{p_0 - p_s}$$

上述的 K_δ、K_2、K_3-K_1 及 K_2-K_4 均与 δ 角有关。在校正试验台上先确定 $K_\delta=f(\delta)$、$K_2=f(\delta)$，$K_3-K_1=f(\delta)$ 和 $K_2-K_4=f(\delta)$ 的关系，试验时根据压力计在 1、2、3、4 孔所测得的压力 p_1、p_2、p_3 及 p_4 的值，按式(4-41)计算出 K_δ 值，因而利用 $K_\delta=f(\delta)$ 的曲线，就可找出空间气流方向角 δ，再由相应的曲线找出 K_3-K_1、K_2 和 K_2-K_4，然后利用下述公式决定速度 c 和静压 p_s：

$$c=\left[\frac{2(p_3-p_1)}{\rho(K_3-K_1)}\right]^{\frac{1}{2}}$$

或
$$c=\left[\frac{2(p_2-p_4)}{\rho(K_2-K_4)}\right]^{\frac{1}{2}} \tag{4-42}$$

式中：ρ 为流体的密度，kg/m^3。

$$p_s=p_2-K_2\frac{p_2-p_4}{K_2-K_4} \tag{4-43}$$

测量三维流场中的流向时，除可用四孔圆柱探针和五孔球形探针测量外，还可用五管三维探针及楔形五孔探针测量，如图 4-26 所示。此外，还有七孔球形探针，如图 4-27 所示，它可以看成在三个分区使用五孔球形探针测量，δ 在 15°～60°范围内时使用 1、2、3、4、5 孔测量，δ 在 −15°～15°范围内时则使用 1、2、3、5、6 孔测量，而 δ 在 −60°～−15°范围内时，使用 1、2、3、6、7 五个孔测量。这样整理的校正曲线对 δ 角虽有一定的重叠，但使用时则有适当选择的余地，不致因 δ 角过大而引起使用上的困难。

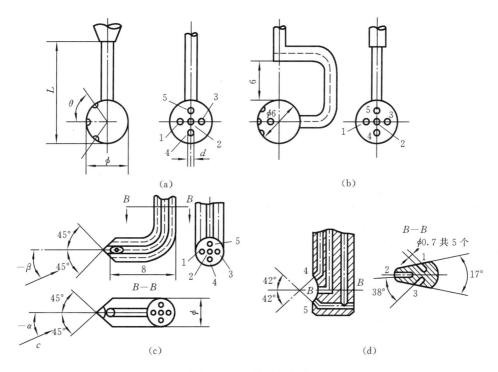

图 4-26　三维测压探针

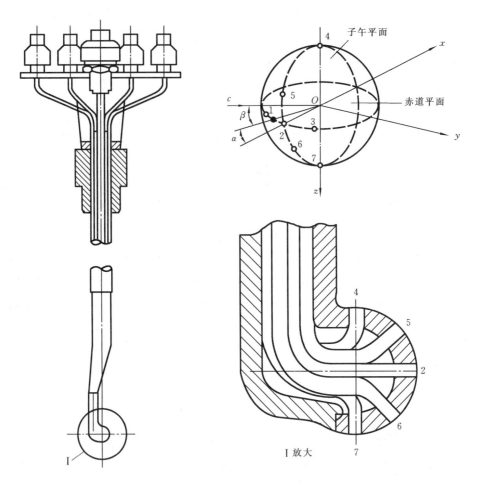

图 4-27　七孔球形探针

4.3　热线风速仪

热线风速仪是一种多用途的测量仪器,它与热线或热膜探头一起,用于测量流体的平均流速、脉动速度和流动方向。由于探头的几何尺寸较小,对流场干扰小,它经常用于一般探针难以安置的地方(如附面层)。另外,由于它热惯性小,特别适合脉动流体(如旋转叶栅后的流体尾迹)测量,特别是,当热线风速仪与微机联用时,它能把烦琐的数据整理工作大大简化,已成为实验室不可缺少的测量设备。

4.3.1　热线探头及其工作原理

1. 热线探头

热线探头分热丝探头和热膜探头两种。图 4-28 所示的是几种典型的热线探头。

热丝是直径很小的金属丝,通常直径只有 $4\sim 5\ \mu m$,焊在两支杆上,通过绝缘座引出,热丝材料多用钨丝或铂丝。热丝的长径比约为 300,热丝两端涂覆 $12\ \mu m$ 厚的铜金合金,使敏感部分只在中间的一小段,这样,由于敏感部分远离支杆,因此,支杆对气流的干扰不会传给热丝。由于热丝强度低,能承受的最大电流也小,不适于在液体或带有颗粒的气流中工作,在这种情况下应该使用热膜探头。热膜是用铂或铬制成的金属薄膜,用熔焊的方法将它固定在连接支杆两端的石英楔形骨架的前缘。它能承受较大电流,并且不容易被气流中的微粒撞坏,但长期在含有微粒的气流下工作时要特别注意它的表面状态,因为表面上的损伤会改变其电阻值,造成测量失效。

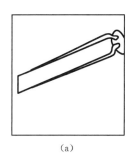   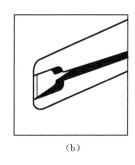   

(a)   (b)   (c)

图 4-28　典型的热线探头
(a)一维热线探头;(b)热膜探头;(c)三维热线探头

热线的焊接是在专用的微型电容放电点焊机上进行的。焊后应对它进行老化处理,使其电阻稳定。

热线探头根据测量要求有一维、二维和三维之分,分别用于测量一维流动、平面流动和空间流动。

2. 工作原理

当人为地用恒定电流对热线加热时,由于流体对热线有冷却作用,而流体冷却能力随流速的增大而加强,因此,可根据热线温度的高低(即热线电阻值的大小)来测量流体的速度,这便是等电流法测量流体流速的原理。在某恒定电流下,流体流速和热线电阻的关系可事先在校准风洞上标定出来。

如果保持热线的温度一定(即电阻一定),则可建立热线电流和流体速度的关系,这也就是等温法的原理。热线与流动方向正交时,流体对热线的冷却能力最大,随着二者交角不断减小,流体对热线的冷却能力将不断减小。

可以把热线看成如图 4-29 所示的简单模型,热线以垂直于流体的方向安置,它的两端固定在相对粗大的支架上,金属丝由电流加热,它的温度高于周围介质温度,由于热线的长径比 l/d 较大,故可忽略热线对支杆的导热损失,又由于热线加热温度与周围介质温度相差不是很大,故可忽略热辐射损失,这样单位时间的发热量与热线的对流换热量平衡,即

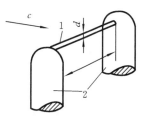

图 4-29　热线传感器模型

$$I^2R = K_\alpha F(t_w - t_f) \tag{4-44}$$

式中:I 为流经热线的电流;

R 为热线电阻,其数值和热线的材料、几何尺寸有关,在热线材料和几何尺寸已定的条件下,它是热线温度的函数;

K_α 为对流放热系数;

F 为热线侧表面积;

t_w、t_f 分别为热线温度和流体温度。

由传热学可知

$$K_a = Nu\lambda/d \tag{4-45}$$

式中：Nu 为努塞尔数，$Nu=a+bRe^n$，其中 a、b、n 为常数，$Re=cd/\nu$ 为雷诺数，这里 c 为流体流速，ν 为运动黏度；

d 为热丝直径；

λ 为流体的导热系数。

将上述关系代入式(4-45)，整理后得

$$I^2R = \left(\frac{a\lambda}{d} + \frac{bd^{n-1}\lambda}{\nu^n}c^n\right)F(t_w - t_f) \tag{4-46}$$

当热线材料和几何尺寸已定，流体的 λ、ν 已知时，式(4-46)可简化为

$$I^2R = (a' + b'c^n)(t_w - t_f) \tag{4-47}$$

式中：a'、b' 分别为与流体参数及探头结构有关的常数，计算式为

$$a' = a\lambda F/d$$
$$b' = b\lambda Fd^{n-1}/\nu^n \tag{4-48}$$

式(4-47)是热线对流换热的基本方程式，在这个方程中热线的电阻 R 与温度呈单值函数关系，即

$$R = R_0[1 + \beta(t_w - t_0)] \tag{4-49}$$

式中：R_0 为热线在温度 t_0 时的电阻；

β 为热线的电阻温度系数。

将式(4-49)代入式(4-47)，得

$$I^2 = \frac{(a' + b'c^n)(t_w - t_f)}{R_0[1 + \beta(t_w - t_0)]} \tag{4-50}$$

上述方程经变换，得

$$c = \sqrt[n]{\frac{I^2R_0[1 + \beta(t_w - t_0)] - a'(t_w - t_f)}{b'(t_w - t_f)}} \tag{4-51}$$

还可以改写成

$$c = \sqrt[n]{\frac{I^2R_0[1 + \beta(t_w - t_f) + \beta(t_f - t_0)] - a'(t_w - t_f)}{b'(t_w - t_f)}} \tag{4-52}$$

式中：$I^2R_0\beta(t_f - t_0)$ 可以看成流体温度和热线标定温度 t_0 不同时的修正量，当 $t_f = t_0$ 时，修正量为 0，这时流体速度 c 只是电流 I 和热线温度 t_w 的函数，即

$$c = f(I, t_w) \tag{4-53}$$

因此，只要固定 I 和 t_w 两个参数的任何一个，就可获得流体速度与另一参数的单值函数关系。令热线电流 I 为常数的测速方法称为等电流法，令热线温度 t_w 为常数的测速方法称为等温法。由于热线电阻是热线温度的单值函数，因此等温法亦称为等电阻法。无论哪种方法都需要对流体温度 t_f 值进行修正。

实际测量中，测量的不是热线电流 I，也不是热线温度 t_w（或电阻 R），而是电桥电压 V。电桥电压 V 与流体流速的关系用试验方法确定，这就是热线探头的校准曲线，如图 4-30 所示，图中 V_0 是流速为 0 时，热线电桥桥顶的电压值，θ 为流体流速与热线垂直轴的夹角。

4.3.2　热线测速方法及方向特性

1. 热线测速方法

(1)等温型热线风速仪

这是目前应用较广的一种型式，因为它可以测量非常快的脉动速度，而不用复杂的补偿电

路。图 4-31 为一种等温型热线风速仪原理图。热线探针置于流体中,当流速发生变化时热线温度将随之升高或降低,从而引起热线电阻变化,热线电阻的变化又将导致 V_{12} 变化,经差动放大后,反馈至电桥输入端,使 V_{sr} 发生变化,从而导致流经热线的电流发生变化,最后使电桥失去平衡。进而操纵控制电阻器 R_1,使 R_1 值改变,流过热线探针的电流也就将减小或增大,使电桥恢复平衡。热线温度保持恒定,从而建立了输出电压 V_{sc} 与流速的关系。

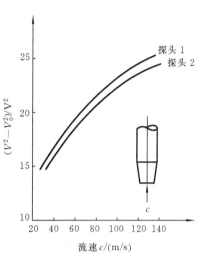

图 4-30 典型热线探头校准曲线($\theta=0°$)

（2）等电流型热线风速仪

等电流型热线风速仪原理如图 4-32 所示,当流体流速增加时,热线的温度下降,即热线电阻 R 下降,此时电桥将失去平衡,热线电流将发生变化,为使热线的电流不变,可调节与它串联的控制电阻 R_1,使热线所在桥臂的总电阻保持不变,电桥将恢复原来的平衡状态,这样就建立了电桥输出电压与热线电阻的关系,也就是建立了控制电阻 R_1 上的电压降 V_{R1} 与流体流速的关系。

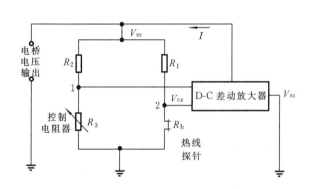

图 4-31 等温型热线风速仪原理图

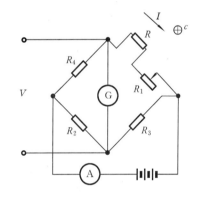

图 4-32 等电流型热线风速仪原理图

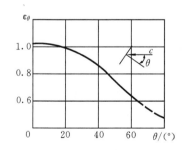

图 4-33 典型热线探头放热系数比
ε_θ 和气流方向角 θ 的关系

等电流型热线风速仪线路简单,但由于桥路的输出电压受热线温度的影响较大,若系统中不加特殊的补偿线路,就会给测量带来很大误差。

使用热线风速仪时,在热丝强度和使用寿命允许的前提下,应尽可能选用细的热线作探头,以减少仪表的热惯性;在热线材料许可的情况下,尽量提高其加热温度,以减小流体温度的影响,提高仪表的灵敏度,因此,所有热线探头都要逐个在校正风洞中进行校正后才能使用。

2. 热线风速仪的方向特性

从传热学中知道,对流换热系数 K_α 值是流向角 θ 的函数,如图 4-33 所示。纵坐标 $\varepsilon_\theta=K_{\alpha\theta}/K_{\alpha\theta=0}$。由图 4-33 所示曲线可以看出,$\theta$ 在 0°～15°范围内变化时,ε_θ 的变化并不明显,当 $\theta>15°$时,随着 θ 变大,ε_θ 急剧下降。从式(4-47)可推出,在流速

不变的条件下,随着 $K_{a\theta}$ 值的减小,热线风速仪的电桥电压必然降低,我们把电桥电压与流速、流向角的关系称为方向特性。图 4-34 所示的是典型的热线探头方向特性,由图 4-34 可知,其方向特性接近 $\sin\theta$ 曲线,当 $\theta=45°$ 时,方向灵敏度最大。所以测量流动方向时,可选择 45°热线。当 $\theta=0°$ 时,方向灵敏度最小,所以若测量速度,则应选择 0°热线。

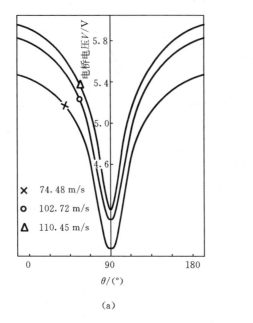 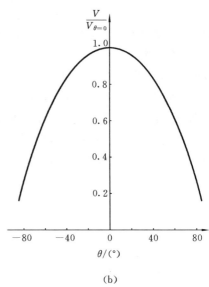

(a)   (b)

图 4-34　热线探头方向特性

(a)V-θ 曲线;(b)$V/V_{\theta=0}$-θ 曲线

4.4　激光多普勒测速仪

1842 年奥地利科学家多普勒(Doppler)发现:任何形式的波在传播时,波源、接收器、传播介质、中间反射器或散射体的运动都会使波的频率发生变化。后人把这种频率变化称为多普勒效应。1960 年发现激光,1964 年激光多普勒测速仪问世。

为说明激光多普勒测速仪的原理,这里先简单介绍激光产生的原理。激光是某些物质(如红宝石、二氧化碳、氦氖等)的分子或原子,受激后辐射而产生的。受激辐射而发出的光子与外来的激发光子,在相位、波长和传播方向等方面是完全一致的,这使得激光具有以下特点。

(1)单色性好

激光频率范围很窄,激光的频率宽度仅为 10^3 Hz,即激光是某一频率的单色光,而可见光的频率宽度达 10^9 Hz。

(2)相干性好

在普通光源中,原子或分子所发出的光是互相独立的,光的相干时间仅为 10^{-9} s,相干长度仅为 30 cm,所以可认为它是不相干光。而激光中分子或原子发出的光是相互联系的。光的相干时间达 10^{-3} s,相干长度达 300 km,因此,激光的相干性好。

(3)方向性强

激光可以集中在很狭窄的频率范围内,向特定的方向传播。对于普通光源,即使是很好的探照灯,它的光束在传播到几千米之外后也要扩大到几十米的范围。如果用激光,则光束在几千米之外的扩大范围不到几十厘米,这种极好的方向性也是普通光源无法达到的。

(4)能量密度高

一台千瓦级的激光器,在几分钟之内可熔穿一块耐火砖。

4.4.1　激光多普勒测速仪的工作原理

激光多普勒测速仪是基于光学多普勒效应工作的。一束具有一定频率的激光,照射到具有一定速度 c 的运动粒子上,粒子对光有散射作用,散射光的频率与直射光的频率有一定的偏差(即多普勒频移),其偏移量与运动粒子的速度(即流体的速度)c 成正比,只要测得频移,就可算出流速。

图 4-35 所示的就是激光多普勒测速仪的工作原理,在图(a)所示的参考光式的测量系统中,激光器 I 发出的平行光,经透镜 L 将它聚焦在分光镜 S 上,其中一束光透过分光镜,经反光镜 M₁、滤光片 F、流体管道的试验段、光阑 A,直接进入感受器(光电倍增管)D,另一束光由反光镜 M₂ 反射,进入试验段,经散射粒子散射后,再被感受器的光电倍增管接收,两束光的频差经光电倍增管放大,由频率计测出,再用下式算出流体速度:

$$c = \frac{f_D \lambda}{2\sin\frac{\delta}{2}} \tag{4-54}$$

式中:f_D 为多普勒频差;

　　　λ 为激光入射光波长;

　　　δ 为参考光与散射光夹角。

在图(b)、(c)所示的双散射式的测量系统中,来自光源 I 的光由分光镜 S 分为两条光束,经反射镜 M 并通过透镜 L 聚焦于试验区,这两条光束在试验区产生干涉条纹,当运动粒子进入干涉区时,闪烁光的频率

$$f_D = \frac{2c\sin\frac{\delta}{2}}{\lambda} \tag{4-55}$$

由频率计测出此频率,就可算出气流的速度。

图(c)所示的为后向双散射式测量系统,其光源与感受器置于同一侧,这可使发光器与感受器置于同一支架上,从而减少震动对光学元件的影响,并且易于调整。

4.4.2　激光多普勒测速仪的光学部件

在激光多普勒测速仪中,主要的光学部件有激光光源、分光器、发射透镜与接收透镜、光检测器等。它们对于任何一种光路都是必需的,而且其性能对流速测量都有显著的影响。下面分别介绍。

1. 激光光源

根据多普勒效应测量流速,要求入射光的波长稳定而且已知。采用激光器作为光源是很理想的。一方面,激光具有很好的单色性,波长精确已知且稳定;另一方面,激光具有很好的方向性,可以集中在很窄的范围内向特定方向传播,容易在微小的区域上聚焦以生成较强的光,便于检测。

激光光源可采用氦-氖气体激光器,波长为 632.8 nm,也可采用氩离子气体激光器,波长

为 488.0 nm 或 514.5 nm。由微粒发出的散射光,其强度随入射光波长减小而增强,所以使用波长较短的激光器有利于得到较强的散射光,便于检测。

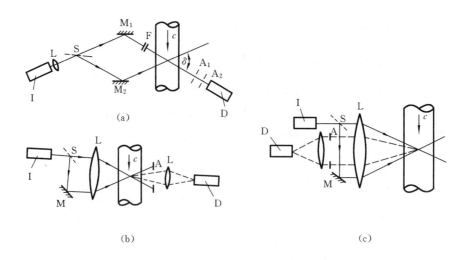

图 4-35　激光多普勒测速仪工作原理
(a)参考光式;(b)双散射(条纹)式;(c)后向双散射式
I—光源;D—感受器;L—透镜;M—反光镜;S—分光镜;A—光阑;F—滤光片

2. 分光器

双光束系统和参考光束系统都要求把同一束激光分成两束,双光束系统要求等强度分光,参考光束系统则要求不等强度分光,这些要求由分光器实现。分光器是一种高精度的光学部件。要保证被分开的两束光平行,使得这两束光经透镜聚焦后在焦点处准确相交,提高输出信号的信噪比,主要靠分光器本身的精度来实现。

3. 发射透镜

两束入射光需要聚焦,以便更好地相交。完成提高交点处光束功率密度、减小焦点处测点体积、提高测点的空间分辨率这些任务的光学部件是发射透镜。两束光相交区的体积,或者说测点体积,直接影响测点的空间分辨率。测点的几何形状近似椭球体,如图 4-36 所示。如果以 w_m、h_m、l_m 分别表示椭球的三个轴的长度,则

$$w_m = D_m / \cos \frac{\theta}{2}$$

$$h_m = D_m$$

$$l_m = D_m / \sin \frac{\theta}{2} \tag{4-56}$$

测点体积 V_m 为

$$V_m = \pi D_m^3 / (3\sin\theta) \tag{4-57}$$

式中:D_m 为测点上光束的最小直径。设透镜焦距为 f,每条激光光束的会聚角为 $\Delta\theta$,未聚焦时光束直径为 D_0(见图 4-36),则 D_m 可近似地表示为

$$D_m = \frac{4\lambda}{\pi\Delta\theta} = 4f\lambda / (\pi D_0) \tag{4-58}$$

在测点内产生的干涉条纹数

$$N_F = \frac{w_m}{D_F} = 2 \frac{D_m}{\lambda} \tan \frac{\theta}{2} = 8 \frac{f}{\pi D_0} \tan \frac{\theta}{2} \tag{4-59}$$

由式(4-59)可见,入射光夹角愈小,测点体积内条纹数愈少;入射光束直径愈大,测点体积内条纹数愈少。发射透镜的焦距 f 对条纹数也有影响,但它不是一个独立的因素,因为 θ 角与 f 和两束平行光束之间的距离有关,相同的光束距离,f 愈长则 θ 角愈小。

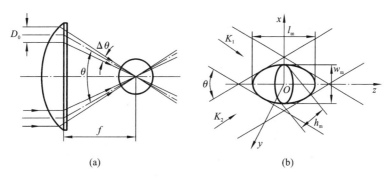

图 4-36　由透镜聚焦的交叉部位和测点形状图

4. 接收透镜

接收透镜的主要作用是收集包含多普勒频移的散射光。通过成像,只让这部分散射光到达光检测器,而限制其他杂散光。前向散射方式工作的光路系统,需要加装单独的接收透镜;后向散射方式工作的光路系统,发射透镜可兼作接收透镜,使整个光路结构紧凑。接收透镜之前还可加装光阑。调节光阑孔径,以控制测点的有效体积,提高系统的空间分辨率。

5. 光检测器

光检测器的作用是将接收到的差拍信号转换成同频率的电信号。光检测器的种类很多,在激光多普勒测速仪中,使用较多的是光电倍增管。光检测器受光面积上收集到的光由两部分组成。在双光束系统中接收到的是第一和第二散射光,而在参考光束系统中接收到的则是散射光和参考光。

4.4.3　激光多普勒测速仪的信号处理系统

多普勒信号是一种不连续的、变幅调频信号。由于微粒通过测点体积时的随机性、通过时间有限、噪声大等,多普勒信号的处理比较困难。目前,主要使用的信号处理仪器有三类,即频谱分析仪、频率计数器和频率跟踪器。

1. 频谱分析仪

用频谱分析仪对输入的多普勒信号进行频谱分析,可以在所需要的扫描时间内给出多普勒频率的概率密度分布曲线。将频域中振幅最大的频率作为多普勒频移,从而求得测点处的平均流速,而根据频谱的分散范围,可以粗略求得流速脉动分量的变化范围。由于频谱仪工作需要一定的扫描时间,它不适于实时地测量变化频率较快的瞬时流速,只用来测量定常流动下流场中某点的平均流速。

2. 频率计数器

频率计数器是一种可以进行实时测量的计数式频率测量装置。当微粒通过干涉区时,散射光强度按正弦规律变化。在这段时间内,光检测器输出的是一个已调幅的正弦波脉冲。如果测量体积内干涉条纹数 N_F 已知(可按式(4-59)计算确定),那么,通过对一个粒子通过 N_F 个干涉条纹的时间进行计数,可计算出频率,进而求出流速分量 c_n。图 4-37 是频率计数器的原理方框图。

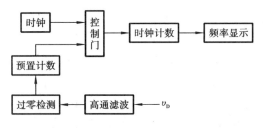

图 4-37　频率计数器原理方框图

如图所示,来自光检测器的信号经高通滤波器滤去直流和低频分量,剩下对称于零伏线的多普勒频移信号,频率为 ν_D。过零检测器将按正弦规律变化的信号转变成为同频率的矩形脉冲,脉冲进入预置计数器。计数器输出的是单个宽脉冲,其持续时间等于输入脉冲的 N_F 个连续周期,即

$$t_\tau = \frac{1}{\nu_D} N_F$$

这也就是微粒通过干涉区中 N_F 个干涉条纹所需的时间。预置计数器输出的单脉冲打开控制时钟脉冲的门电路,允许时钟脉冲通过控制门进入时钟脉冲计数器,使时钟脉冲计数器计数。当预置计数器输出的单脉冲消失时,控制门电路被封锁,时钟脉冲计数器停止计数。设时钟脉冲频率为 f,单脉冲持续时间内时钟脉冲计数器计数为 n,显然,单脉冲的持续时间应为

$$t_\tau = \frac{1}{f} n$$

所以
$$\nu_D = N_F \frac{f}{n} \tag{4-60}$$

对于一定的 N_F 和 f,时钟脉冲计数器的输出代表了多普勒频移量的大小,从而可求得流速分量 c_n。

频率计数器主要用于气流中微粒较少时的流速测量,从原理上讲,不像下面将提到的频率跟踪器那样对测量范围有限制。但噪声大时测量也比较困难,需要与适当的低通滤波器组合起来使用,实际测量范围也受到限制。

3. 频率跟踪器

频率跟踪器的功能是将多普勒频移信号转换成电压模拟量,输出与瞬时流速成正比的瞬时电压,它可以实时地测量变化频率较快的瞬时流速。

图 4-38 是频率跟踪器原理方框图。前置放大器把微弱的、混有高低频噪声的多普勒频移信号滤波放大后,送入混频器,与电压控制振荡器输出的信号 ν_{vco} 进行外差混频,输出信号包含差频为 $\nu_o = \nu_{vco} - \nu_D$ 的混频信号。混频信号经中频放大器选频、放大,把含有差频 ν_o 的信号选出并放大,滤掉和频信号和噪声,再经限幅器消除掉多普勒信号中无用的幅度脉动后送到一个灵敏的鉴频器去。

鉴频器由中频放大器、限幅器和相位比较器组成。它的作用是将中频频率转换成直流电压信号 U,实现频率电压转换。直流电压的数值正比于中频频偏,也就是说,如果混频器输出的信号频率恰好是 ν_o,则鉴频器输出电压为零。当多普勒频移信号由于被测流速的变化而有 $\Delta\nu$ 的变化时,混频器输出信号的频率将偏离中频 ν_o,这个差额能被鉴频器检出并被转换为直流电压信号 U。信号 U 经积分器积分并经直流放大器放大后变成电压 V,它使电压控制振荡器的输出频率相应地变化一个增量 $\Delta\nu_{vco}$,以补偿由于多普勒频移增量使混频器输出信号频率重新靠近中频 ν_o,再次使系统稳定下来。因此,电压 V 反映了多普勒频率瞬时变化值,并作为

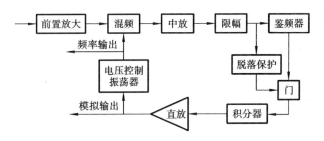

图 4-38 频率跟踪器原理方框图

系统的模拟量输出,系统的输出可以自动地跟踪多普勒频率信号的变化。

脱落保护电路的作用是防止由于微粒浓度不够引起信号中断而产生系统失锁。具体地说,当限幅器输出的中频方波消失,或方波频率超过两倍中频,或方波频率低于中频的 2/3 时,脱落保护电路就会起保护作用,并输出一个指令,把积分器锁住,使直流放大器输出电压保持在信号脱落前的电压值上,电压控制振荡器的输出频率也保持在信号脱落前的频率值上。当多普勒频移信号重新落在一定的频带范围内时,脱落保护电路的保护作用解除,仪器又重新投入自动跟踪。

4.5 粒子图像测速技术

凡是在流体中投放粒子,并利用粒子的图像来测量流体速度的这一类技术,都可以称为粒子图像测速技术(PIV)。PIV 是"particle image velocimetry"的缩写,PIV 技术本质上是图像测速技术中的一种。这种技术的优点是能够测量瞬时速度场,能够在瞬时把整个速度场上的全部速度矢量描绘出来。每个测点的速度矢量都可以用一根箭头来表示,其中箭头的大小表示该点速度的大小,箭头的方向表示该点速度的方向。

粒子图像测速技术的分类如图 4-39 所示。

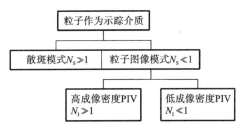

图 4-39 粒子图像测速技术的分类

这里所说的 PIV 技术,是指具有高成像密度的粒子浓度,但粒子影像又尚未在所测量的区域像内,即所谓的"查问"(interrogation)区域内重叠的情形。而 PTV 技术为粒子跟踪测速技术,是指粒子浓度极低,粒子跟随流动的情形与单个粒子相类似。通常称之为低成像密度的PIV 模式,简称 PTV。

从图 4-39 中可以看到上述分类方法主要根据源密度 N_S 和像密度 N_I 两个参数。

源密度 N_S 被定义为

$$N_S = C\Delta Z_0 \frac{\pi d_e^2}{4M^2} \tag{4-61}$$

式中:C 为粒子浓度;

ΔZ_0 为片光源厚度；

M 为照相机的放大率；

d_e 为底片上粒子图像的直径。

源密度 N_S 的物理意义为：在一个与粒子等直径、高为片光源厚度 ΔZ_0 的圆柱体体积内所包含的粒子数。$N_S = 1$，表示这个像是由一个粒子生成的像。如果 $N_S \gg 1$，那么它们的像就会重叠，在像平面上就将形成散斑形式。如果 $N_S \ll 1$，就成了粒子像模式。

像密度 N_I 被定义为

$$N_I = C\Delta Z_0 \frac{\pi d_i^2}{4M^2} \tag{4-62}$$

式中：d_i 为查问单元(interrogation cell)的直径。

像密度 N_I 的物理意义为：在一个查问单元内有多少个粒子像。当 $N_I \gg 1$ 时，由于粒子像较多，因此不可能跟随每个粒子来求它的位移，而只能采用统计方法来处理，即采用 PIV 技术。当 $N_I \ll 1$ 时，由于成像密度极低，因而在诊断区内不能使用统计处理的方法，而应跟随每个粒子求它的位移量，所以就整场而言，速度测量是随机的，这种技术称为 PTV 技术。

综上所述，源密度 N_S 可用来区分散斑测速模式和粒子图像测速模式，而像密度 N_I 可用来区分粒子迹线法和粒子图像测速法。

PIV 技术的产生具有深刻的科学技术发展历史背景。首先是瞬态流场测试的需要。比如燃烧火焰场、流动控制技术、自然对流等都是典型的瞬态流场。这些瞬态流场靠单点测量是不可能完成测量任务的。其次是了解流动空间结构的需要。因为只有在同一时刻记录下整个信息场，才能看到空间结构。如在高湍流流动中，采用整体平均的数据不适合于反映流动中不断改变的空间结构。平均数据的过程容易引起流动图像的消失。例如强风中被风飘吹的旗帜，人们不可能看到旗帜表面的单个波纹，相反地只能看到模糊一片的结果。只有通过诸如 PIV 技术才有可能获得流动中的小尺度结构的逼真的图像。目前已有不少研究工作者使用 PIV 技术获得了小尺度结构的矢量图，其中平均速度矢量已从场信息图的每个矢量中减去。还有就是某些稳态流场的测试需要。稳态流动指的就是速度脉动与平均速度相比很小的流动。实际流动中存在着许多特殊情况，比如狭窄流场，其流动本身是稳定的，但由于流场狭小，激光多普勒测速(LDV)的分光束难以相交成可测状态，而热线热膜风速计(HWFA)又会破坏流场的状态，此时 PIV 技术就可以大显身手。

4.5.1 粒子图像测速原理

PIV 的基本原理是测量图像的位移 Δx、Δy，见图 4-40。位移必须足够小，使得 $\Delta x/\Delta t$ 是速度 u 的很好的近似。这就是说，轨迹必须是接近直线并且沿着轨迹的速度应该近似恒定。这些条件可以通过选择 Δt 来达到，使 Δt 小到可以与受精度约束的拉格朗日速度场的泰勒微尺度比较的程度。

$$u = \lim \frac{x_2 - x_1}{t_2 - t_1}$$

$$v = \lim \frac{y_2 - y_1}{t_2 - t_1} \tag{4-63}$$

1. PIV 系统的组成

图 4-41 所示的为典型的 PIV 系统。图中是用相干激光源来照明的，使用光学元件把激

光束转变为片光,并且脉动地照亮流场。两个脉冲之间的时间是可变的,并且可基于被测速度来选择。光学通路要求片光源和照相机之间互相垂直。PIV 系统可分为两个主要的子系统:成像系统和分析显示系统。

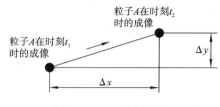

图 4-40 PIV 测速原理

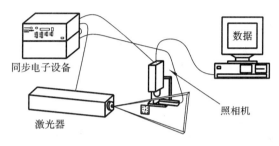

图 4-41 典型的 PIV 系统

2.PIV 的成像系统

成像系统的主要任务就是在流动中产生双曝光粒子图像场或两个单粒子图像场。成像系统包括以下部件:光源系统、片光光学元件、记录系统。图 4-42 所示的为典型的 PIV 光路系统。

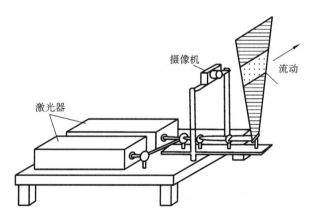

图 4-42 典型的 PIV 光路系统

PIV 的光源系统采用激光作光源。激光光源可以提供短期持续脉冲,并且发出已被准直的高能光束。常用的激光器有红宝石激光器和 Nd:Yag 激光器。红宝石激光器的光波长为 699 nm,每一个脉冲的脉宽为 25 ns;脉冲能量在 1～10 J;脉冲间隔为 1 μs～10 ms,可调。其优点在于脉冲光能量大,但脉冲间隔调整范围有限,对低速流动测量比较困难。另外,它再次充电所需时间较长,不能连续产生脉冲光。Nd:Yag 激光器,即脉冲铱-钕石榴石激光器,光波长为 532 nm,每个脉冲能量为 0.2 J,脉冲宽度为 15 ns。它能发射连续脉冲光,频率为 10 Hz 或 50 Hz。一般在 PIV 系统中采用两台 Nd:Yag 激光器,并用外同步装置来分别触发激光器以产生脉冲,然后再用光学系统将这两路光脉冲合并到一处。脉冲间隔可调整的范围很大,从 $1\ \mu s$ 到 $0.1\ s$,因而可实现从低速到高速流动的测量。其光路系统如图4-42所示。

片光是由柱面镜和球面镜联合产生的。准直了的光束通过柱面镜后在一个方向上发散,同时球面镜用于控制片光的厚度。典型的片光在光腰处的厚度为几微米到几毫米。光纤片光源在选择流动中所希望的照明区域上具有灵活性,但是光纤片光源仅仅运用于功率小于5 W (或1 ms脉冲的5 mJ)的氩离子激光器。单模光纤(直径 $4\sim6\ \mu m$)可以运用到1 W,多模光纤(直径 $50\sim100\ \mu m$)可以运用到6 W。典型的Yag激光每一脉冲可输出 $100\sim300\ mJ$,光纤不可能运用到这么大的功率。

记录系统一般采用CCD摄像机或者胶片相机。普通胶卷的分辨率为 $100\sim320$ 线/mm。一张135底片,拥有 3600×2400 像素或 11520×7680 像素。CCD摄像机是许多小的光电探测器元素的精密阵列,典型的阵列是 512×512 元素阵列,但是 2048×2048 或 4096×4096 元素阵列现在也可利用。以上均属于二维的记录系统。对于三维测量要采用立体摄影,采用两个以上的照相机和全息摄影技术。

3. PIV的分析显示系统

分析显示系统的主要任务是通过对图像的数据处理得到二维速度分布。在高像密度的PIV系统中,数据处理是一个很重要的环节。当 $N_1 \gg 1$ 时,在查问区域内找不到粒子的可能性是很小的,它有足够的粒子可用于获得速度信息,但由于粒子像太多,一般不能用跟踪单个粒子轨迹(PTV)的方法来获得速度信息,只能用统计法来获得。对于一个高像密度的互相关PIV分析来讲,每一个查问区内图像密度至少应满足 $N_1 > 7$,而自相关方式则要求 $N_1 > 10$。现在PIV系统主要采用数字图像技术来分析处理数据。数字图像法包括傅里叶变换法、直接空间相关法、粒子像间距概率统计法。

4.5.2 粒子图像测速的信号处理

PIV通过CCD和采集卡后,可获得256个灰度级的粒子图像,对其中的一小块(查问区)进行相关分析,可得到速度信息。从原理上看,图像分析算法有两种:一种是自相关分析法;另一种是互相关分析法。

1. 自相关分析

自相关分析要进行两次二维快速傅里叶变换(FFT),查问区内的图像 $G(x,y)$ 被认为是第一个脉冲光所形成的图像 $g_1(x,y)$ 和第二个脉冲光所形成的图像 $g_2(x,y)$ 相叠加的结果。当查问区足够小时,就可以认为其中的粒子速度都是一样的,那么第二个脉冲光形成的图像可以认为是由第一个脉冲光形成的图像经过平移后得到的,即

$$g_2(x,y) = g_1(x+\Delta x, y+\Delta y)$$

因此,对于 $G(x,y)$ 有

$$G(x,y) = g_1(x,y) + g_1(x+\Delta x, y+\Delta y) \tag{4-64}$$

(1)第一次傅里叶变换

$$G(\omega_x, \omega_y) = \frac{1}{2\pi} \iint G(x,y) e^{i(\omega_x x + \omega_y y)} dx dy \tag{4-65}$$

将式(4-64)代入式(4-65)中,并利用傅里叶变换的平移特性,可以得到

$$G(\omega_x, \omega_y) = g_1(\omega_x, \omega_y)[1 + e^{i(\omega_x \Delta x + \omega_y \Delta y)}] \tag{4-66}$$

其中 $g_1(\omega_x, \omega_y)$ 为 $g_1(x,y)$ 的傅里叶变换。

对上式求模,可以得到

$$|G(\omega_x,\omega_y)|^2 = |g_1(\omega_x,\omega_y)|^2 4\cos^2\left[\frac{1}{2}(\omega_x\Delta x+\omega_y\Delta y)\right] \tag{4-67}$$

(2)第二次傅里叶变换

对上式再进行一次傅里叶变换并利用其平移特性,就可以得到如下的结果:

$$G(x,y)=\frac{1}{2\pi}\iint |G(\omega_x,\omega_y)|^2 e^{-i(\omega_x x+\omega_y y)}d\omega_x d\omega_y \tag{4-68}$$

将式(4-67)代入式(4-68),可以得到

$$G(x,y)=g(x-\Delta x,y-\Delta y)+2g(x,y)+g(x+\Delta x,y+\Delta y) \tag{4-69}$$

其中 $G(x,y)$ 和 $g(x,y)$ 分别为 $|G(\omega_x,\omega_y)|^2$ 和 $|g_1(\omega_x,\omega_y)|^2$ 的傅里叶变换。$G(x,y)$ 在 (x,y) 点有一个最大的灰度值,而在 $(x+\Delta x,y+\Delta y)$ 和 $(x-\Delta x,y-\Delta y)$ 有两个次大值。因此,提取粒子的位移问题就可以归结为在图像 $G(x,y)$ 中寻找最大灰度值和次大灰度值之间的距离 Δx、Δy。

实际上,由于背景噪声和其他相关量的存在,Adrian 将它们表示为由 5 个分量组成的公式:

$$R(S)=R_C(S)+R_P(S)+R_{D^+}(S)+R_{D^-}(S)+R_F(S) \tag{4-70}$$

式中:R_P 为最大灰度值;

R_{D^+} 和 R_{D^-} 为次大灰度值,代表位移信息;

R_C+R_F 为随机相关量和背景噪声相关量,如图 4-43 所示。

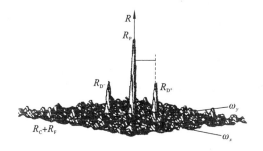

图 4-43　自相关第二次傅里叶变换

因为在峰值附近存在一个灰度的分布,所以一般用形心来确定它的最大值或次大值的位置。在某些情况下,R_C+R_F 的灰度值可能超过所需要的 R_{D^+} 和 R_{D^-} 两个次大灰度值,所以在分析时,一般要多存储几个峰值的位置,以便在缺省值有错误时,可以选择另外正确的峰值位置。

2. 互相关分析

互相关分析要进行三次二维傅里叶变换。在查问区内,假设粒子的位移是均匀的,则第二个脉冲光形成的图像可视为第一个脉冲光形成的图像经过平移后得到的。图 4-44 是 PIV 互相关分析的示意图。

(1)第一次傅里叶变换

对第 1 帧图像进行傅里叶变换,得到

$$g_1(\omega_x,\omega_y)=\frac{1}{2\pi}\iint g_1(x,y)e^{i(\omega_x x+\omega_y y)}dx dy \tag{4-71}$$

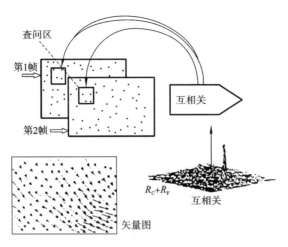

图 4-44　PIV 互相关分析示意图

（2）第二次傅里叶变换

对第 2 帧图像进行傅里叶变换，得到

$$g_2(\omega_x,\omega_y)=\frac{1}{2\pi}\iint g_2(x,y)\mathrm{e}^{\mathrm{i}(\omega_x x+\omega_y y)}\mathrm{d}x\mathrm{d}y \tag{4-72}$$

利用傅里叶变换的平移特性，可以得到

$$g_2(\omega_x,\omega_y)=g_1(\omega_x,\omega_y)\mathrm{e}^{-\mathrm{i}(\omega_x\Delta x+\omega_y\Delta y)} \tag{4-73}$$

（3）第三次傅里叶变换

$$G(x,y)=\frac{1}{2\pi}\iint g_1(\omega_x,\omega_y)g_2(\omega_x,\omega_y)\mathrm{e}^{-\mathrm{i}(\omega_x x+\omega_y y)}\mathrm{d}\omega_x\mathrm{d}\omega_y \tag{4-74}$$

将式（4-73）代入式（4-74）中得到

$$G(x,y)=g(x+\Delta x,y+\Delta y) \tag{4-75}$$

其中 g 为 $g_1(\omega_x,\omega_y)$ 的傅里叶变换，G 仅仅在 $(x+\Delta x,y+\Delta y)$ 处有一个最大值。与自相关分析类似，由于背景噪声和其他相关量的存在，Adrian 将它们表示为由三个分量组成的公式：

$$R(S)=R_\mathrm{C}(S)+R_\mathrm{D}(S)+R_\mathrm{F}(S) \tag{4-76}$$

式中：R_D 为最大灰度值，代表位移信息；

$R_\mathrm{C}+R_\mathrm{F}$ 为随机相关量和背景噪声相关量。

与自相关分析的相比，互相关分析具有如下优点：

①空间分辨率高。由于相关图像用的是两帧粒子图像，粒子浓度可以比自相关更浓，可用更小的查问区来获得更多的有效粒子对。

②查问区的偏移量允许有更多的有效粒子对。

③不需要像移装置。由于两帧图像的先后顺序已知，故不需附加的装置就可判断粒子运动方向。

④信噪比不同。由于自相关分析采用单帧多脉冲法拍摄的图像对背景噪声也进行了叠加，因此其信噪比较差，而互相关分析采用多帧单脉冲法来拍摄图像，从而减少了背景噪声的相关峰值，提高了信噪比。

⑤测量范围不同。由于自相关分析存在由粒子同一脉冲图像自身相关而得到的 0 级峰，其粒子位移是 0 级峰与＋1 级峰的形心之间的距离，因此两峰之间的距离不能太短，以免两峰重叠不能分辨，而将＋2 级峰当作＋1 级峰造成错误测量。而互相关分析一般只有一个最高

峰,容易寻找。

⑥测量精度不同。由于自相关分析必须定位两个高峰的形心,而互相关分析只要求定位一个高峰的形心,因此互相关分析的精度容易保证。

互相关分析的不足之处有:

①计算量很大,需要三次二维互相关;

②可测量的最大速度受捕获硬件的限制;

③时间分辨率受到限制。

互相关分析的结果是由来自单个摄像画面的两组图像场的相关关系决定的,每个帧用一个激光脉冲捕捉。两帧之间的互相关分析仅仅是在电视摄像 PIV 情况下才是可行的。每一个帧仅使用一个激光脉冲,并且在帧与帧之间相关,速度可以在没有方向模糊的情况下测量,因为两帧之间的时间秩序是已知的。在典型的电视摄像机中帧移动速度是每秒 30 帧,在帧帧之间的时间为 33 ms 的情况下,仅仅可以测量极低速度。一种可以降低 Δt 到 1 ms 或 2 ms 的办法是"跨帧技术",即第一个脉冲在第 1 帧的结尾以及第二个脉冲在第 2 帧的开始。但这仍然限制了最高可测速度,只能有每秒几米。由于快速充放电 CCD 的发明和快速传送接口的出现,这个限制已经解除。目前最高可测速度已达 600 m/s 以上,能够满足常用流场测试之用,因而已经成为市场上的主流产品。总而言之,互相关法的主要优点有三:一是能适应低、中、高速常见流场的使用;二是没有附加的图像漂移硬件;三是画面不需要是连续的。

4.5.3　示踪粒子的选择

对示踪粒子的要求可归结为对粒子的跟随性和适当的颗粒浓度的要求。

1. 粒子的跟随性

从粒子的跟随性要求来看,粒子必须有足够小的粒径,以便能够跟随流体运动;从得到良好的图像信号的要求来看,粒子还必须有足够大的粒径,以便产生足够的散射信号。很明显这是两个互相矛盾的要求,只有根据实际情况进行折中处理。粒子的跟随性指的就是粒子跟随流体运动的能力。这种能力通常是用它的空气动力直径来刻画的。粒子的空气动力直径被定义为具有同样沉降速度的单位密度球的直径。它主要取决于粒子的尺寸、密度和形状。

在流体速度微量改变以后,任何时刻 t 的粒子速度 v_p 可以用下式计算:

$$e^{-\frac{t}{2}} = \frac{v_g - v_p}{v_{gi} - v_{pi}} \tag{4-77}$$

式中:v_g 为速度微量改变以后的流体速度;

v_p 为时刻 t 的粒子速度;

v_{gi} 和 v_{pi} 分别为速度微量改变以前的流体速度和粒子速度。

粒子的张弛时间为

$$\tau = \frac{\rho_p d_p^2}{18\mu} \tag{4-78}$$

式中:ρ_p 为粒子密度;

d_p 为粒子直径;

μ 为动力黏性系数。

表 4-3 给出了单位密度球的沉降速度和张弛时间,相同空气动力直径的粒子,其沉降速度和张弛时间也近似相同。

表 4-3   单位密度球的沉降速度和张弛时间

粒子直径/μm	沉降速度/(cm/s)	张弛时间/s
0.5	0.00075	0.00000077
0.6	0.0011	0.0000011
0.7	0.0015	0.0000015
0.8	0.0019	0.000002
0.9	0.0024	0.0000025
1.0	0.003	0.0000031
2.0	0.012	0.000012
3.0	0.027	0.000028
4.0	0.048	0.000049
5.0	0.075	0.000077

从表 4-3 可以看出,粒子动力直径越小,沉降速度越慢,张弛时间越短。

2. 光散射和信噪比

粒子尺寸、折射指数和粒子形状等因素会影响光散射的能力。一般来说,激光功率越高,散射信号越强,在其他条件相同的情况下,信噪比值也越大。研究表明,信噪比值和颗粒直径近似地成正比例关系,所以颗粒直径越大,信噪比值也越大。但当信噪比值增加到一定值以后,这种关系就发生改变。粒子的形状也会影响信噪比值,正常的信噪比计算都是假定粒子是球形的,非球形粒子可以由定义一个等效直径来考虑。

粒子材料的折射指数对信号质量的影响是很大的。相对折射指数被定义为

$$相对折射指数 = \frac{粒子的折射指数}{介质的折射指数}$$

相对折射指数等于 1,表示粒子相对于介质是透明的,这种粒子不能用作散射体。在实践中,常常选用具有较高相对折射指数的材料作示踪粒子。这在物理上可以解释为表面磨光的情形,粒子表面越光亮,获得较好散射信号的可能性越大。表 4-4 列出了常用材料的折射指数。

表 4-4   相对折射指数

名　　　　称	折射系数	名　　　　称	折射系数
水	1.33	碳化硅(SiC)	2.65
增塑剂(DOP)	1.49	氟化锆(ZrF$_4$)	1.59
乳胶(PSL)	1.5	二氧化锆(ZrO$_2$)	2.2
氧化铝(Al$_2$O$_3$)	1.76	云母(滑石)	1.5
氧化镁(MgO)	1.74	氯化钠(NaCl)	1.54
二氧化钛(TiO$_2$)	2.65	高岭土(陶瓷土)	1.56

3. 颗粒浓度

实践表明,每个查问区内多于 10 个粒子对是保证测量正确位移值的必要条件。但粒子对也不能太多,否则图像就会重叠,从而形成散斑。

思考题与习题

1. 简述测速探针测量速度的原理。

2. 在高速气流中测速,为何要考虑可压缩性的影响?

3. 简述二维气流的测向原理。

4. 简述圆柱形三孔探针测量气流方向、总压、静压和速度的方法及步骤。

5. 如何利用球形五孔探针测量空间气流方向?

6. 简述热线风速仪测速的基本原理。测量气流速度大小和方向时,热线与气流方向的夹角应为多少度?

7. 如何利用激光多普勒测速仪测量管道中气流速度?

8. 简述粒子图像测速技术的基本原理。

9. 根据测量原理,分析 PIV 与 LDV 对示踪粒子的要求。

第5章 流量测量

5.1 流量测量方法概述

在能源与动力工程中,流体的流量是指单位时间内通过流体的质量 G(kg/s)或体积 Q(m^3/s),它们之间的关系为

$$G = \rho Q \tag{5-1}$$

式中:ρ 为流体密度,kg/m^3。

由于流体的密度 ρ 随流体的其他状态参数(压力、温度)变化而变化,因此在说明体积流量时,必须同时指明流体的压力和温度,特别是流体为气体时。为了便于比较,常需把它在工作状态下的体积流量折算到标准状态(压力为 101325 Pa,温度为 0 ℃)下的体积流量,标准体积流量用 Q_N 表示。

流量测量方法有直接测量法和间接测量法等两种。直接测量法就是准确地测量出某一间隔时间内流过的流体总量,然后算出平均流量。图 5-1 为流量直接测量法装置简图,图(a)所示的为容积法测定燃油消耗量的装置,在主容器(例如燃油箱)中装满燃油,用连通管将它与玻璃量瓶相通,中间装一个三通阀进行转换,如果已知量瓶上刻度线 A 和下刻度线 B 之间的容积,则测定发动机工作时,燃油液面从 A 下降到 B 所需的时间,就可以求出单位时间的燃油耗量。量瓶的容积随发动机功率大小和运转工况有所不同。实际上多使用带有油泡的量瓶。容积法自动测定燃料消耗装置是在刻线 A、B 两处各装一组光电系统,利用燃油对光线的光折射作用产生光电信号,并用电磁三通阀实现控制油路的转换,达到自动测量的目的。图(b)所示的为质量法测定燃油消耗量的装置,它可以测出消耗一定质量燃油所需时间,然后求出发动机单位时间燃油的消耗量。在质量法测定燃油消耗装置中,为实现自动检测,可用高精度的压力传感器将质量变化转变为电信号,实现动态地连续测量燃油消耗量的目的。

流量测量的另一种方法就是测量与流量(或流速)有关的物理量的变化,再利用相应的关系式求得流量,这就是间接测量法。目前工程上和科学实验中多数采用这种方法。下面介绍几种间接测量流量的方法。

1. 节流压差式

它是利用流体流过管道中的节流元件(孔板、喷嘴、进口流量管)所产生的压差(Δp)来计算流量的,即

$$Q = K_1\sqrt{\Delta p}$$

它广泛地用于气体、液体的流量测量。只是这种测量的计算方程中有平方根项,带来的非线性因素限制了测量范围;其次,流体参数的变化会造成密度 ρ 的变化,使计算变得麻烦并带来了误差,所以节流元件前后压差不能太大;另外,这种形式的流量计(特别是孔板)中流体压力损失大,在使用中要注意这方面的影响。

2. 变截面节流式

浮子流量计就是采用变截面节流式的工作原理,当流体的密度 ρ 已知时,浮子的位移 h 与

流量呈线性关系,即有

$$Q = K_2 h$$

它测量范围大,可以直接读数,适用于任何液体的流量测量,但测量精度不高,由于密封性差,所以不适用测量高压流体。

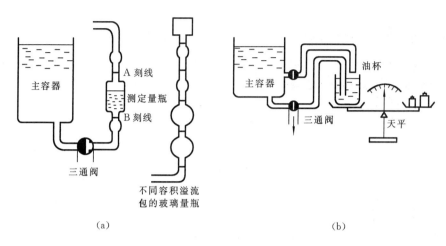

图 5-1　流量直接测量法装置简图
(a)容积法;(b)质量法

3. 转轮式

涡轮流量计和罗茨流量计就属于这种类型。流体流过转轮时,叶轮的转速 n 与流量成正比,即

$$Q = K_3 n$$

这种流量计的磁电式传感器可以将叶轮的转速转换成脉冲信号或直接转换成流量信号,所以能遥控,由于有转动部件,它不宜于混浊、有腐蚀性的流体的测量。

4. 旋涡式

涡街式流量计就属这种类型。流体绕流后,在绕流体两侧交替地产生旋涡,形成旋涡列,所产生的旋涡的频率与流量呈线性关系,即有

$$Q = K_4 f$$

它也可以用传感器将旋涡频率转换成脉冲信号,来进行遥控。这种流量计线性度好,测量时与流体状态参数无关,而且能在很宽的雷诺数范围内应用,是一种有发展前途的新型流量计。

作为动力机械中常用的这些流量计,在使用它们时要满足下列条件:

① 流体必须连续流动并充满管道。
② 流体在流动时应遵守牛顿定律,是单相的,在流经测量元件时不发生相变。
③ 流体的流速应小于音速。

5.2　节流压差式流量计

5.2.1　基本原理

流体流经孔板、喷嘴或文丘里管等节流元件时,将产生局部收缩,其流速增加,静压降低,

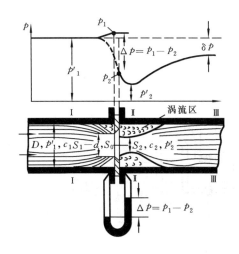

图 5-2　流体流经节流孔板时的压力分布

在节流元件前后产生静压差。因此,节流装置选定后,静压差与流量的关系也就确定了,流量愈大,这个静压差也愈大。测出节流元件前后的静压差,就可以间接算出流量,所以节流装置也称压差式流量计。

流体经各种节流装置时压力分布和速度分布是类似的。图 5-2 所示的是流体流经节流孔板时的压力分布,在 I - I 截面以后,管道表面上各点的静压是不同的,图中实线表示管壁处的压力,虚线表示来流中心的压力。在流体收缩最厉害的截面 II - II 处,压力降至最低,流速达最大,在 II - II 截面以后,流体逐渐充满管道,压力又逐渐恢复。但由于节流的阻力损失和涡流损失,压力不可能恢复到孔板前的压力值。这种测流量的方法是以能量守恒定律和流体的连续性方程为基础的。对于理想流体和水平安装的管道,I - I 和 II - II 截面间的伯努利方程为

$$p'_1/\rho_1 + c_1^2/2 = p'_2/\rho_2 + c_2^2/2 \tag{5-2}$$

式中:p'_1、p'_2 分别为截面 I - I 及 II - II 的绝对压力,Pa;

c_1、c_2 分别为截面 I - I 及 II - II 的平均流速,m/s;

ρ_1、ρ_2 分别为截面 I - I 及 II - II 气流密度,kg/m³。

如果忽略可压缩性,即 $\rho_1 = \rho_2 = \rho = $ 常数,则式(5-2)可写成

$$(p'_1 - p'_2)/\rho = (c_2^2 - c_1^2)/2 \tag{5-3}$$

根据连续性方程　　　　　　　　$S_1 c_1 = S_2 c_2$

令　　　　　　　　　　　　$S_2 = \mu S_0, \quad S_0 = m S_1$

式中:S_1 为管道的横截面积,m²;

S_2 为在 II - II 截面上,流束收缩到最小处的截面积,m²;

S_0 为节流元件的开孔面积,m²;

μ 是流束收缩系数,$\mu = S_2/S_0$;

$m = S_0/S_1$ 是节流元件开孔面积与管道横截面积之比,$m = S_0/S_1$。

于是有　　　　　　　　　　　　$c_1 = \mu m c_2$

将上式代入式(5-3),得

$$c_2 = \frac{1}{\sqrt{1 - \mu^2 m^2}} \sqrt{\frac{2}{\rho}(p'_1 - p'_2)} \tag{5-4}$$

由于截面 I - I 和 II - II 的位置随流速变化而变化,实际测量中,取压位置是在孔板前后,用孔板前后压力 p_1 和 p_2 分别代替 I - I 截面压力 p'_1 及 II - II 截面压力 p'_2,这将引起误差,可用修正系数 ψ 进行修正,即

$$\psi = (p'_1 - p'_2)/(p_1 - p_2)$$

考虑流体流经节流元件的阻力损失,可引入阻力系数 ξ,最后用一流量系数 α^* 表示这些系数的综合影响,即

$$\alpha^* = \frac{\mu \sqrt{\psi}}{\sqrt{1 - \mu^2 m^2 + \xi}} \tag{5-5}$$

由此得流体的体积流量

$$Q = S_2 c_2 = \alpha^* S_0 \sqrt{\frac{2(p_1 - p_2)}{\rho}} \tag{5-6}$$

流体的质量流量

$$G = S_2 c_2 \rho = \alpha^* S_0 \sqrt{2\rho(p_1 - p_2)} \tag{5-7}$$

当考虑到气体的可压缩性时,在流量公式中引入流束膨胀系数 ε 进行修正,这时体积流量和质量流量分别为

$$Q = \alpha^* \varepsilon S_0 \sqrt{2(p_1 - p_2)/\rho} \tag{5-8}$$

$$G = \alpha^* \varepsilon S_0 \sqrt{2\rho(p_1 - p_2)} \tag{5-9}$$

用标准节流元件测流量时,系数 α^*、ε 都与系数 β 有关,而

$$\beta^2 = (d/D)^2 = m$$

式中:d 为节流元件开孔直径;

D 为管道直径。

为了用压差$(p_1 - p_2)$表示流量,α^*、ε 之值必须已知。为此,国内外都制定了标准,明确地规定了对各种标准节流元件的结构、尺寸的要求,并以图线或表格的形式给出了 α^* 及 ε 值。这样,就可以根据节流元件前后的压差确定被测流量。

5.2.2 标准节流装置

1. 标准节流装置中的节流元件和取压设备

国家标准规定:标准节流装置由节流元件、取压设备和节流元件前后的直管段组成。只要其结构、加工和使用条件符合标准规定,流量就可由压差通过计算确定,不用另行再标定。

标准孔板的结构和装置如图 5-3 所示。标准喷嘴的结构和装置如图 5-4 所示。

孔板和喷嘴的开孔直径 d 是主要尺寸,它们的加工要求应符合国家有关标准。

孔板取压方法有角接取压、法兰取压和径距取压三种。角接取压时,在紧靠孔板两侧取 p_1、p_2,并可使用环形取压室;法兰取压时,p_1、p_2 分别在孔板前后(25.4 ± 0.8) mm 处测取;径距取压时,p_1 和 p_2 分别在孔板前后 D 和 $0.5D$ 处测取。不同的取压方法所适用的 β 值范围是不同的。

喷嘴的取压只用角接方式测取。

孔板加工简单、造价低,但压力损失大。喷嘴价格贵,但压力损失小。

为了保证测量精度,安装在管道内的节流元件前后应有足够长的直管段,否则流量系数 α^*、膨胀系数 ε 就不等于国家标准中所给出的数值。

节流装置一般安装在水平管道内,节流元件前后的直管段长度,对于不同类型的节流装置是不同的。为了测量节流前流体的温度,需要在管道上安装带有保护套的温度计。

2. 标准节流装置中的管道

压差测定后,为了能通过计算得到误差范围内的流量,在实际使用中除对标准节流件及取压装置有严格要求外,对其管道长度、直径及阻流件等也有一定要求,其要求如表 5-1 所示。

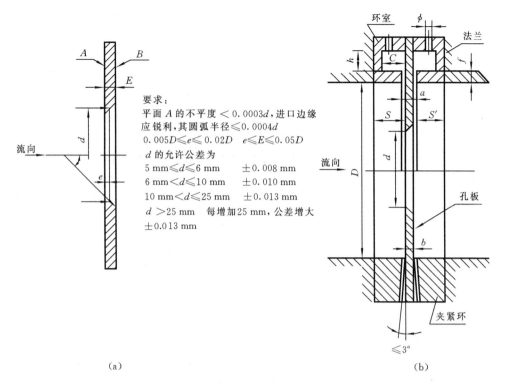

要求：
平面 A 的不平度 $< 0.0003d$，进口边缘
应锐利，其圆弧半径 $\leqslant 0.0004d$
$0.005D \leqslant e \leqslant 0.02D$　$e \leqslant E \leqslant 0.05D$
d 的允许公差为
5 mm $\leqslant d \leqslant$ 6 mm　　± 0.008 mm
6 mm $< d \leqslant$ 10 mm　　± 0.010 mm
10 mm $< d \leqslant$ 25 mm　　± 0.013 mm
$d >$ 25 mm　每增加 25 mm，公差增大
± 0.013 mm

(a)　　　　　　　　　　　　　　　(b)

图 5-3　标准孔板的结构和装置
(a)标准孔板结构；(b)标准孔板装置

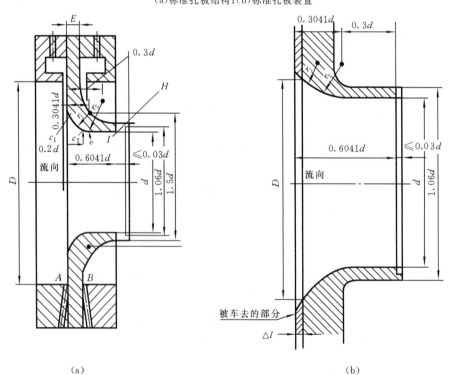

(a)　　　　　　　　　　　　　　　(b)

图 5-4　标准喷嘴的结构和装置

(a)$\beta \leqslant \dfrac{2}{3}$；(b)$\beta > \dfrac{2}{3}$

表 5-1　节流件上、下游侧的最小直管段长度

β	节流件上游侧局部阻力件形式和最小直管段长度 l_1						节流件下游侧最小直管段长度 l_2（左面所有的局部阻力件形式）
	一个 90° 弯头或只有一个支管流动的三通	在同一平面内有多个 90°弯头	空间弯头（在不同平面内有多个 90°弯头）	异径管（大变小，$2D\to D$，长度 $\geqslant 3D$；小变大，$\frac{1}{2}D\to D$，长度 $\geqslant \frac{3}{2}D$）	全开截止阀	全开闸阀	
≤0.20	10(6)	14(7)	37(17)	16(8)	18(9)	12(6)	4(2)
0.25	10(6)	14(7)	34(17)	16(8)	18(9)	12(6)	4(2)
0.30	10(6)	16(8)	34(17)	16(8)	18(9)	12(6)	5(2.5)
0.35	12(6)	16(8)	36(18)	16(8)	18(9)	12(6)	5(2.5)
0.40	14(7)	18(9)	36(18)	16(8)	20(10)	12(6)	6(3)
0.45	14(7)	18(9)	38(19)	18(9)	20(10)	12(6)	6(3)
0.50	14(7)	20(10)	40(20)	20(10)	22(11)	12(6)	6(3)
0.55	16(8)	22(11)	44(22)	20(10)	24(12)	14(7)	6(3)
0.60	18(9)	26(13)	48(24)	22(11)	26(13)	14(7)	7(3.5)
0.65	22(11)	32(16)	54(27)	24(12)	28(14)	16(8)	7(3.5)
0.70	28(14)	36(18)	62(31)	26(13)	32(16)	20(10)	7(3.5)
0.75	36(18)	42(21)	70(35)	28(14)	36(18)	24(12)	8(4)
0.80	46(23)	50(25)	80(40)	30(15)	44(22)	30(15)	8(4)

注：①本表适用于各种节流件。

②本表所列数字为管道内径 D 的倍数。

③本表括号外的数字为"附加极限相对误差为零"的数值；括号内的数字为"附加极限相对误差为 ±0.5％"的数值。

即直管段长度中有一个采用括号内的数值时，流量测量的极限相对误差 $\frac{\tau_{gm}}{g_m}$ 应加上 0.5％，亦即 $\frac{\tau_{gm}}{g_m}+0.5\%$。

关于 τ_{gm} 的计算方法见有关规定。

节流件前、后直管的最小长度 l_1 与 l_2（或 l/D）与节流件前的阻流件型式、直径比 β 等有关。如实际使用的阻流件型式不在表 5-1 所示的范围内（如有半开阀门、四通等），或者 l_1、l_2 的值小于表中括号内的数值，则整套节流装置要单独标定。

管道直径平均值 $\overline{D}$ 的确定：首先，在测量节流件前的管道直径时，应分别在距节流件 $0D$、$D/2$、D、$2D$ 处的四个管截面上测量，并且对于每个截面，按等角距测出四个直径值，最后求这 16 个单测直径值的算术平均值 $\overline{D}$。只有当任一个单测值 D_i 与 $\overline{D}$ 的偏差绝对值都小于 0.3％ 时，$\overline{D}$ 才能作为管道直径的计算值。其次，节流件后的管道也要在 $2D$ 范围内测量直径，而且单测值可以少些，D_i 与 $\overline{D}$ 偏差在 ±2％ 以内即可。

那么,确切的直径比 β 应是节流件开孔直径 d 与管道平均直径之比,即 $\beta=d/\overline{D}$。

直管内壁的粗糙度应按有关规定进行检查,尤其是在 l_1 处的部分,内壁不应有肉眼可见的凹凸,因此为了保证上述直径单侧值偏差范围,这段内壁应进行必要的加工处理。

3. 标准节流装置的有关参数

(1)流量系数 α^*

α^* 除与 β、Re_D 有关外,还受管道粗糙度的影响。管道越粗糙,截面上速度分布越不均匀,α^* 就越大。管道粗糙度用绝对粗糙度 K_c 或相对粗糙度 K_c/D 来表示,常用管道的粗糙度可查找有关标准。

为了使用方便,对于标准节流装置,在光滑管道的 $K_c/D \leqslant 0.0004$ 部分,往往用式(5-5)计算 α^* 值,此值称为光滑管流量系数或原始流量系数。光滑管的相对粗糙度的允许值与 β 值有关。当用角接法取压时,Re_D 是流体流经管道时的雷诺数,由图5-5查找。由图5-5可知,不同的节流装置的 α_0 不同。对于同一节流装置在某一 β 值条件下,α_0^* 随 Re_D 变化,但 Re_D 大到某一值时,α_0^* 可视为常数。

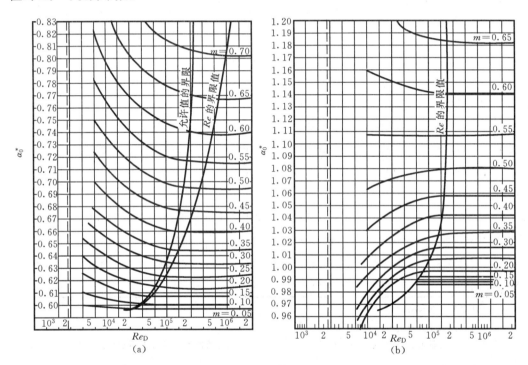

图 5-5 光滑管流量系数 α_0^*
(a)标准孔板的流量系数;(b)标准喷嘴的流量系数

如果实际管道的粗糙度没有超过光滑管的允许值,则可取 α_0^* 作为 α^* 值。若实际管道的粗糙度不满足这一要求,则需对 α_0^* 进行修正,修正公式为

$$\alpha^* = \alpha_0^* \gamma_c$$

式中:γ_c 为管道粗糙度修正系数,其值用下式计算:

$$\gamma_c = (\gamma_0 - 1)\left(\frac{\lg Re_D}{n}\right)^2 + 1 \tag{5-10}$$

式中:n 为系数,对于标准孔板,$n=6$,对于标准喷嘴,$n=5.5$;

γ_0 为由 β 和 D/K_c 决定的对管道粗糙度的原始修正系数。当 $\lg Re_D/n \geqslant 1$ 时,取 $\gamma_c = \gamma_0$。

（2）膨胀系数 ε

标准节流装置的 ε 取决于 $\Delta p/p_1$（或 p_2/p_1）、β 和等熵指数 k 值，对于角接取压的标准孔板，ε 可由下式计算：

$$\varepsilon = 1 - (0.3707 + 0.3184\beta^4)\left[1 - (p_2/p_1)^{1/k}\right]^{0.935} \tag{5-11}$$

也可由图 5-6 所示曲线查取。

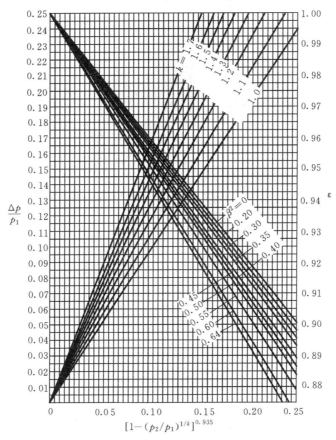

图 5-6　角接取压时标准孔板的 ε 值

对于标准喷嘴的 ε 值，可用下式计算：

$$\varepsilon = \left[\left(1 - \frac{\Delta p}{p_1}\right)^{\frac{2}{k}} \frac{k}{k-1} \frac{1 - \left(1 - \frac{\Delta p}{p_1}\right)^{\frac{k-1}{k}}}{\Delta p/p_1} \frac{1 - \beta^4}{1 - \beta^4(1 - \Delta p/p_1)^{2/k}}\right]^{\frac{1}{2}} \tag{5-12}$$

也可由图 5-7 所示曲线查取。

（3）流体的压力损失

流体经过节流元件后，压力不能恢复到原来的数值，这个压力损失随 β 值减小而增大，也与节流元件的型式、节流元件前后的压差有关。流经孔板的压力损失要比流经喷嘴或文丘里管的压力损失大。这个损失可以用试验求得。测定压力损失时的取压位置是，p_1 在孔板前 D 的位置，p_2 在孔板后 6D 的位置。其压力损失也可按下式近似计算。

对于孔板，其压力损失

$$\delta_p = (1 - \beta^2)\Delta p \tag{5-13}$$

对于喷嘴，其压力损失

$$\delta_p = (1 - 1.4\beta^2)\Delta p \tag{5-14}$$

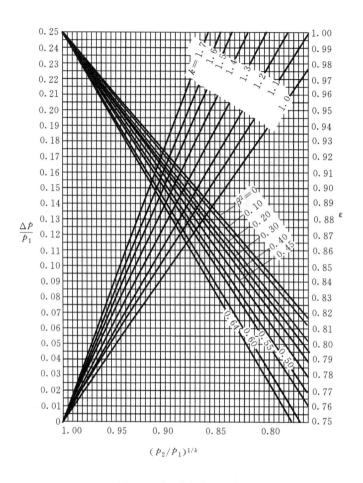

图 5-7　标准喷嘴的 ε 值

5.2.3　标准节流装置的流量测量误差

由于用节流装置测流量是一种间接测量方法，故它的测量误差估计可根据间接测量误差传递公式推得，现对体积流量 Q 的标准误差作一说明。

根据式(5-8)，通过节流装置的流量为

$$Q = \alpha^* \varepsilon F_0 \sqrt{2 \Delta p / \rho}$$

根据误差传递原理，流量的相对标准误差可用下式计算：

$$\frac{\sigma_Q}{Q} = \pm \left[\left(\frac{\sigma_{\alpha}^*}{\alpha^*} \right)^2 + \left(\frac{\sigma_\varepsilon}{\varepsilon} \right)^2 + 4 \left(1 + \frac{\beta^4}{\alpha^*} \right)^2 \left(\frac{\sigma_d}{d} \right)^2 \right.$$
$$\left. + 4 \left(\frac{\beta^4}{\alpha^*} \right)^2 \left(\frac{\sigma_D}{D} \right)^2 + \frac{1}{4} \left(\frac{\sigma_{\Delta p}}{\Delta p} \right)^2 + \frac{1}{4} \left(\frac{\sigma_\rho}{\rho} \right)^2 \right]^{\frac{1}{2}} \tag{5-15}$$

式中：$\dfrac{\sigma_{\alpha}^*}{\alpha^*}$ 为流量系数 α^* 的相对标准误差；

$\dfrac{\sigma_\varepsilon}{\varepsilon}$ 为膨胀系数 ε 的相对标准误差；

$\dfrac{\sigma_d}{d}$ 为节流件开孔直径 d 的相对标准误差；

$\dfrac{\sigma_D}{D}$ 为管道直径 D 的相对标准误差；

$\dfrac{\sigma_{\Delta p}}{\Delta p}$ 为节流元件前后压差 Δp 的相对标准误差；

$\dfrac{\sigma_\rho}{\rho}$ 为流体密度 ρ 的相对标准误差。

1. $\dfrac{\sigma_{\alpha_0^*}}{\alpha_0^*}$ 和 $\dfrac{\sigma_{\alpha^*}}{\alpha^*}$ 的估算

①对于角接取压的标准孔板,有

$$\frac{\sigma_{\alpha_0^*}}{\alpha_0^*} = \pm \left[0.175 + 0.5\beta^4 + 0.15\beta^2 (\lg Re_D - 6)^2 \right] \tag{5-16}$$

$$\frac{\sigma_{\alpha^*}}{\alpha^*} = \pm 0.25 \left[1 + 2\beta^4 + 100(\gamma_c - 1) + \beta^2 (\lg Re_D - 6)^2 + \frac{50}{D} \right] \tag{5-17}$$

②对于角接取压的标准喷嘴,有

$$\frac{\sigma_{\alpha_0^*}}{\alpha_0^*} = \pm \left[0.1 + \frac{0.05}{2\beta^2} + 0.5\beta^4 + 0.125\beta^2 (\lg Re_D - 6)^2 \right] \tag{5-18}$$

当 $\beta \geqslant 0.2$ 时,有

$$\frac{\sigma_{\alpha^*}}{\alpha^*} = \pm 0.25 \left[1 + 3\beta^4 + 100(\gamma_c - 1) + (\lg Re_D - 6)^2 + \frac{50}{D} \right] \tag{5-19}$$

当 $\beta < 0.2$ 时,有

$$\frac{\sigma_{\alpha^*}}{\alpha^*} = \pm 0.25 \left[\frac{0.224}{\beta^2} + 100(\gamma_c - 1) + (\lg Re_D - 6)^2 + \frac{50}{D} \right] \tag{5-20}$$

2. $\dfrac{\sigma_\varepsilon}{\varepsilon}$ 的估算

①对于角接取压的标准孔板,有

当 $0.22 \leqslant \beta \leqslant 0.75, \dfrac{p_2}{p_1} \geqslant 0.75$ 时

$$\frac{\sigma_\varepsilon}{\varepsilon} = \pm 2 \frac{\Delta p}{p_1} \tag{5-21}$$

当 $0.75 < \beta \leqslant 0.80, \dfrac{p_2}{p_1} \geqslant 0.75$ 时

$$\frac{\sigma_\varepsilon}{\varepsilon} = \pm 4 \frac{\Delta p}{p_1} \tag{5-22}$$

②对于角接取压的标准喷嘴,有

$$\frac{\sigma_\varepsilon}{\varepsilon} = \pm \frac{\Delta p}{p_1} \tag{5-23}$$

3. $\dfrac{\sigma_d}{d}$ 和 $\dfrac{\sigma_D}{D}$ 的估算

由于节流件开孔直径 d 和管道直径 D 是直接测量得到的,故 σ_d 和 σ_D 可按直接测量的标准误差计算方法得到,通常取

$$\frac{\sigma_d}{d} = \pm 0.05, \quad \frac{\sigma_D}{D} = \pm 0.1$$

4. $\dfrac{\sigma_{\Delta p}}{\Delta p}$ **的估算**

压差 Δp 是单次测量值,它的误差由差压计仪表的精度等级 δ 来估算,即

$$\frac{\sigma_{\Delta p}}{\Delta p} = \pm \frac{1}{3}\delta \frac{\Delta p}{\Delta p_A} \tag{5-24}$$

式中:Δp_A 为差压计的量程。

5. $\dfrac{\sigma_\rho}{\rho}$ **的估算**

由于流体的密度 ρ 受压力、温度及流体种类的影响,计算其误差比较麻烦,只能作大概估计。当温度、压力的相对标准误差都在 1% 时,液体的 $\dfrac{\sigma_\rho}{\rho}$ 约为 $\pm 0.5\%$,气体的 $\dfrac{\sigma_\rho}{\rho}$ 约为 $\pm 1.5\%$。

5.3　速度式流量计

本节介绍几种速度式流量计。

5.3.1　涡轮流量计

图 5-8 是涡轮流量计的示意图。将涡轮置于流体中,涡轮受流体的作用而旋转,其转速与流量成正比。涡轮的转速由磁电转换装置转换成电脉冲信号,经过前置放大器放大后由显示仪表显示和计数。根据单位时间内的脉冲数和累计脉冲数就能计算出流体流量和累计流量。

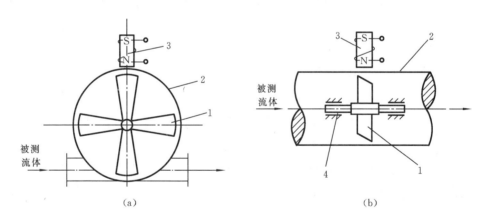

(a) (b)

图 5-8　涡轮流量计示意图
(a)切线型涡轮流量变送器示意图;(b)轴流型涡轮流量变送器示意图
1—涡轮;2—壳体;3—磁电装置;4—轴承

涡轮流量计由涡轮流量变送器和显示仪表组成,其系统方框图如图 5-9 所示。涡轮流量变送器的结构如图 5-10 所示,涡轮 1 用导磁的不锈钢做成,两端由轴承 3 支承,不同口径的变送器中,涡轮的叶片数目不同。磁电转换装置多用磁阻式的,它是把磁钢放在感应线圈内,当涡轮旋转时,周期性地改变磁电装置的磁阻值,这样,感应线圈磁通量的变化就会感应出脉冲电信号。导流体是将流入变送器的流体在到达涡轮转子前进行整流,以消除涡流,保证仪表精度。

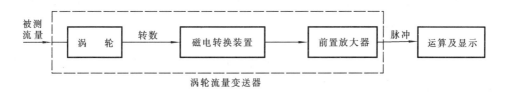

图 5-9　涡轮流量计系统方框图

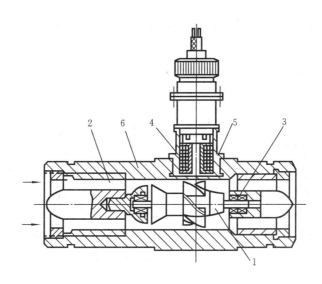

图 5-10　涡轮流量变送器结构图

1—涡轮；2—导流器；3—轴承；4—感应线圈；5—永久磁钢；6—壳体

涡轮变送器的输出信号为 $10\sim500$ mV。为提高远距离输送时的真实性,避免传送时受干扰,它要经过前置放大器放大。

5.3.2　涡街流量计

涡街流量计是一种流体振动式流量计,其输出信号是一种与流量成正比的脉冲信号,并可远距离输送。

涡街流量计是利用流体动力学中卡门涡列的原理制成的一种仪器,其工作原理是,把一个非流线型的对称体(如圆柱体)垂直插在管道中,流体绕流时,由于附面层分离,在圆柱体左、右两侧后方会交错出现旋涡,并形成涡列,如图 5-11 所示。

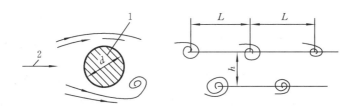

图 5-11　圆柱后的卡门涡街示意图

1—圆柱体(旋涡发生体)；2—被测流体；

d—圆柱体直径；h—两侧旋涡列间的距离；L—同列的两旋涡之间的距离

卡门从理论上证明:当涡列间隔 h 和旋涡间隔 L 之比 $h/L=0.281$ 时,涡列就能保持稳定。试验结果也证明了这一点。

对于一列稳定的涡,其频率

$$f = Src/d \tag{5-25}$$

式中:Sr 为斯特劳哈尔数;

$\quad\quad c$ 为流体平均速度;

$\quad\quad d$ 为圆柱体直径。

由式(5-25)可知,当 d 和 Sr 为定值时,旋涡的频率 f 仅与流体的平均速度 c 成正比,而与流体的温度、压力、密度、成分无关。

什么时候旋涡列是稳定的呢? 这与雷诺数 Re_D 的大小有关,试验表明:对于水,Re_D 为 $5000\sim150000$;对于空气,Re_D 为 $2000\sim200000$,在这个区域内旋涡列是稳定的,可以作为流速的测量区,并且 $Sr=0.2$,基本保持不变。

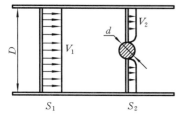

涡街流量计垂直插在管道流体中时,将出现如图 5-12 所示的流体流动状态。

下面介绍旋涡频率的检测方法和检测传感器。流体绕过插在管道中的圆柱体时,在它后面将产生旋涡,该圆柱体称为旋涡发生体,而检测旋涡频率的元件称为传感器,如图 5-13 所示,图(a)所示的是旋涡发生体和检测元件成为一体的传感器,图(b)所示的是发生体与检测元件分开的传感器,前者用得多些。

图 5-12 流体流动状态示意图

如图 5-14 及图 5-15 所示,涡街流量计沿传感器的轴向开有数个导压孔,导压孔与传感器内部的腔室相通,腔室内装有检测流体位移的铂电阻丝和温度补偿用的铂热敏电阻丝。

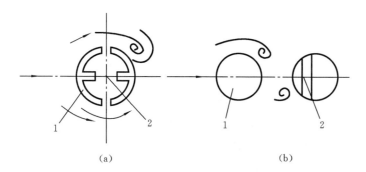

(a)   (b)

图 5-13 旋涡检测示意图

1—旋涡发生体;2—检测元件

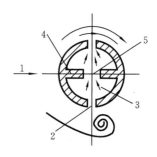

图 5-14 传感器截图

1—流体;2—导压孔;3—空腔;

4—隔墙;5—热丝

卡门旋涡的存在,造成有涡一面和无涡一面的压差。此压差促使传感器腔内的流体产生流动,结果流体从导压孔一侧吸入,在另一侧排出,随着一侧涡的脱落,另一侧涡的形成,两侧导压孔的吸、排气过程变换。

检测时,铂电阻丝被加热到比被测流体的温度高出 20 ℃左右,这样,当流体经过导压孔时,铂丝受到冷却,引起铂丝电阻值的变化;如果把铂丝接到电桥上,则将产生相应变化频率的脉冲信号,由于电阻丝变化频率与传感器两侧旋涡产生的频率相对应,因此,铂丝电阻变化的频率应等于传感器单侧旋涡产生频率的两倍,即为式(5-25)中的频率 f 的两倍。

采用三角形传感器时,可以得到更稳定、更强烈的旋涡,其旋涡频率 f 和流速 c 的关系为

$$f = \frac{0.16c}{1 - 1.25\dfrac{l}{D}} \tag{5-26}$$

式中:l 为三角柱的特征长度,即长边的长度;

D 为管道直径。

图 5-16 为三角柱传感器示意图,埋在三角柱正面的两只热敏电阻组成电桥的两臂,并由恒流电供给电流进行加热。由于产生旋涡一侧的热敏电阻处流速较大,热敏电阻温度降低,阻值升高(电阻温度系数为负值),电桥失去平衡,并有电压输出,随旋涡交替产生时,电桥就输出与旋涡频率数量相等的交变电压信号,经放大、整形及 D/A 转换,送到运算器和显示器进行运算和显示。

使用这种流量计测量时,要求流量计管路有直管段,上游的直管长为 $(15\sim20)D$,下游的直管长为 $5D$。另外,此流量计不能在层流状态下使用,因为层流状态下不能产生旋涡。

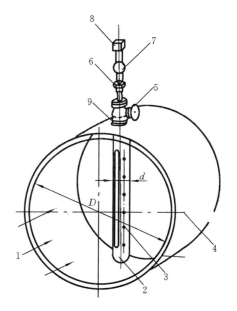

图 5-15 涡街流量计安装示意图
1—被测流体;2—传感器;3—导压孔;
4—管道;5—闸阀;6—管接头;
7—密封机构;8—端子盒;9—法兰

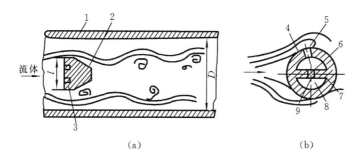

(a)　　　　　　　　　　(b)

图 5-16 三角柱传感器示意图
(a)三角柱传感器;(b)圆柱形传感器
1—管道;2—三角柱;3—热敏电阻;4—圆柱;5—导压孔;
6—铂电阻丝;7—隔墙;8—空腔;9—小孔

5.3.3 电磁流量计

1. 工作原理及结构

电磁流量计的工作原理是法拉第电磁感应定律,如图 5-17 所示。

一对电极产生均匀的磁场,其磁感应强度为 B。管径为 D 的不导磁管道垂直于磁场方向,管道垂直断面上同一直径的两端安装一对电极,并在空间结构上保证磁力线、电极和管道轴线互相垂直,则当导电流体以速度 v 流过管道时,便切割磁力线,在电极上产生感生电势 E,

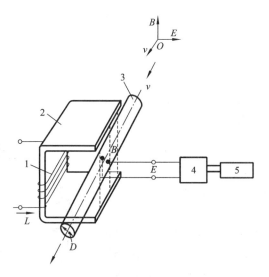

图 5-17　电磁流量计工作原理
1—励磁线圈；2—铁芯；3—导管；4—转换器；5—显示仪表

其方向由右手定则判断，其大小为

$$E = C_1 BDv \tag{5-27}$$

式中：C_1 为常数。

由于 $Q = \dfrac{1}{4}\pi D^2 v$，故可得

$$Q = \frac{\pi D}{4C_1 B}E \quad (\text{m}^3/\text{s}) \tag{5-28}$$

若采用交变磁场，即 $B = B_m \sin(\omega t)$，则

$$Q = \frac{\pi D}{4C_1 B_m \sin(\omega t)}E \quad (\text{m}^3/\text{s}) \tag{5-29}$$

所以当流量计口径 D 和磁场 B 一定时，体积流量 Q 与感应电势 E 成正比。图 5-17 中将 Q 转变成 E 的部分叫转换器(也叫变送器)，E 通过转换器 4 变成适当的电信号，再由显示仪表 5 显示出流量数值，也可进行累计。

转换器主要由磁路部分、测量导管、电极、内衬及外壳组成。磁路部分用以产生均匀的直流或交流磁场。直流磁场采用永久磁铁，结构简单。交流磁场励磁线圈和磁轭的结构形式因导管口径不同而不同。当 $D \leqslant 10$ mm 时，可采用变压器铁芯式；当 10 mm $< D \leqslant 100$ mm 时，采用集中绕组磁轭式；当 $D > 100$ mm 时，采用分段绕组式。图 5-18 即为分段绕阻式的转换器结构示意图。

转换器导管处于磁场中，为使磁力线通过导管时不被分路或产生涡流，导管必须由高电阻率非磁性金属或非金属材料制成，如不锈钢、玻璃钢或某些铝合金等。

为使转换器适应被测介质的腐蚀性，并防止两电极被金属导管短路，在变送器导管内与被测液体接触处以及导管与电极之间，加有绝缘衬里。衬里材料根据介质的性质和工作温度而定。

采用直流磁场的转换器由于产生的直流电势，会使被测液体电解，在电极上产生极化现象，破坏原来的测量条件。为尽量避免这种现象，电极需采用极化电位很小的铂、金等贵金属及其合金，这将使仪表造价很高。另外，采用直流磁场还会使测量受接触电位差的影响。但它

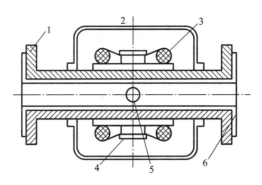

图 5-18　电磁流量计转换器结构示意图

1—导管和法兰；2—外壳；3—马鞍形激磁线圈；4—磁轭；5—电极；6—内衬

有响应时间快的优点，故适用于实验室等特殊场合或用来测量不致引起极化现象的非电解性液体(如液态金属等)的流量。工业用电磁流量计大都采用交变磁场。这时，电极常用不锈钢或镀铂、镀金的不锈钢制成。

采用交变磁场可以有效地消除极化现象，但会产生所谓正交干扰。因为交变磁场可能穿过由被测液体、电极引线和转换器形成的回路，产生干扰电势 e_t。

$$e_t = -C_2 \frac{\mathrm{d}B}{\mathrm{d}t} = -C_2 B_\mathrm{m} \sin\left(\omega t - \frac{\pi}{2}\right)$$

它与有用信号 E 频率相同而相位相差 $90°$，故称正交干扰。为消除正交干扰，应尽可能使电极引线等形成的回路与磁力线平行，以防磁力线穿过此回路。仪表通常设有调零电位器，如图 5-19 所示。从其中一个电极引出两条引线，形成两个闭合回路，磁力线穿过这两个回路所产生的干扰电势方向相反，通过调零电位器，使之互相抵消。

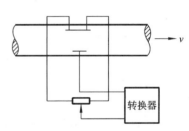

图 5-19　调零电位器示意图

2. 转换器的安装要求

转换器的安装要求如下：

①为保证导管内充满液体而不产生气泡，转换器最好垂直安装，并使流体自下而上通过转换器，若现场条件只允许水平安装，则必须保证两电极处于同一水平面上；

②安装地点应避免有较强的交直流磁场或有剧烈震动；

③上游直管段大于 $5D$，下游不作要求；

④转换器输出的电势 E 是以转换器内液体电位为基准的，为使液体电位稳定并与转换器等电位，转换器外壳、金属管道两端应有良好的接触并接地。

3. 电磁流量计的特点

电磁流量计有以下特点：

①由于转换器内径与管道内径相同，故其测量为无干扰测量，不产生压力损失；

②因为对环流不敏感，故要求直管段较短；

③反应灵敏，能测正、反方向的流体流量及脉动流量；

④测得的体积流量不受温度、压力、密度、黏度等参数的影响；

⑤测量范围大，管径可为 $2.5 \mathrm{mm} \sim 2.4 \mathrm{m}$，量程比可达 $100:1$；

⑥工作温度不超过 $200\ ℃$，压力不超过 $4\ \mathrm{MPa}$；

⑦被测介质必须是导电的,不能测量气体(包括蒸汽)及石油产品等。被测介质的磁导率应接近于1,这样流体磁性的影响才可以忽略不计,故不能测量铁磁介质(如含铁的矿浆等)的流量。

5.3.4 流速法测量流量

1.基本原理

流体通过管截面 S 的质量流量

$$G = \rho c S$$

对于不考虑压缩性的气体,其速度

$$c = \sqrt{2(p_0 - p_s)/\rho}$$

对于可压缩流体,其速度

$$c = \sqrt{\frac{2k}{k-1}RT_s\left[\left(\frac{p_0}{p_s}\right)^{\frac{k-1}{k}} - 1\right]}$$

或者

$$c = \sqrt{\frac{2k}{k-1}RT_0\left[1 - \left(\frac{p_s}{p_0}\right)^{\frac{k-1}{k}}\right]}$$

由此可知,对于在管道中流动的流体,只要知道它的密度、总压 p_0、静压 p_s 及总温,就能计算出它的流量。大直径管道的流量测量多用此流速法。

2.管道内的速度分布

在管道中只测某一点的速度,就来计算流量是不准确的,因为实际流体存在黏性,管道上各点的速度分布是不均匀的,因此,必须测出截面上的平均流速才能计算其流量。众所周知,管内流体流动状态有层流和紊流之分,下面分别讨论。

层流运动时,其流速分布规律如图5-20所示,可用下式表示:

$$c/c_0 = 1 - (r/R)^2 \tag{5-30}$$

式中:R 为圆管半径;

$\quad\quad r$ 为测点距管中心的距离;

$\quad\quad c$ 为测点处气流速度;

$\quad\quad c_0$ 为圆管中心处气流速度。

由式(5-30)可知:在管壁 $r=R$ 处,流速为零;在管中心 $r=0$ 处,流速最大。

紊流运动时,其流速分布(图5-21)规律为

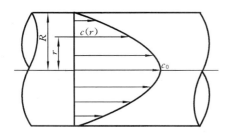

图 5-20 层流时的速度分布

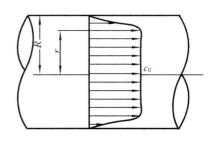

图 5-21 紊流时的速度分布

$$c/c_0 = (1 - r/R)^{1/n} \tag{5-31}$$

式中:指数 n 与雷诺数 Re 有关,其关系如表 5-2 所示。

表 5-2 n 与 Re 的关系

Re	$<5 \times 10^4$	2.0×10^5	7.0×10^5	3.0×10^6
n	7	8	9	10

试验表明,随着 Re 数的增大,管内流速分布趋于平坦。

3. 截面上测点的布置

通常采用等环面积法布置测点,即把圆形管道分为几个面积相等的同心圆环(最中间为圆),在相隔同心圆环互成 90°布置 4 个测点,这些测点的平均值代表整个圆环其他各点的值。这样管道内的速度分布曲线就近似地被阶梯形的分布曲线所代替,如图 5-22(a)所示。

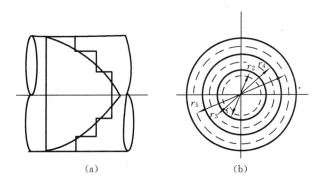

(a)   (b)

图 5-22   等面积法测点位置

(a)管道内速度的近似分布;(b)测点位置

从圆管中心开始,各等分圆环(中心处为圆)的面积为

$$\pi r_1^2 = \pi(r_2^2 - r_1^2) = \cdots = \pi(R^2 - r_{2i-1}^2) = \frac{\pi R^2}{2i}$$

解出

$$\begin{cases} r_1 = R\sqrt{1/(2i)} \\ r_3 = R\sqrt{3/(2i)} \\ \vdots \\ r_{2i-1} = R\sqrt{(2i-1)/(2i)} \end{cases} \tag{5-32}$$

式中:R 为圆管半径;

$r_1, r_3, \cdots, r_{2i-1}$ 分别为测点半径(图 5-22(b));

i 为等面积圆环序号。

当 $R \leqslant 250$ mm 时,测点数为 $3 \times 4 = 12$;当 $R > 250$ mm 时,测点数为 $5 \times 4 = 20$。详细规定见国家标准。

5.4   其他型式的流量计

5.4.1   罗茨流量计

如图 5-23 所示,当流体按箭头方向流入时,静压 p 均匀地作用在转子 A 的一侧上,转子

A因力矩平衡而不转动,此时,转子B由于进出口压差 $\Delta p = p_1 - p_2$,因而受到力矩作用,如图5-23(a)所示,按逆时针转动;同时带动同一轴上的驱动齿轮转动,通过同步齿轮的啮合关系,转子A按顺时针方向旋转到图(b)所示的位置,此时转子B与气缸所包容的计量腔内的流体被送到流量计的出口端;随着转子位置的变化,转子B上受到的力矩逐渐减小,而转子A上受到的力矩逐渐增大,当两个转子都旋转90°时,到达图(c)所示的位置,转子A所受到的力矩最大,而转子B上则不受力矩作用,这时同步齿轮相互改变主从关系,两个转子交替地把计量腔内的流体连续不断向出口排出,两转子每转一周,就有四倍于计量腔容积的流体由出口排出。

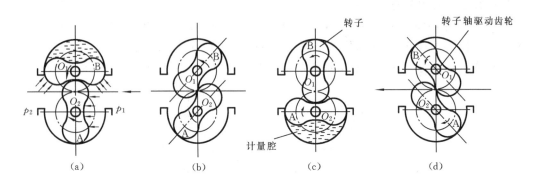

图 5-23 罗茨流量计

因转子、壳体的尺寸是固定不变的,故转子每转一周的排量也是一定的,这样单位时间内排量只与转子的转速成正比。因此,只要测出转速,通过计算便可求出流量。

罗茨流量计转子工作面的线型不同,理论排量也不同。对于工作面为渐开线的转子,理论排量为

$$Q_{\text{thj}} = 0.8545D^2Ln \qquad (5-33)$$

对于工作面为摆线的转子,理论排量为

$$Q_{\text{thb}} = 0.7854D^2Ln \qquad (5-34)$$

对于工作面为包络线的转子,理论排量为

$$Q_{\text{tha}} = 0.7967D^2Ln \qquad (5-35)$$

式中:D 为转子外径,m;

　　L 为转子的长度,m;

　　n 为转子的转速,r/min。

5.4.2　浮子流量计

浮子流量计是一种通过截面变化来计算流量的节流式流量计,在小流量、低雷诺数场合有广泛的应用。图5-24所示的是它的基本结构,它由一个垂直的锥形管作本体,大口朝上,管中放置一个可以上下自由浮动的浮子。当被测流体从下而上流动时,推动浮子上浮,浮子上浮的高度就表示流量的大小。

当流体流动使浮子升高时,浮子与锥形管之间环形通道面积发生变化,当浮子处于平衡状态时,浮子就停在某个高度,此时,浮子受力情况如下:

向上的浮力为　$\rho Vg = \rho mg / \rho_1$

向下的重力为　mg

压差引起向上的力为　$(p_1 - p_2)S$

这样力的平衡方程式为

$$p_1 - p_2 = m(1 - \rho/\rho_1)g/S \qquad (5\text{-}36)$$

式中：p_1 为浮子受到向上的总压力；

　　　p_2 为浮子受到向下的总压力；

　　　m 为浮子的质量；

　　　ρ 为流体的密度；

　　　ρ_1 为浮子材料的密度；

　　　S 为浮子的最大截面积。

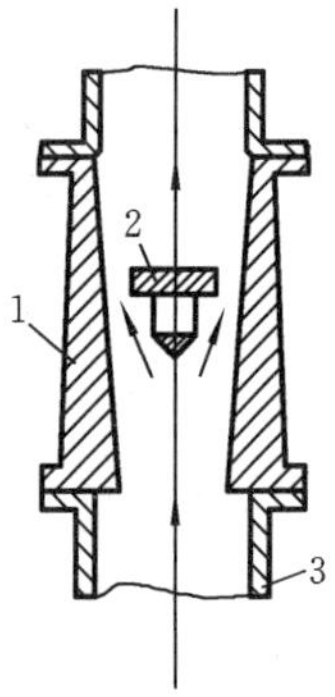

通过环形截面 S_1 的流体速度

$$c = K \sqrt{2(p_1 - p_2)/\rho} \qquad (5\text{-}37)$$

式中：K 为系数，它与浮子形状和介质黏性有关。

图 5-24　浮子流量计
1—锥形管；2—浮子；3—管道

这样通过截面 S_1 的体积流量

$$Q = cS_1$$

面积

$$S_1 = \frac{\pi}{4}\left[(d_0 + nh)^2 - d^2\right] \qquad (5\text{-}38)$$

式中：d_0 为刻度标尺零点处锥管直径；

　　　n 为浮子升高单位长度时，锥管内径的变化值；

　　　h 为浮子升起的高度；

　　　d 为浮子的最大直径。

由式(5-36)至式(5-38)可以看出，当浮子流量计和所测量的流体确定后，流量 Q 只与浮子上升的高度 h 有关。

浮子流量计通常是根据被测量的介质种类来进行标定的，大多数情况是在常温常压下，用空气或水作介质进行标定。如果使用时被测介质和使用条件不同，则应重新标定，或对浮子流量计的刻度进行修正。

思考题与习题

1.常用的流量测量方法和流量计有哪些？各有什么特点？

2.简述孔板测流量的基本原理，说明它的使用条件。

3.简述涡轮流量计的工作原理。

4.简述涡街流量计的测量原理。与其他流量计相比，它有哪些优点？

5.简述电磁流量计的工作原理及特点。

6.在由光滑管和标准孔板组成的试验装置中，已知管道直径 $D = 0.5$ m，孔板孔径 $d = 0.2$ m，测得大气压力 $p_a = 1.013 \times 10^5$ Pa，孔板前气体压力 $h_1 = 8700$ Pa，孔板前气体温度 $t_1 = 20$ ℃，孔板后气体压力 $h_2 = -800$ Pa，求管道中的空气流量 Q。

第6章　转速及功率测量

6.1　转速测量方法概述

在研究能源与动力工程中的各种旋转机械的性能时,转速是重要的特性参数。测量机械功率时用测量扭矩和转速来计算其功率的方法是其中的方法之一,因此,准确测量转速是十分必要的。在动力机械测试中,转速是指单位时间内转轴的平均旋转速度,而不是瞬时旋转速度。转速的单位为 r/min。测量转速的方法很多,如表 6-1 所示。

机械式转速计的结构简单,但具有精度低、有扭矩损失等缺点,现已基本淘汰。取而代之的是非接触式电子与数字化的测速仪表。这类仪表读数准确,使用方便,容易实现计算机显示和打印输出。

频闪式测速仪表是较早使用的一种非接触式测速仪。其原理为,石英晶体振荡器产生标准频率信号,信号经过几十个分频器产生可调的任何频率信号,测速仪可显示信号的频率。信号输入下一级后转换成尖脉冲,尖脉冲可控制闸流管以点燃闪光管。闪光管发出脉冲光,照射被测物体。当闪光频率与被测物体转动频率相同时,由于人的视觉暂留现象,看上去被测物体似乎不转动。根据这种现象可判断转速值。如图 6-1 所示,被测轴相间涂上 p 个黑色和 p

表 6-1　转速计的种类

型式		简　称	测量原理	适用转速/(r/min)	精度	特　点	备　注
模拟式	机械式	离心式	利用重块的离心力与转速的平方成正比的关系	30~2400	±(1%~2%)	简单	
			利用容器中的液体由于离心力的作用而产生压力的变化	中低速	2%	简单	陀螺测速仪,易受温度的影响
			利用容器中的液体由于离心力的作用而产生液面的变化	中低速	2%	简单	陀螺测速仪,易受温度的影响
		黏液式	利用旋转体在黏液中旋转时传递的扭矩	中低速	2%	简单	易受温度影响
	电气式	直流发电机式	利用直流发电机的电压与转速成正比的关系	10000	2%	可以远距离指示	易受温度影响
		交流发电机式	利用交流发电机的电压与转速成正比的关系	10000	1%	可以远距离指示	
		电容式	利用充电放电回路产生的电流与转速成正比的关系	中高速	2%	简单,可远距离指示	
		磁感应式	利用旋转圆盘在磁场内由于涡电流产生的扭矩变化	中高速	2%	价廉、简单	用作汽车速度表等

型式		简　称	测量原理	适用转速/(r/min)	精度	特　点	备　注
计数式	机械式	齿轮式积累转数计	由齿轮、摩擦轮等转动数字或指针等	中低速	1%	简单、价廉	与秒表并用
		钟表式转速表	在上述机构中加入计时部分	10000	0.5%	简单	
	光电式	光电式	用光电管接收通过安装在轴上的缝隙的光或者从轴表面来的反射光	30～480000	±1脉冲	没有扭矩损失,不要加工	显示数值最后一位可到 1 r/min,体积小,便于携带,光电传感口在表壳内
	电磁式	电磁式	测量与转速成正比的电流、电压脉冲信号	中高速	1%	能用于高速	
频闪式	机械式	机械式频闪转速计	转动开有槽的圆盘,目测与旋转体同步的转速	中速	1%～2%	无扭矩损失	
	频闪式	频闪测速仪	用已知频率的闪光求出旋转体的转速	中高速	0.1%～2%	无扭矩损失	经过核准,其精度可提高到 0.1%
激光测量		激光转速仪	激光传感器感受与转速成正比的激光脉冲	100000	同上	同上	
		激光陀螺	测量由于陀螺旋转引起的两束光的频移	同上	同上	同上	
		激光衍射	用激光对光栅的衍射效应	中速	0.1%	同上	

个白色的长形条,闪光灯对准轴上某一处,调整闪光频率,闪光灯第一次闪光时有一黑色(白色)长条经过闪光灯对准处,闪光灯第二次闪光时下一个黑色(白色)将正好转到前一个黑色(白色)长条的位置,以此类推,观测者将看见轴上黑色(白色)长条似乎一直停留在原位置,轴似乎静止。此时闪光频率和被测轴转速同步。转速和闪光频率关系由下式确定:

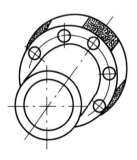

$$n = \frac{60f}{p} \tag{6-1}$$

式中:f 为闪光频率;

　　p 为黑色或白色长条数目;

　　n 为轴的转速,r/min。

图 6-1　被测轴

当轴的转速为闪光频率的整数倍时,看起来轴同样似乎静止。必须将闪光频率调到使轴看起来似乎不动的最高值,再采用式(6-1)计算才是准确的。频闪式测速仪精度一般为 1%～2%,测量范围为 300～2×10⁵ r/min。

6.2 转速的测量

转速测量仪是把被测轴的转速变换成相应的脉冲,然后以脉冲频率表示转速的仪表。

转速测量仪由两部分组成:转速传感器和测量电路系统。转速传感器把被测的转速转换成频率与转速成正比的电脉冲信号,测量电路系统测量电脉冲信号的频率显示转速。

6.2.1 转速传感器

转速传感器按其作用原理可分为光电式、磁电式、电容式、霍尔元件等几种。下面介绍常用的光电式、磁电式两种传感器。

1. 直射式光电测速传感器

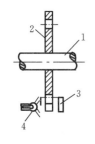

图 6-2 直射式光电测速传感器原理示意图

1—转轴;2—圆盘;
3—硅光电池;4—光源

光电测速传感器将被测的转速信号利用光电变换转变为与转速成正比的电脉冲信号,然后测得电脉冲信号的频率和周期,就可得到转速。

直射式光电测速传感器原理如图 6-2 所示,将圆盘均匀开出 z_1 条狭缝,并装在欲测转速的轴上,在圆盘的一边固定光源,在圆盘另一边固定安装硅光电池。硅光电池具有半导体的特性,它具有大面积 P-N 结,当 P-N 结受光照射时激发出电子、空穴,硅光电池 P 区出现多余的空穴,N 区出现多余的电子,从而形成电动势。只要把电极从 P-N 结两端引出,便可获得电流信号。

当圆盘随轴旋转时,光源透过狭缝,硅光电池交替受光的照射,交替产生电动势,从而形成脉冲电流信号。硅光电池产生信号的强弱与灯泡的功率及灯泡和圆盘距离的远近有关,一般脉冲电流信号是足够强的。

脉冲电流的频率 f 取决于圆盘上狭缝数 z_1 和被测轴的转速 n,即

$$f = \frac{nz_1}{60}$$

狭缝数 z_1 是已知的,如能测得电脉冲信号频率,就等于测到了转速。

2. 反射式光电测速传感器

反射式光电测速传感器同样利用光电变换将转速转变为电脉冲信号。其原理如图 6-3 所示,它由光源 4、聚光镜 3、6、7、半透膜玻璃 2 及光敏管 1 组成,被测轴的测量部位相间地粘贴反光材料和涂黑,以形成条纹形的强烈反射面。常用反光材料为专用测速反射纸带,也可用金属箔代替。光源 4 发出散射光经聚光镜 6 折射形成平行光束,照射在斜置 45° 的半透膜玻璃 2 上,这时光将大部分反射,通过聚光镜 3 射在轴上,形成一光点。如射在反射面上,光线必将反射回来,并且反射光的大部分透射过半透膜玻璃经聚光镜 7 照射到光敏管 1 上;反之如果光射在轴的黑色条块上则被吸收,不再反射到光电管上。光敏管感光后会产生一个电脉冲信号。随着轴的转动,光电不断照在反射面和非反射面上,光敏管交替受光而产生具有一定频率的电脉冲信号。

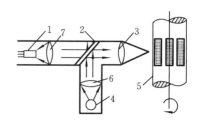

图 6-3 SZGB-11 型光电传感器的光路图

1—光敏管;2—半透膜玻璃;

3、6、7—聚光镜;4—光源;5—转轴

设轴上贴 z_2 条反射面,则电脉冲信号频率

$$f = \frac{nz_2}{60}$$

测得电脉冲信号的频率,就可得到转速。

3. 磁电式测速传感器

磁电式测速传感器如图 6-4 所示,它由永久磁铁 3、励磁线圈 5 和转子 2(含 z_3 个齿)组成。转子 2 装在被测轴 1 上,转子 2 为有 z_3 个齿的齿轮。当轴旋转时,由永久磁铁、空气隙、转子组成磁路的磁阻。由于永久磁铁和齿轮间的空气隙大小不断改变,磁路的磁阻也随之变化,检测线圈 4 的磁通也不断变化,从而产生交变的感应电动势,形成与轴的转速相应的电信号,电信号频率正比于被测轴的转速 n,即

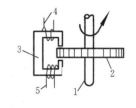

图 6-4　磁电式测速
传感器
1—转轴;2—转子;3—永久
磁铁;4—检测线圈;
5—励磁线圈

$$f = \frac{nz_3}{60}$$

式中: z_3 为转子上齿轮的齿数。

为了提高低速动力机械转速的测量精度,传感器的齿轮的齿数应适当增多,但一般透平动力机械转速很高,用磁电式测速传感器测量转速的精度是确保的。

6.2.2　数字式转速仪

转速的测量已转换为电脉冲信号的频率的测量。测频率的基本原理是,设 f 为被测信号的频率, τ 为测频仪发出的标准时间信号, N 为测频仪计数器在 τ 时间内所计的脉冲信号总数。根据频率的定义,被测信号的频率应为

$$f = \frac{N}{\tau}$$

数字式转速仪的原理方框图和信号的波形图如图 6-5 与图 6-6 所示。数字式转速仪的电路由放大整形电路、石英晶体振荡器、标准时间分频器、门控和延时复零电路、主门电路、计数电路与数字显示组成。原理是,转速传感器送来的信号 V_A 经过放大整形后为 V_E,然后送往主闸门准备进入计数器。由晶体振荡器产生的标准频率信号(1 MHz)经过几个十进制分频器分频后,产生标准时间为 1 s、10 s 等的信号 V_D。再将 V_D 输入到门控双稳电路中去控制主闸门的开启和关闭。即 V_D 进入"门控",使"门控"的双稳触发器翻转,从而主闸门开启,允许电信号 V_E 进入计数器,随即累计之,经过标准时间 τ 后,双稳触发器再翻转回去,主闸门关闭, V_E 信号停止通过,此时计数器显示通过信号的数目。显示一定时间后,计数器及各电路恢复原始状态准备下次计数。此称为测频测速法。

转速 n 与计数显示器显示数的关系式为

$$n = \frac{60N}{\tau z} \quad (\text{r/min}) \tag{6-2}$$

式中: τ 为标准时间信号(1 s、10 s、20 s、60 s 等)。

式(6-2)中 z 的含义视不同测速传感器而定。对于磁电式测速传感器, z 为齿数;对于直射式光电测速传感器, z 为狭缝条数;对于反射式光电测速传感器, z 为黑(白)条纹数。

当标准时间信号 τ 与 z 的乘积为 60 时,可实现 $n = N$,计数器显示数 N 即为转速。

计数式转速仪测量转速时产生误差的原因是:①晶体振荡器的振荡频率误差;②门电路启

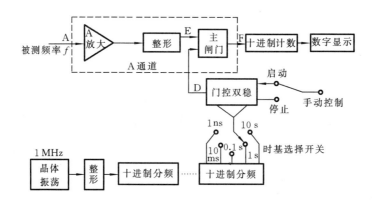

图 6-5　测量频率的电路原理

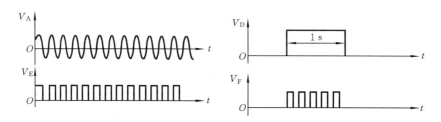

图 6-6　测量频率波形图

闭误差;③必然产生的±1 计数误差。

标准时间信号是由晶体振荡器产生的。它的精度主要由石英晶体振荡器频率和稳定度所决定。振荡频率误差为 $10^{-9} \sim 10^{-5}$ Hz/d,因此,由晶体振荡器引起的误差是微小的。

门电路的启闭误差主要来自门控双稳触发器翻转及时否,它将造成门控启闭延迟或超前。因触发器是电子元件,误差也是极小的。

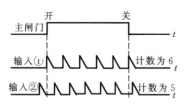

图 6-7　计数脉冲

采用测频法测速时,主要考虑的是计数器的计数脉冲个数准不准的问题。这种误差主要来自±1 的计数误差。

±1 的数字误差是由于加到主闸门的电路的门控输出信号 τ 的起始时间与频率为 f 的被测信号起始时间不同步引起的。它们之间相位是随机的,无法同步。这样,同样的时间 τ 内,由于第一个计数脉冲出现的时间不同,通过计数器的脉冲数将有一个计数脉冲之差,如图 6-7 所示,图中在转速相同,测速传感器发出电脉冲信号频率相同,主闸门开启时间相同的情况下出现了两种情况:一种情况是在主闸门开启时间内有 6 个脉冲;另一种情况为 5 个脉冲。计数结果将产生±1 的不确定性误差。

这时标准时间互为同一个 τ,被测信号频率相同为 f。显示数字则为 N 或 $N\pm1$。

测量频率的误差

$$\frac{\Delta f}{f} = \frac{1}{N} = \frac{1}{f\tau}$$

数字式转速仪测量转速时,相对误差为

$$\Delta = \frac{\Delta n}{n} = \left(\frac{60(N \pm 1)}{\tau z} - \frac{60N}{\tau z} \right) \bigg/ \frac{60N}{\tau z} = \pm \frac{1}{N} = \pm \frac{60}{zn\tau}$$

从分析中可知,所测转速越高,狭缝数(或齿数和锡箔条数)越多和所取标准时间信号越长,则误差越小。当转速较低,旋转不够稳定时,采取加长标准时间信号来减小误差的方法是不适宜的。

在测量时应注意的是在测量的转速较高时,狭缝和锡箔条数不应过多,以免光电传感器来不及识别。

使用数字式转速计可以在原动机毫无扭矩损失的情况下进行转速测定。测量转速的范围为 $30 \sim 4.8 \times 10^6$ r/min。

6.2.3 激光转速仪

激光测量转速的各种方法和仪器的问世,使转速测量技术得到了进一步的发展。

激光转速仪与目前常见的非接触式转速测量仪比较,有三个独特的优点:一是它与被测物的工作距离可达 10 m,而其他非接触式转速测量仪工作距离很近;二是当被测物体除了旋转外,还有振动和回转运动时,只有激光转速仪才能测量其转速,而且操作简单,读数可靠;三是抗干扰能力强。当工作环境存在杂光干扰时,其他非接触式转速仪往往难以正常工作,而激光转速仪则不受其影响。例如,要测量摇头回转的台式风扇的转速,除了激光转速仪以外,其他转速仪都难以胜任。由于激光器具有惊人的亮度,因此,即使在激光束的通路上设置几块厚玻璃板,激光转速仪仍能正常测量。这就意味着它可以测量玻璃罩壳内电机的转速,各种风洞里正在吹风试验模型的转速。

激光转速仪内的激光源是氦-氖激光器,它具有高亮度、小发射角、单色性好的特点,并具有对定向反射材料定向反射的特性,采用发射接收系统合二为一的光路,具有远距离检取转速信号进入激光传感器的功能。旋转物体转动时,激光传感器不断接收与转速成正比的激光脉冲信号,经过电转换后,电脉冲信号被送到测频电路进行处理。最后以 5 位数字直接显示物体的转速。

激光传感器获取旋转物体转速信号的原理如图 6-8 所示。氦-氖激光器 1 发出的激光束穿过半透镜 2 后,透射的光束经过由透镜 3 组成的反射光学系统后,聚焦在旋转物体 5 的表面。旋转物体表面贴有一小块定向反射材料 4(简称反射纸)。当激光束照射到没有贴反射纸的表面时,大部分激光沿空间各个方向散射,能够沿发射光轴返回的光束极其微弱,因此,光电管没有感受到任何信息。一旦激光光束照射在反射纸上,由于反射纸的"定向反射"特性,有一部分激光沿发射光轴原路返回到半透镜上,经过反射,由透镜 6 会聚在光电管 7 上。于是物体旋转一周,反射纸就被激光照射一次,一个激光脉冲返回到光电管,经转换后产生一个电脉冲信号,物体不停地旋转,光电管就输出一系列电脉冲,这就是激光传感器所检取的旋转物体的转速信号。

传感器后接数字式转速仪,测量原理与前面所述相似,这里不再赘述。

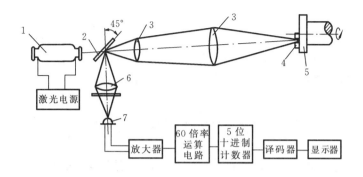

图 6-8　激光转速仪光路原理图

1—激光器；2—半透镜；3、6—透镜；4—反射纸；5—旋转物体；7—光电管

6.3　功率测量方法概述

对于能源与动力工程中的大多数机械来说，功率是其重要性能参数之一，用试验的方法获取性能曲线时，需准确测量功率。对于风机、压缩机和泵等工作机，要测量其输入功率；而对于汽轮机、水轮机、内燃机等原动机，则要测量其输出的轴功率。

能源动力机械功率测量一般有三种方法，下面具体介绍。

1. 测量转矩和转速的方法

测量出转矩和转速，就可得到轴的功率，即

$$N_e = M\omega = M\frac{\pi n}{30} = 1.047 \times 10^{-4} Mn \qquad (6\text{-}3)$$

式中：N_e 为轴功率，kW；

$\quad M$ 为转矩，$N \cdot m$；

$\quad \omega$ 为角速度，rad/s；

$\quad n$ 为转速，r/min。

测量转矩用的测功器分为吸收式和传递式两大类。吸收式测功器用机械摩擦制动器、水制动器、电制动器等来吸收转矩。传递式测功器只传递转矩不吸收功率，如电磁式和应变式转矩测量仪等。转速的测量可采用前面所述的各种方法进行。

能源动力机械功率测量装置如图 6-9 所示。图中原动机是指水轮机、内燃机和汽轮机等，工作机是指泵、风机、压缩机等。电机-天平装置是指将电机悬挂，定子可摆动，用天平测扭矩的装置。

2. 电测法

电测法是一种测量电动机输入功率或发电机输出功率的方法。

一方面，测量出驱动工作机的电动机的输入功率，就可确定工作机的功率，即

$$N_i = N_e \eta_e \eta_m = N_e - \sum \Delta N_e - \sum \Delta N_m \qquad (6\text{-}4)$$

式中：N_i 为工作机轴功率；

$\quad N_e$ 为电动机输入功率；

$\quad \eta_e$、η_m 分别为电动机效率与传动装置效率；

$\sum\Delta N_e$、$\sum\Delta N_m$ 分别为电动机总损失和传动装置的总损失。

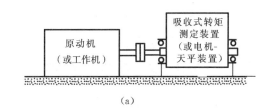

（a）

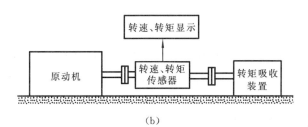

（b）

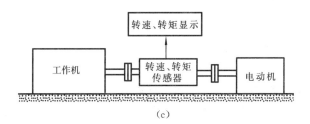

（c）

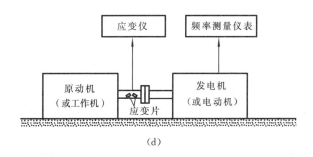

（d）

图 6-9　能源动力机械功率测量装置

另一方面，测量出由原动机驱动的发电机的输出功率，就可以确定原动机的轴功率，即

$$N_i = \frac{N_e}{\eta_e \eta_m} = N_e + \sum\Delta N_e + \sum\Delta N_m$$

式中：N_i 为原动机轴功率；

N_e 为发电机输出轴功率；

η_e、η_m 分别为发电机和传动装置效率；

$\sum\Delta N_e$、$\sum\Delta N_m$ 分别为发电机和传动装置的总损失。

电测法的装置如图 6-10 所示。

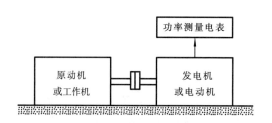

图 6-10　电测法的装置

将图 6-10 所示的电动机改为发电机,工作机改为原动机,则测量系统测量的就是发电机的输出功率。

3. 热平衡法

在不能用上述两种方法测定叶轮机械轴功率时,可以采用热平衡法间接确定其功率。热平衡法基于能量守恒原理。例如,进行压缩机试验时,其能量方程为

$$N = m_g(h_{g2} - h_{g1}) + Q_{rc} + Q_{mc} \tag{6-5}$$

式中:N 为压缩机轴(输入)功率,kW;

m_g 为压缩机气体的质量流量,kg/s;

h_{g1} 为压缩机进口气体的焓值,kJ/kg;

h_{g2} 为压缩机出口气体的焓值,kJ/kg;

Q_{rc} 为压缩机机壳散热损失,kW;

Q_{mc} 为压缩机轴承损失,kW。

机壳散热损失 Q_{rc} 按其暴露的外壁的表面平均温度和环境温度进行估算,一般可用经验公式计算,这里不作详述。轴承损失 Q_{mc} 通常根据润滑油带走的热量来进行估算,即

$$Q_{mc} = m_L c_{pt} \Delta t$$

式中:m_L 为润滑油的质量流量,kg/s;

c_{pt} 为润滑油的比热容,kJ/kg;

Δt 为润滑油的温升,℃。

用热平衡法确定叶轮机械轴功率的方法主要归结为其压力、温度、流量等参数的测量。由于叶轮机通流截面的气体参数往往沿径向和周向是不均匀的,为了准确地测定气流参数的平均值,必须布置足够数量的、按一定规律分布的径向和周向测点,周向测点一般沿周向均匀布置,径向测点通常按等面积法和切比雪夫数值积分法布置,根据测量所得的各个测点的参数,按几何平均或流量平均计算其平均值。这种方法对压力、温度及流量的测试仪表精度要求较高,即便这样按热平衡法求得的功率的误差仍在 ±(1%~2%) 的范围内。

6.4　转矩的测量

转矩的测量方法可分为传递法(扭轴法)、平衡力法(反力法)及能量转换法等三类。这里介绍两种常用的传递型转矩仪。

6.4.1　相位差式转矩仪

这是利用转矩使弹性轴产生扭转变形的原理制造的。当转矩 M 作用在直径为 d、长度为

L 的弹性轴上时,在材料的弹性极限内轴将产生与转矩呈线性关系的扭转角 φ,即

$$\varphi = \frac{M}{G}\frac{L}{I}$$

式中:I 为极惯性矩。对于直径为 d 的圆轴,$I = \dfrac{\pi d^4}{32}$,故

$$M = \frac{\pi d^4 G}{32L}\varphi \tag{6-6}$$

式中:G 为剪切模数。G、d、L 由轴本身形状和材料决定。当轴指定后,转矩和扭转角成正比,测得扭转角 φ,就可知道转矩 M 的大小。根据上述关系,可将扭转角转变为电位差信号,设计成相位差式转矩仪。

相位转矩测量装置一般由信号发生器(相位差转矩传感器)和测量电路(转矩测量仪)两部分组成。

1. 相位差转矩传感器

相位差转矩传感器由弹性扭轴 1 和信号发生器 2、3 组成,图 6-11 为其工作原理示意图。当扭轴空载旋转时,两信号发生器输出信号 A、B,两圆盘结构相同,发生的信号振幅频率也相同。但是,两信号有初始相位差 θ_0,这是因两圆盘初始位置不同而产生的。当扭轴因转矩作用而扭转变形时,两圆盘间的轴的扭转角为 φ,使得两个信号的相位关系发生变化,如图 6-11 所示。两个信号之间的相位差的变化量 $\Delta\theta$ 与弹性扭轴的扭转角 φ 之间的关系为

$$\Delta\theta = z\varphi \tag{6-7}$$

式中:z 为圆盘转一圈所产生的信号个数。

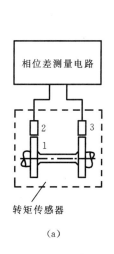
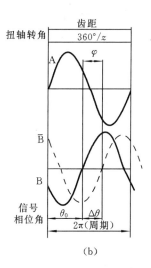

图 6-11 相位差转矩测量原理

(a)结构;(b)波形

当 $z=1$ 时,$\Delta\theta=\varphi$,即扭转角与相位差角在数值上相等;当 $z=60$ 时,$\Delta\theta=60\varphi$,即相位差角的值是扭转角的 60 倍。可见,z 大时,相位差变化大,检测容易,可提高测量精度。但是 z 不能选择过大,因为相位差角 $\Delta\theta$ 不能大于 2π,即

$$\Delta\theta = z\varphi < 2\pi \tag{6-8}$$

实际上,考虑到测量正、反向转矩和起动转矩的需要,z 值还得进一步减少,通常取

$$0 < \Delta\theta < \frac{\pi}{2}$$

此时扭转角 φ 也受到限定。例如,在 $\Delta\theta_{max}=90°$ 时,扭轴允许产生的最大扭转角为 $90°/z$。也就是对一定扭轴来说,测量的最大转矩有一限定值。另一方面,如转矩过于小,φ 过于小,则 $\Delta\theta$ 也小,即相位差信号小,测量精度将受到影响。因此,转矩传感器分有多种规格,每一种规格有一定的量程。测量功率时,应注意所测动力机械的功率范围和转速范围,以选择适当的转矩传感器。

图 6-12 为磁电式转矩传感器示意图,扭轴上有两个由铁磁材料制造的齿轮 2(称为外齿轮),相对而设两个内齿轮,固定在校准旋转筒 5 上,校准旋转筒由电动机 6 通过皮带带动。在内齿轮旁有一个固定的永久磁钢 4,在壳体中嵌有线圈 3。每对齿轮和永久磁钢之间有微小空气间隙。

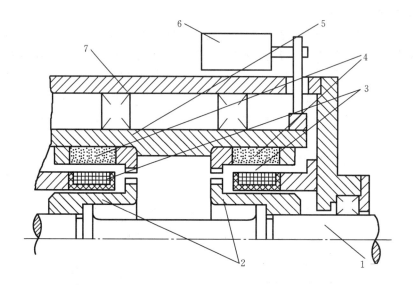

图 6-12 磁电式转矩传感器示意图

1—扭轴;2—齿轮;3—线圈;4—永久磁钢;5—校准旋转筒;6—电动机;7—壳体

当齿轮旋转时,齿廓相对于磁钢的空气间隙发生改变,线圈的磁通量随之变化,由此线圈感应出电动势,即

$$E = -N\frac{\mathrm{d}\Phi}{\mathrm{d}t}$$

式中:N 为线圈的匝数;

$\dfrac{\mathrm{d}\Phi}{\mathrm{d}t}$ 为线圈的磁通变化率。

为了保证两个信号发生器有一致的信号,两套信号齿轮应该叠在一起同时加工,避免各齿的节距误差造成信号相位差的波动,以消除传感器的转角误差。

在确定齿数 z 时,必须考虑两个方面的问题:测量低转速的转矩时,如果 z 值太小,则不能产生波形信号,仪器将不能工作,z 值应增大;反之,测量高转速时,如信号的频率大于测量系统的工作频率,则信号来不及检测,同样仪器也不能工作。

总的来说,磁电式转矩传感器的主要优点是,结构比较简单可靠,不需要外接电源,有较强的输出信号,能在 $-20 \sim 60$ ℃ 的环境下正常工作。它的主要缺点是,信号的强弱取决于扭轴转速的高低,通常在低于 500 r/min 的转速下,信号过于微弱,不能应用。将两个内齿轮固定在校准旋转筒 5 上,可以增加相对转速,使信号加强,这样在较低转速时也能达到测量的目的。

除了在低转速时开动电动机带动校准旋转筒上的内齿轮旋转,以增加相对转速外,在测量轴的静扭矩时也必须开动电动机。另外,在调整转矩测量仪的零点时也需用电动机带动校准旋转筒转动。这一点将在讲述转矩测量仪中叙述。

2. 相位差数字转矩测量仪

这里介绍双门数字转矩测量仪,它显示的结果是转矩在某一段时间内的平均值,具有较高的测量精度。

这种转矩测量仪的电路如图 6-13 所示,弹性扭轴两端的信号发生器各输出一组正弦波信号 A 和 B,在没有转矩作用的时候,A、B 两正弦信号即具有一定的初始相位差,这个初始相位差大致为 180°。

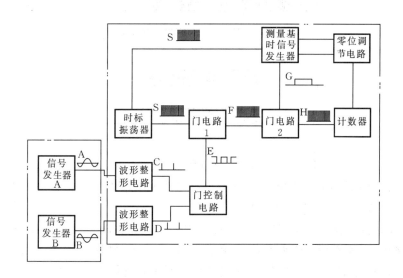

图 6-13　双门数字转矩测量仪的电路

采取初始相位差的原因是:①存在制造和安装误差,使两个正弦信号的初始相位差不能做到完全相等;②如果 A、B 两信号相位十分接近,则它们的相位差的脉冲宽度即近似为零,这样会使下一级的双稳态触发电路不能稳定地工作;③为了使转矩测量仪能够测量正、反两个方向的转矩,初始相位差应该有较大数值,这样在转矩的正、负量检测范围内,才不会出现相位差为零的情况。

正弦波信号 A、B 经过放大整形后变为较理想的矩形波,再经过微分电路之后,变为尖脉冲波 C、D(图 6-14),波形整形电路当正弦波信号每次正向通过零线时(如图中 a、b 点)触发工作,即动作电平为零,这样可以使正弦波信号的振幅变化不会引起它们的相位差值的变化。

两组尖脉冲信号 C、D 输入到门控制电路,门控制电路实际上是双稳态触发器,C、D 尖脉冲使其翻转,它则把 C、D 两信号变换成矩形脉冲信号 E。脉冲信号 E 的量度 t 与 A、B 两组信号的相位差 θ 成正比例关系。相位差

$$\theta = \Delta\theta_0 + \theta_0$$

式中:θ_0 为初始相位。

相位差脉冲信号 E 用于控制门路 1 的开闭,也就是说,标准时间振荡器产生的标准时间

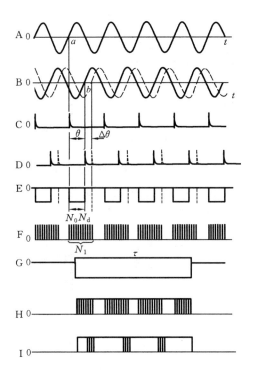

图 6-14　双门数字转矩测量仪电路中的信号

信号 S 只有在时间 t 内可通过门电路 1,由此从门电路 1 出来的信号 F 为一组脉冲调制信号。通过的标准时间信号总数正比于相位差 θ。

另外标准时间振荡器产生的时间信号 S 经过分频器,发出时基信号 G(即 τ),时基信号 τ 控制门路电路 2。也就是说,在测量时基 τ 的范围内,允许来自门电路 1 的脉冲调制信号 F 通过。在标准时间信号频率固定条件下,通过的标准时间信号的数目 N(即 H 信号的数目)与 A、B 信号的相位差 θ 成正比,亦与测量时基 τ 值成正比。这部分时标信号 H 被输送到计数器计数并显示。计数器显示的数字与初始相位差 θ_0 和相位差 $\Delta\theta$ 之和成正比。为了使计数器显示的值与转矩成正比,应该在 N 值中扣除计数器初始值 N_0。为此设有零位调节电路,它实际上是一个预置加数器。所谓标定,是在作用转矩等于零的工况下,使预置数与 N_0 之和等于 10000。由于仪器只显示四位数字,万位溢出不计,这样,就将 N_0 从显示中自动消除。计数器显示的是 $N_d = N - N_0$。

显示数 N_d 与转矩 M 成正比,它们之间的关系为

$$M = \frac{360K}{\tau f_c z} N_d \tag{6-9}$$

式中:M 为转轴的转矩;

N_d 为计数器显示数字(经过调零消除初始相位的影响);

K 为扭轴的转换常数(仅与扭轴本身的标准、直径和两信号发生器距离有关);

f_c 为标准时间脉冲的频率;

z 为转矩传感器中齿轮齿数或光电传感器光栅数;

τ 为测量时基选择器(系数开关)的控制门电路 2 开关的时标信号。

转矩传感器和转矩测量仪选定后，K、z、f_c为常量，测量时基选择器有 4 位数码转轮，可使时基 τ 在 0.0001～0.999 s 范围内选择，所以 τ 是主观选择的，测量仪器显示出数值后，就可根据式(6-9)计算。

为了使计数器显示的数值正好是转矩的数值，测量时基选择器选择的时基信号必须满足

$$\tau = \frac{360K}{f_c z} \tag{6-10}$$

在标定传感器时 τ 是给定的，并将其数值打印在传感器的底座上。利用此传感器测量转矩时，只有将时基选择器的数码转轮调到与此传感器的 τ 值相同，仪器才能直接显示转矩数值。

3. 误差分析

双门数字转矩测量仪的误差主要有两部分：一是脉冲数计数误差；二是脉冲组计数误差。

脉冲数计数误差是各种随机情况的存在，使信号 E 和标准时间信号 f_c 不可能总同步造成的。对于同一个 t 时间进行多次测量，读得的结果之间会有 ± 1 的数字误差，在测量周期 T 内所包含的脉冲组数为

$$W = \frac{\tau}{T} = f\tau \tag{6-11}$$

最大误差是在 τ 时间内每组均将产生 ± 1 时产生，误差数为 $\pm W$。

脉冲组计数误差产生的原因是选择的时基 τ 不可能随时是信号 E 的周期的整数倍，可能在同样的 τ 内多记一组脉冲数。当脉冲组的时间宽度等于信号 E 的周期 T 的 $\frac{n}{2}$ 倍时，此项误差最大(图 6-15)，为 $\pm f_c \dfrac{T}{2}$。

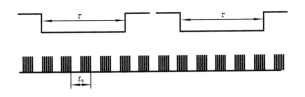

图 6-15　脉冲组计数误差

由此引起的总计数误差为

$$\Delta = \pm \frac{nz}{60}\tau \pm \frac{T}{2} \tag{6-12}$$

转矩测量误差为

$$\Delta M = \pm \left(360K\,\frac{n}{60f_c} + 180K\,\frac{60}{z^2 n\tau}\right) = \pm 360K\left(\frac{n}{60f_c} + \frac{30}{z^2 n\tau}\right) \tag{6-13}$$

由上式可见，增加信号齿轮的齿数 z，加大测量时基 τ，可以减少误差。但是增加齿数受到信号发生器的最高工作频率的限制。齿数太多，传感器允许最高工作转速就要降低。另外，提高时标振荡频率 f_c 可减小测量误差，尤其是在高转速工作情况下，不过时标频率受计数器的最高工作频率限制。

4. 相位差转矩测量仪的使用

传感器的一般安装方式如图 6-9 所示，当震动较强烈时，最好用加尼龙绳的挠性联轴器。

这种联轴器只传递扭矩,不传递弯矩,可降低安装同心度的要求。尼龙绳在穿好后打结,或用电烙铁把接头烫一烫。

传感器与被测机械连接轴要对正,有较好的同心度。弹性轴受到弯矩作用会使测量精度降低。

选择传感器型号时,应按额定扭矩的 70%～80% 选择,使传感器有一定的过载能力。

传感器与扭矩测量仪的连线是Ⅰ对Ⅰ,Ⅱ对Ⅱ,两路信号的电缆线的长度应相等,以避免引起相位差误差。

仪器每次使用前必须调零。调零时动力机械不运转,启动传感器的电动机,调节"零点开关",使显示数字为 0000。另一种调零方法是,将动力机械和传感器与被测负载脱开,然后调零。

6.4.2 应变式转矩测量仪

应变式转矩测量仪是利用应变原理来测量扭矩的。

等截面、直径为 d 的圆柱形扭轴的应力 τ 与扭矩 M 的关系为 $\tau = \dfrac{16\,M}{\pi\,d^3}$,由材料力学可知

$$\tau = \varepsilon G$$

式中:ε 为扭轴的应变;

G 为剪切模数。

等截面圆柱形扭轴的应变与扭矩的关系为

$$\varepsilon_{45°} = \varepsilon_{135°} = \frac{16}{\pi}\frac{M}{Gd^3} \tag{6-14}$$

式中:$\varepsilon_{45°}$、$\varepsilon_{135°}$ 分别为扭轴表面与轴线成 45° 和 135° 角的螺旋线的主应变值。

扭轴的应变可以引起贴在轴表面的电阻应变片的电阻变化,然后用电阻应变仪来测量。

一种专门用于测量转矩的钢箔式组合片是将二片电阻应变片(图 6-16)粘贴在 0.1 mm 厚的钢箔上制成的。两片应变片成 90° 角,组成半桥电路。电阻应变片的引出线焊在连接片上。最后,在应变片及连接片上均涂以防潮树脂作为保护层。用这种应变片时,只需要用点焊的方法将钢箔片焊接到传动轴表面上(图 6-16(a)),从而简化了试验工作。

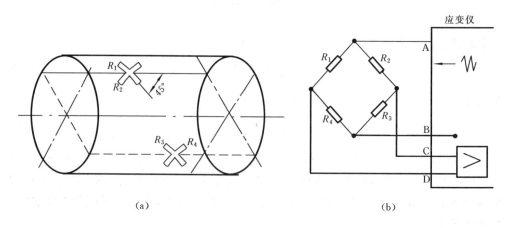

(a)   (b)

图 6-16　用应变片测量轴的扭矩

(a)应变片的贴法;(b)测量电路

为了提高测量的灵敏度,在扭轴工作部分的外表面,与轴线成 45° 和 135° 两个方向上各贴两组钢箔式组合片,并联成全桥形式(图 6-16(b))。当扭轴传递扭矩时,有一对应变片承受最大拉伸应力(R_1、R_3 方向的应变为 $+\varepsilon$),而另一对应变片承受最大压缩应力(R_2、R_4 方向的应变为 $-\varepsilon$)。这种电桥对扭转应力很灵敏,而对轴向应力(沿轴线方向)和弯曲应力(垂直线方向)则不灵敏。

当采用全桥电路测量转矩时,一般采用电阻值相同、灵敏系数相同的应变片组成桥臂,即 $R_1 = R_2 = R_3 = R_4 = R$,由此,电桥输出电压

$$V = \frac{\Delta R_1 + \Delta R_3 - \Delta R_2 - \Delta R_4}{4R} V_0$$

式中:V_0 为电源电压。

因为 $\varepsilon_1 = -\varepsilon_2 = \varepsilon_3 = -\varepsilon_4$,所以有

$$\Delta R_1 = -\Delta R_2 = \Delta R_3 = -\Delta R_4$$

由此可得全桥电路测量转矩的电压

$$V = \frac{\Delta R}{R} V_0 = K_\varepsilon V_0$$

而当扭轴受到弯曲应力作用,或者环境温度发生变化时,应变后的电阻变化分别为

$$\Delta R_{T1} = \Delta R_{T2} = \Delta R_{T3} = \Delta R_{T4}$$

$$\Delta R_{W1} = \Delta R_{W2} = \Delta R_{W3} = \Delta R_{W4}$$

所以弯曲应力和温度变化不会对桥路输出电压产生影响。

转矩测量与一般的应力测量不同之点在于:在测量应力时,电阻应变片与电阻应变仪之间可以用导线直接传递信号和供给电源;在测量转矩时,因为转动轴是旋转件,在转矩传感器与电阻应变仪之间不能单靠导线传递信号,而必须增添一套集流装置。以往采用接触型集流环的较多,可是,这种集流环在高转速情况下精度及工作寿命均不能满足要求。近年来,无接触集流环及无线电应变测量技术得到了较快的发展。

图 6-17 是典型的电阻应变式转矩测量传感器的结构示意图,图中 1 是弹性扭轴,2 是应变电桥,3 是炭刷-滑环式集流环,它将应变电桥的 4 根连接线引出。

使用接触型集流环时,其集流器的接触电阻是产生误差的主要原因。

电阻应变片输出的应变信号,由电阻应变仪放大后送入记录器,测量系统原理方框图如图 6-18 所示。

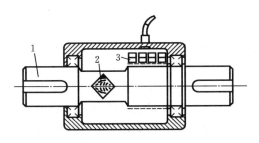

图 6-17 电阻应变式转矩测量传感器结构示意图

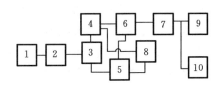

图 6-18 电阻应变仪的原理方框图

1—电阻丝应片电桥;2—集流环;3—预平衡电路;4—放大器;5—振荡器;6—相敏检波器;7—低通滤波器;8—稳压电源;9—指示器;10—记录器

电阻应变仪由图 6-18 所示的 3 至 9 共七部分组成。由于应变片电阻、导线电阻、集流环接触电阻随时会有些变化,各应变片及导线之间存在分布电容,因此,电桥在测量前往往已不能满足原始平衡条件。预调平衡电路可在测量前调节电桥使其处于平衡状态。一般预调平衡电路,设有电阻平衡电路和电容平衡电路两种。

电阻应变仪采用交流电源供桥。载波放大电路中,由振荡器产生一定频率的正弦波对信号进行调制,使其成调幅波,然后采用窄频道交流放大器对信号进行载波放大,最后将放大的信号通过相应检波器与低通滤波器进行解调,得到放大的应变信号。

动态电阻应变仪常与光线示波器或磁带记录器配套工作。

6.5　电机功率的测量

用电动机驱动工作机时,可以通过测量电动机的输入功率来确定工作机的轴功率。当发电机吸收水轮机、内燃机、汽轮机输出的轴功率时,也可通过测量发电机功率来确定原动机的轴功率。

对于直流发电机,有

$$N_i = \frac{IV}{\eta_e \eta_m} \tag{6-15}$$

式中:N_i 为原动机轴功率,W;

  I 为发电机输出的电流,A;

  V 为发电机输出的电压,V;

  η_e 为发电机效率;

  η_m 为传动装置的效率。

发电机的功率可用 $0.2 \sim 0.5$ 级精密电流表、电压表测量。发电机效率和传动装置效率按照制造厂提供的性能资料确定。

在缺少发电机和传动装置性能资料的情况下可以通过对其损失的分析,忽略个别次要因素的影响,用计算和试验的方法确定各项损失。直流发电机损失($\sum \Delta N_e$)由四种损失组成:电机铁耗、电机铜耗、机械损耗、附加损失。齿轮传动装置损失($\sum \Delta N_m$)由轴承摩擦损失与联轴器损失组成。

工作机轴功率

$$N_i = IV - \sum N_e - \sum \Delta N_m \tag{6-16}$$

异步电机试验中,三相有功功率采用两个单相功率表按两瓦计法测量:当用一个三相功率表测量时,在空载情况下,仪表偏转太小。

以两瓦计法测量时,两功率读数的代数和等于三相有功功率(在三相三线制电路中,三相负载不对称时此关系也成立)。当负载功率因数高于 0.5 时,两功率表的读数符号都为正;当功率因素低于 0.5 时,一功率表的读数为负,为使仪表指针向正方向偏转,须改变电压回路的极性。

选择功率表测量功率的量限时,实际上必须正确选择功率表中的电流量限和电压量限,务必使电流量限能容许通过负载电流,电压量限能承受负载电压,因此,选择时只考虑功率的量限,不考虑电压、电流量限是不行的。在实际工作中功率表有其额定电压或额定电流值,当超过额定电压或额定电流时需用电压互感器或电流互感器来调节电压和电流。为了减少测量误差,需明确互感器的极性,并按一定的正确接线方式将功率表经互感器接入电路中去。如果要保证测量结果的精度,则对功率表和互感器的精度等级有一定的要求。当采用了测量互感器后,功率表的读数要乘上一定的倍数才是所测的功率。

图 6-19 为用两瓦计法测量异步电动机输入功率时,采用互感器连接的线路图。

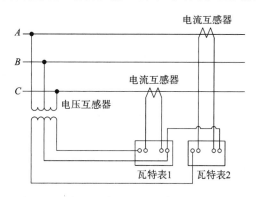

图 6-19 采用互感器的两瓦计测功法接线图

从图 6-19 可知,用两瓦计法测量三相功率时,接线规则如下:①两功率表的电流线圈可以串联接入三相三线制电路的任意两线中,使通过电流线圈的电流为三相电路的电流;②两功率表的电压线圈一端接到功率表电流线所在的线,两功率表电压线圈另一端同时接到没有接功率表电流线圈的第三线上。

功率表中只标明分格数,不标明功率的瓦数。测量时,在功率表中读得所偏的格数后,再乘上功率表相应的分格常数,就等于被测功率的数值,即

$$N_P = Cn \tag{6-17}$$

式中:N_P 为被测功率,W;

C 为功率表分格常数,W/格;

n 为指针偏转的格数。

功率表的分格常数可按下式计算:

$$C = \frac{V_m I_m}{n_m} \tag{6-18}$$

式中:V_m 和 I_m 分别为该功率表的额定电压和额定电流值;

n_m 为该功率表标度尺的满刻度的格数。

当功率表与电压互感器和电流互感器配合使用时,实际测得的功率是表上的读数与变压比及变流比的乘积,即

$$N_i = K_V K_I P \tag{6-19}$$

式中:K_V 为电压互感器的变压比;

K_I 为电流互感器的变流比;

P 为功率表的读数;

N_i 为实际电动机输入的功率,W。

例 6-1 欲测一驱动制冷压缩机的电动机的输入功率。将两个铭牌上注明"5 A,150 V"的功率表接在 100 A/5 A 及 600 V/150 V 互感器上时,两功率表中一表偏转 100 格,另一表偏转 56 格,每只功率表总格数为 150 格,则

$$C = \frac{V_m I_m}{n_m} = \frac{150 \times 5}{150} \ \text{W/格} = 5 \ \text{W/格}$$

$$P = Cn = C(n_1 + n_2) = 5 \times (100 + 56) \text{ W} = 780 \text{ W}$$

$$N_c = K_V K_I P = \frac{100}{5} \times \frac{600}{150} \times 780 \text{ W} = 20 \times 4 \times 780 \text{ W} = 62400 \text{ W} = 62.4 \text{ kW}$$

由图 6-19 可知,用两瓦计法测量三相功率时,只要使用两个电压互感器和两个电流互感器,接电流互感器是因安培表与功率表的电流线圈的需要,接电压互感器是因伏特计和功率表的电压线圈需要。

仪表通过互感器测量功率时,测量值将受到仪表本身的误差、电流互感器和电压互感器变比误差和角误差的综合影响。

如前面所述,测工作机轴功率时,除了要测出电动机的输入功率外,还必须测出电动机的效率或电动机的总损失。由式(6-4)可知,测量出电动机的输入功率及其各项损耗后,才能计算轴功率。

一般情况下,电动机生产厂家在电动机产品出厂时,会提供效率曲线给用户参考选用。

6.6　测　功　器

在测量原动机功率的试验中大都用测功器来测量其输出的转矩,此时测功器作为负载。原动机输出扭矩可用转矩仪来测量,此时将转矩仪安装在原动机输出轴和测功器转轴之间,如图 6-9(a)所示。由于转矩仪不消耗原动机输出的功率,故原动机负载要由测功器来调节。

当原动机为电动机,要校核电动机内部损失和传动装置损失时,可将电动机、传动装置与测功器连接,然后采用两瓦计法测量电机的输入功率,测功器消耗功率。由此,可得到不同工况下电动机损失和传动装置的损失。当工作机为负载时,测得电动机的输入功率,就可以确定工作机的轴功率。

测功器由制动器、测力机构和测速装置等几部分组成。制动器可调节原动机的负载,并把所吸收的原动机的功率转化为热能或电能。测力机构和测速装置分别测量输出的转矩及相应轴转速。随着电子技术的发展和微机的应用,现代测功器具有自动调节和控制的功能。

测功器通常按制动器工作原理的不同来分类,主要有机械测功器、充气测功器、水力测功器和电力测功器等,也可由几种不同类型的制动器组成组合测功器。而电力测功器和水力测功器是目前用得最多的两类测功器。

测功器工作时应能满足以下基本要求:①在需测量的原动机(或工作机)的全部工作范围内(转速和负载)能形成稳定的运转工况;②能方便、平顺又足够精细地调节转速和力矩;③能准确测量制动器消耗的功率;④操作简单,安全可靠。

6.6.1　电力测功器

电力测功器的工作原理和普通发电机或电动机基本相同。将原动机的功变成发电机的电能,或将电动机的电能转变为工作机的功。电动机的转子和定子以磁通作为媒介,转子和定子之间的作用力和反作用力大小相等、方向相反,所以只要将其定子做成自由摆动的,即可测定其转子的制动力矩或驱动力矩。

电力测功器有直流电力测功器、交流电力测功器和涡电流测功器等三种类型。

直流电力测功是一种精度较高、测量范围广、控制方便、运转可逆且能量可以反馈的测功方式,在试验中应用广泛。在高转速、大功率情况下,采用变频调速的交流测功器测量功率也具有一定优越性。

图 6-20 为直流电力测功器的结构简图。它与普通发电机的不同之处主要是定子外壳被支承在摆动轴承上,它可以绕轴线自由摆动。在定子外壳上固定有一个力臂,它与测力机构相连,用于测定扭矩。

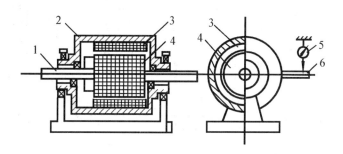

图 6-20　直流电力测功器结构简图
1—转子;2—定子;3—激磁绕组;4—电枢绕组;5—测力机构;6—力臂

直流电力测功器既可作发电机来吸收原动机轴的输出功率,又可作为电动机驱动工作机,所以被广泛地采用。

电力测功器转子随同机械一起旋转时,电枢绕组切割激磁绕组所产生的磁场的磁力线,在电枢绕组中产生感应电动势。而当电枢回路有电流通过时,电枢便会受到电磁力的作用,从而产生一个与转向相反的制动力矩(作发电机时),或与转向相同的驱动力矩(作电动机时)。

设此感应电势为 E,则

$$E = K_1 \Phi n$$

式中:K_1 为电机电势系数;

　　Φ 为定子激磁绕组的磁通量;

　　n 为转子的转速。

若负载电阻为 R,则电枢回路流过的电流

$$I = E/R = K_1 \Phi n/R$$

作为发电机被原动机驱动时,电磁力将产生制动力矩(原动机的输出扭矩)M;作为电动机时,则电磁力将产生驱动力矩(工作机的输入扭矩)M。

$$M = K_2 \Phi I = \frac{K_1 K_2 \Phi^2 n}{R}$$

$$N = \frac{K_3 \Phi^2 n^2}{R} \tag{6-20}$$

式中:K_2、K_3 为比例系数;

　　N 为电动机功率。

可见,电动机所吸收的功率与 Φ^2 及 n^2 成正比,与负载 R 成反比。因此,改变其中任一参数,均能改变吸收的扭矩和功率值。

图 6-21 为常见的直流电力测功器的线路图。它主要由三部分组成。

①电力测功器。电力测功器也称为测功电机,常选他激式直流电动机,以扩大调节范围和增大低速时的扭矩。

②变流机组。它由三相交流异步电动机和直流电动机组成,二者用联轴器联接,并安装在

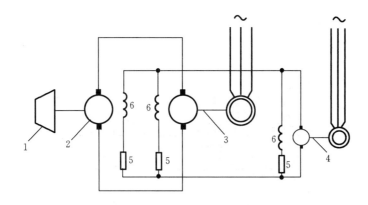

图 6-21　直流电力测功器线路图

1—透平机械;2—电力测功器;3—主变流机组;

4—激磁变流机组;5—激磁调整电阻;6—激磁绕组

同一底座上。当电力测功器作为电动机运行时,它将三相交流电变为直流电,向电力测功器供电;当电力测功器作为发电机运行时,它将电力测功器输出的直流电变为交流电,反馈给电网。

③激磁机组。它是一个小型的变流机组,其功用是将三相交流电变为直流电,向变流机组的直流电动机和电力测功器提供激磁电流。激磁电流的大小可用激磁调整电阻来进行调节。

近年来,由于大功率可控硅元件的出现,应用可控硅整流,可将交流电变为直流电,而且用可控硅元件组成的三相桥式逆变器可将直流电变为交流电,反馈给电网,因此,可控硅电力测功器已被广泛应用。

电力测功器摆动部分(定子)所受的扭矩,在理论上应和其转轴上总输出扭矩相等,但实际上,鼓风损失、摆动轴承的摩擦、馈电线的刚性和转子轴承强制润滑供油管的刚性等所产生的摆动阻力,给测量带来了误差。

装在测功器转子上的风扇是为了冷却电枢绕组用的,风扇所消耗的扭矩不能全部传给测功器定子,以致形成鼓风损失。该损失引起的误差是系统误差,可预先测定其数值,加以补偿。

摆动轴承的摩擦是测功器产生误差的主要因素。因摆动轴承只是在很小角度范围内摆动,滚珠几乎在固定的位置承受负荷,长期使用会产生压痕,使摆动摩擦阻力增大。采用双层滚动轴承,定期将中间座圈转过一个角度,形成斜的支承位置,可克服上述缺点。若用带减速机的电动机不断转动双层滚动轴承的中间座圈,使摆动轴承由静摩擦变为动摩擦,便可进一步减少摆动阻力。若采用液压轴承,则摆动轴承的摩擦将变为液体摩擦,其摆动阻力可减少到普通轴承的 $1/1000 \sim 1/100$。

在电力测功器中,必然要将馈电线从固定部分引入到摆动部分,馈电线的刚性会造成摆动阻力,从而引起测量误差。需采用柔性导线,并尽可能从摆动中心的位置引入,以减小摆动阻力。采用液压轴承时,则需采用水银接头。

高速电力测功器的转子轴承大多需要强制供油润滑,为了减小进、出油管刚性所造成的摆动阻力,必须采用柔性很大的管子,或采用特殊的供油方法。

6.6.2 水力测功器

用水作工作介质而产生制动力矩以测量功率的装置称为水力测功器。水力测功器主要由转子和外壳两部分组成。转子在充满水的定子中旋转,水的摩擦阻力形成制动力矩,吸收原动机输出的功率或代替工作机吸收功率。

根据转子的结构不同,水力测功器分为盘式、柱销式和涡流式等三种。下面着重介绍盘式水力测功器。

图 6-22 为盘式水力测功器结构简图。转盘 1 固定在转轴 2 上,构成测功器转子。转子用轴承支承在定子 3 内,而定子支承在摆动轴承上,它可绕轴线自由摆动。水经过进水阀 4 流入定子的内腔,当转子在定子中旋转时,由于转盘和水的摩擦作用,水被抛向定子的外缘,形成旋转的水环,而水环的旋转运动被定子内壁的摩擦所阻。水与壁面的摩擦作用使原动机输出的有效转矩传给定子,即水对测功器转子产生制动力矩的同时,有一大小相等、方向相反的反作用力矩作用于测功器的定子上。在定子上固定有一个力臂,通过与力臂相连的测力机构测定扭矩。定子内腔中水量越多,即水环越厚,则水和转子之间摩擦阻力越大。制动力矩也就越大。所以改变测功器定子内腔中的水量,即可调节测功器的制动力矩。水量由进水阀 4 和排水阀 5 进行控制。

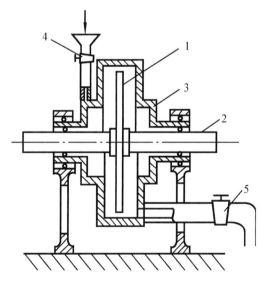

图 6-22　盘式水力测功器
1—转盘;2—转轴;3—定子;4—进水阀;5—排水阀

为了使水力测功器稳定工作,必须用水位保持恒定的重力水箱向水力测功器均匀地供水,以避免供水压力不稳定,造成内腔的水量变化,制动力矩波动。

水力测功器所吸收的功率转化成水的温度升高,工作后温度较高的水从转子外缘处排出。从水力测功器排出的水温度不应超过 60 ℃,最适宜的排水温度为 40～50 ℃,以免在定子中的水产生气泡。若水中有气泡形成,则会引起瞬时间卸荷,使制动力矩急剧地变化,影响水力测功器工作的稳定性,并发生气蚀现象,损坏转子。

水力测功器所吸收的功率相当于水所带走的热量。根据水力测功器的进、排水温度和吸收的最大功率,可以计算其最大耗水量 G,即

$$G = N_{max}/[c(t_2 - t_1)] \qquad (6-21)$$

式中：N_{max} 为水力测功器的最大吸收功率，kW；

  c 为水的比热容，kJ/(kg·℃)；

  t_2 为排水温度，一般 $t_2 \leqslant 60$ ℃；

  t_1 为进水温度，一般 t_1 为 15～30 ℃。

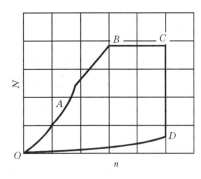

图 6-23　水力测功器特性曲线

在上述进、排水温度范围内，水力测功器每千瓦小时的耗水量为 20～30 L。可由原动机和工作机的功率决定水量的多少。

图 6-23 所示的为水力测功器的特性曲线，其所包围的面积表示水力测功器的工作范围，它由下列各线组成：

OA 表示水力测功器在最大负荷时吸收的功率，即水力测功器内腔充水量最大时，其所能吸收的最大功率，一般它与转速成三次方关系。在 A 点，水力测功器转子的扭矩达到其强度所允许的最大值，即最大制动力矩。

AB 表示水力测功器的制动力矩最大时，其所能吸收的最大功率，它与转速成正比。在 B 点，水力测功器的排水温度达到最大允许值时，其所能吸收的最大功率，即极限功率。

BC 表示水力测功器在最大排水温度下，其所能吸收的最大功率。在 C 点，水力测功器转子的转速达到其强度所允许的最大值，即极限转速。

CD 表示水力测功器的转速极限。

OD 表示水力测功器在最小负荷时吸收的功率，即水力测功器内腔的水最少时，其所能吸收的最小功率。

在水力测功器的工作范围内，其转速和吸收的功率可以任意调节。

思考题与习题

1. 转速传感器按原理分哪几种？它们是如何将转速转变为电信号的？

2. 阐述数字式转速仪测速原理。

3. 某工作机转速为 1000 r/min 左右，试设计一数字式测速系统使其直接读数，并使其相对误差控制在 0.2％以内。

4. 试述磁电式转矩传感器测量转矩的原理，以及传感器主要组成部分及作用，并说明传感器要分成多种规格的原因。

5. 数字转矩测量仪时基信号器 τ（系数开关）选择的依据是什么？

6. 应变转矩测量系统由哪几部分组成？

7. 测一水泵电机的输入功率。采用两瓦计法，两功率表的铭牌上注明为"5 A，600 V"，并接入两个 100/5 A 的电流互感器，两功率表中一表偏转 110 格，另一表偏转 67 格，每只表总格数为 150 格，求输入功率。

8. 简述测功器工作应满足的基本要求，并说明电力测功器、水力测功器是如何满足上述基本要求的。

第 7 章 振动及噪声测量

7.1 振动测量概述

在能源与动力工程技术领域中,经常会遇到机械振动的问题。这是因为在各种机械、仪器和设备中存在着旋转或往复等各种运动的部件,它们都是具有质量的弹性体,在运行时不可避免地会产生振动,如旋转体质量不平衡、负载不均匀等均会诱发或激励产生机械振动。

一般来说,机械、仪器和设备中机械振动达到一定量级便是有害的。其危害有如下几点。

①使部件的内应力增加,部件将承受动力载荷或重复载荷,导致磨损、疲劳和缩短寿命。当振动频率与部件的固有频率相同时会发生共振,产生十分剧烈的振动和严重过载,使机械和设备不能工作,甚至破坏。现代运动机械的故障中由于振动引起的高达 60%~70%。

②机械振动消耗能量,降低效率。

③影响机器和设备的工作性能,造成误差以致不能工作。

④机械振动会通过连接的构件和机座使地面振动,从而扰动周围和邻接的其他设备。

⑤机械振动直接或通过介质伴生噪声,使环境和劳动条件恶化,影响人们的情绪,危害人们健康,成为现代的污染公害之一。

随着现代化设备向高速、高效、可靠、轻型、低噪声和自动化等方向发展,从事动力机械设计、研究、制造和运行的工作者都十分重视动力机械的振动问题,一般都要对整机和重要零部件进行振动计算、分析和测试试验,以防止振动的产生或控制其量级在允许的范围内。

机械振动测试技术的内容可以归纳为下列两类。

①被测对象选定点的振动参量测试和后继特征量的分析,目的是了解被测对象的振动状态,评定振动量级和寻找振源,以及进行监测、诊断和预估。

②测量被测对象的振动动力学参量或动态性能,如固有频率、阻尼、阻抗、传递率、响应和模态等。这时往往要采用某种特定形式的振动来激励被测对象,使其产生受迫振动,然后测定输入激励和输出响应。

从测量观点来看,测量机械振动的时域波形较合适,也就是研究振动的典型波形,以及其时域参数和频域参数。这些参数是振动的位移、速度、加速度和频率。

位移对研究变形很重要;加速度与作用力和载荷成比例;速度决定噪声的大小,人对机械振动的敏感程度在很大频率范围是由速度决定的,评定机器安全的国际振动烈度标准(ISO2372 和 ISO3945)就是根据极限速度制定的;频率是寻找振源和分析振动的主要依据,振动在受振物体上所产生的效果是受频率影响的。谐振动的位移、速度、加速度表达式如下:

$$X(t) = X_m \sin(\omega t + \phi)$$

$$v(t) = \frac{dX}{dt} = \omega X_m \cos(\omega t + \phi) = v_m \sin\left(\omega t + \phi + \frac{\pi}{2}\right)$$

$$a(t) = \frac{dv}{dt} = \frac{d^2 X}{dt^2} = -\omega^2 X_m \sin(\omega t + \phi) = a_m \sin(\omega t + \phi + \pi)$$

式中:$X(t)$、$v(t)$、$a(t)$分别为位移、速度、加速度的瞬时值,m、m/s、m/s²;

$\quad$ X_m、v_m、a_m分别为位移、速度、加速度的最大值或幅值;

$\quad$ ω为角频率,rad/s。

对于谐振动,只要测定位移、速度、加速度和频率四个参数中任意两个,便可推算出其他两个。对于其他各种类型振动,则没有简单的换算关系,常常要直接测定或用积分器和微分器间接测定。

在振动测量中还常用相对参考值表示振动的大小,用分贝(dB)作单位。用分贝作标度时必须决定参比量。但目前各国所采用的参比量尚未完全统一。国际标准化组织(ISO)提出的机械振动的参比量值(ISO 1683)如表 7-1 所示。

表 7-1　振动参比量

振动参比量	定　义	参　比　值
振动加速度级	$L_a = 20\lg \dfrac{a}{a_r}\,\mathrm{dB}$	$a_r = 10^{-5}\,\mathrm{m/s^2}$
振动速度级	$L_v = 20\lg \dfrac{u}{u_r}\,\mathrm{dB}$	$v_r = 10^{-6}\,\mathrm{m/s}$
振动位移级	$L_A = 20\lg \dfrac{X}{X_r}\,\mathrm{dB}$	$X_r = 10^{-11}\,\mathrm{m}$

由上述可知,机械振动的参数众多,测量要求也不同,因此,对它的测量有各种测量仪器。其分类如图 7-1 所示。

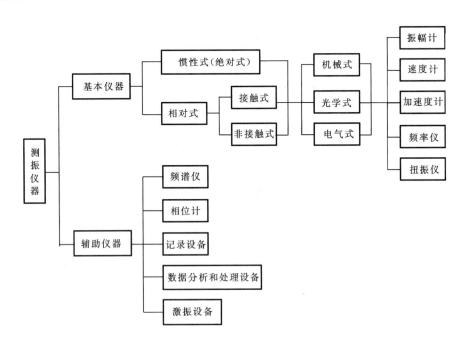

图 7-1　测振仪器的分类

基本仪器是指直接测量机械振动表征参数的各类专用和通用仪器。辅助仪器是指测量时,协助基本仪器所需要的独立仪器。它们可以是专用的,但大部分是可以用于其他动态测试与分析中的通用仪器。

一个完整的振动测量系统是由检振、放大、处理、显示或记录等基本部分组成的。由于测量的目的不同,组成系统的各部分也不同,图 7-2 所示的为振动测量系统各组成部分的仪器。

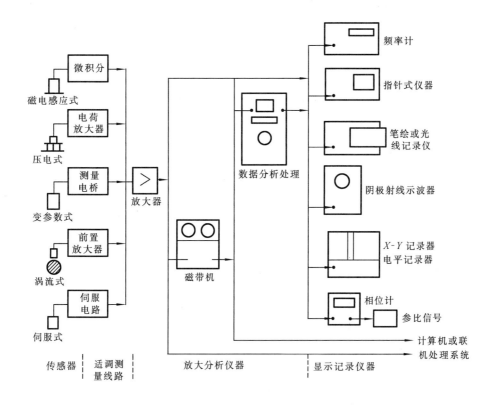

图 7-2　振动测量系统的构成

7.2　测振原理及测振传感器

检振器是振动测量系统的第一环节,它的性能往往决定整个仪器或系统的性能。所以讨论测振的基本原理即是讨论检振器的原理。测振系统分为机械测振系统和电测振系统两种。机械测振系统因频率范围和动态线性范围窄,精度较低,现逐步被电测振系统替代。电测振系统利用测振传感器将机械振动的物理量转变为电信号,它具有较高的灵敏度和在允许的频率范围内有平坦的幅频特性及与频率呈线性关系的相频特性,并具有重量轻、体积小等特性。

检振器所采用的测量坐标系分为相对式和惯性式(又称绝对式)两大类:相对式测量的是被测对象相对某一参考坐标系的振动;惯性式测量的是相对于地球惯性空间坐标系的振动。

7.2.1　相对式测振仪的原理

如图 7-3 所示,在测振过程中测杆应始终与被测对象(m_1)保持接触,仪器活动系统的质量(m)和压紧弹簧(设弹簧的劲度系数为 k)连成一体。通常 $m_1 \gg m$,$k_1 \gg k$,检振器活动系统的运动由被测对象的运动决定。设振动方向向左,检振器 m 上受力平衡方程式为

$$F - N - Q = 0 \tag{7-1}$$

式中:F 为弹簧力(单位为 N),$F = k(\delta_0 - X_m)$,δ_0 为弹簧的预压缩量(单位为 m),X_m 为位移幅值(单位为 m);

N 为接触力,N;

Q 为惯性力(单位为 N),$Q=m\dfrac{\mathrm{d}^2 X}{\mathrm{d}t^2}$,对于谐振动,最大惯性力 $Q=m\omega^2 X_m$,ω 为被测振动圆频率(单位为 s^{-1})。

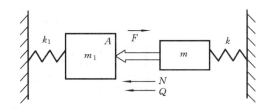

图 7-3 跟随式相对测振仪的原理

跟随条件为 $N>0$,即由式(7-1)得

$$F-Q>0 \tag{7-2}$$

将诸参数代入上式,得

$$k(\delta_0-X_m)>m\omega^2 X_m \tag{7-3}$$

即只有

$$\delta_0>\left[\left(\frac{\omega}{\omega_n}\right)^2-1\right]X_m \tag{7-4}$$

才可能满足跟随条件,式中 $\omega_n=\sqrt{\dfrac{k}{m}}$ 为检振器活动系统的固有圆频率(单位为 s^{-1})。相对式检振器原理简单,测量结果直观,但测量时必须满足跟随条件。因此,在测量一定范围的振动(X_m 一定)时,检振器弹簧预压缩量(δ_0)与固有频率 ω_n 一定,则检振器测频范围是限定的。

按上述原理构成的检振器,加上用机、电、光等方法将检振器所感受的振动进行放大、传递和显示的各部件,便构成相对式测振系统。

下面介绍的 CD-2 磁电式相对速度传感器是此类传感器中的一种。传感器的变换部分由永久磁铁、线圈或衔铁组成,利用弹性元件将被测机械振动位移转换成磁铁与线圈之间的相对位移,引起线圈切割磁力线,改变磁路磁阻而感应出电动势。由于感应电动势与运动速度成正比,故它是一种速度传感器。CD-2 磁电式相对速度传感器结构如图 7-4 所示,传感器的钢制圆筒形、外壳 4 和圆柱形高磁能磁钢 3 及气隙组成磁路。

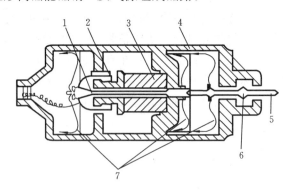

图 7-4 CD-2 磁电式相对速度传感器的结构

1—连杆;2—线圈;3—磁钢;4—外壳;5—测量杆;6—支承;7—簧片

信号线圈 2 位于磁路的环形空隙中,线圈骨架与连杆 1 的一端相连,连杆穿过磁钢,另一端通过球面支承与测量杆 5 相连。测量杆由一对拱形簧片 7 支承和导向。测杆压在被测振动对象上。当满足式(7-3)的跟随条件时线圈与被测振动作相同运动,由线圈切割磁力线所产生

的感应电动势

$$E = - B_\text{U} L v N$$

式中：B_U 为气隙中的磁感应强度；

    L 为线圈每匝平均长度；

    N 为线圈的工作匝数；

    v 为被测振动速度。

对于已定结构，B_U、L、N 都是常量，因此，E 与 v 成正比，此种传感器只能作为速度传感器。一般都要在测量电路中设置微分和积分环节，这样才能测位移和加速度。传感器的测频范围在高频部分可达数千赫。如欲测高频率，则因线圈感抗变大，会影响频率特性。测量频率下限时切割磁力线速度过小，则输出信号微弱。这使测量受到限制。

磁电式速度传感器的性能如下：由于其永久磁铁感应电动势不需外加电源，因此，使用起来简单方便，并易获得高的灵敏度；输出阻抗低，不易受干扰，设置微分、积分环节后，便可测量振动加速度和位移值。其缺点是，由于存在着活动部件，因此，动态范围有限；最高工作频率一般难以达到 2000 Hz 以上，尺寸和重量都较大，小型化困难。

7.2.2　惯性式测振仪的原理

1. 模型分析

惯性式测振仪的检振部件可简化为模型（图 7-5）。它是由仪器壳体上的一根弹簧、阻尼器和质量块（也称振子）组成的单自由度振荡系统。下面分析质量块相对 z 坐标的振动与 A 振动的关系。

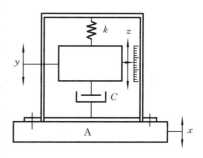

z 为质量块相对壳体的位移瞬时值（m），令 x 为被测对象在惯性空间的位移瞬时值（m），y 为质量块在惯性空间的位移瞬时值（m），$z = y - x$，k 为弹簧的劲度系数，m 为质量块的质量（kg），C 为阻尼器的阻尼系数（N·s/m），则质量块的动力方程式为

图 7-5　惯性式测振仪原理

$$m \frac{\mathrm{d}^2 z}{\mathrm{d}t^2} + C \frac{\mathrm{d}z}{\mathrm{d}t} + kz = - m \frac{\mathrm{d}^2 x}{\mathrm{d}t^2}$$

令系统无阻尼的固有频率

$$\omega_\text{n} = \sqrt{\frac{k}{m}} \quad (\mathrm{s}^{-1})$$

阻尼比

$$\xi = \frac{C}{C_0} = \frac{C}{2\sqrt{km}} = \frac{C}{2m\omega_\text{n}}$$

临界阻尼系数

$$C_0 = 2\sqrt{km} \quad (\mathrm{N \cdot s/m})$$

设被测振动为简谐振动，即

$$x = x_\text{m} \sin(\omega t)$$

则有

$$\frac{\mathrm{d}^2 z}{\mathrm{d}t^2} + 2\xi\omega_\text{n} \frac{\mathrm{d}z}{\mathrm{d}t} + \omega_\text{n}^2 Z = x_\text{m}\omega^2 \sin(\omega t)$$

质量块对被测物振动的响应 z（即为测量值）

$$z = \frac{x_{\mathrm{m}}\left(\dfrac{\omega}{\omega_{\mathrm{n}}}\right)^2}{\sqrt{\left[1-\left(\dfrac{\omega}{\omega_{\mathrm{n}}}\right)^2\right]^2 + \left(2\xi\dfrac{\omega}{\omega_{\mathrm{n}}}\right)^2}}\sin(\omega t - \varphi_{\mathrm{d}}) \qquad (7\text{-}5)$$

$$\varphi_{\mathrm{d}} = \arctan\frac{2\xi\left(\dfrac{\omega}{\omega_{\mathrm{n}}}\right)}{1-\left(\dfrac{\omega}{\omega_{\mathrm{n}}}\right)^2} \qquad (7\text{-}6)$$

式(7-5)、式(7-6)即为惯性式测振仪的幅频特性和相频特性,它们是仪器的固有频率和阻尼系数与被测振动频率 ω 和位移 x 的函数。仪器的理想特性应该是,在测量范围内的幅频特性为常数,相频特性与 ω 成正比。否则测量时会产生误差。

用惯性式测振仪测量位移、加速度、速度时,若幅频特性和相频特性不相同,则相应地对 ω_{n}、ξ、ω 之间的关系也有不同的要求。

2. 位移计

要求仪器的响应 z 能正确反映被测振动的位移 x。

$$S_{\mathrm{d}} = \frac{z}{x} = \frac{\left(\dfrac{\omega}{\omega_{\mathrm{n}}}\right)^2}{\sqrt{\left[1-\left(\dfrac{\omega}{\omega_{\mathrm{n}}}\right)^2\right]^2 + \left(2\xi\dfrac{\omega}{\omega_{\mathrm{n}}}\right)^2}} \qquad (7\text{-}7)$$

$$\varphi_{\mathrm{d}} = \arctan\frac{2\xi\dfrac{\omega}{\omega_{\mathrm{n}}}}{1-\left(\dfrac{\omega}{\omega_{\mathrm{n}}}\right)^2} \qquad (7\text{-}8)$$

按式(7-7)和式(7-8)画出的 S_{d}、φ_{d} 特性曲线族如图 7-6、图 7-7 所示。

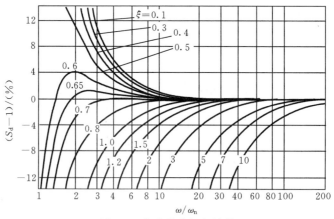

图 7-6　位移计的幅频特性

3. 速度计

当检振器作为速度计工作时,要求仪器的响应 z 能反映被测振动速度 $v = \omega x$。由式(7-7)和式(7-8)可得速度计幅频特性,如图 7-8 所示。

4. 加速度计

当检振器作为加速度计工作时,要求仪器响应 z 能正确地反映被测振动的加速度 $a = \omega^2 x$,由式(7-7)和式(7-5)可得加速度计的幅频特性 S_a 和相频特性 φ_a,即

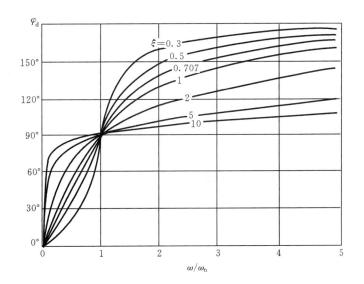

图 7-7 位移式速度计和加速度计的相频特性

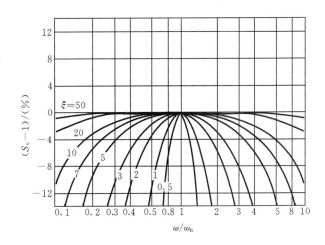

图 7-8 速度计的幅频特性

$$S_a = \frac{z}{a} = \frac{z}{\omega^2 x} = \frac{1}{\omega_n^2 \sqrt{\left[1 - \left(\dfrac{\omega}{\omega_n}\right)^2\right]^2 + \left(2\xi\dfrac{\omega}{\omega_n}\right)^2}} \tag{7-9}$$

$$\varphi_a = \arctan \frac{2\xi\dfrac{\omega}{\omega_n}}{1 - \left(\dfrac{\omega}{\omega_n}\right)^2} + \pi \tag{7-10}$$

特性曲线如图 7-9 所示。

加速度计的最大优点是,可作冲击振动测量,也可用来测量低频振动。另外,它的结构又允许将尺寸和重量做到很小,因此它为目前用得最广泛的测振仪器。

CD-1 磁电式速度传感器是惯性式传感器的一种。如图 7-10 所示,圆柱形的磁钢用铝架

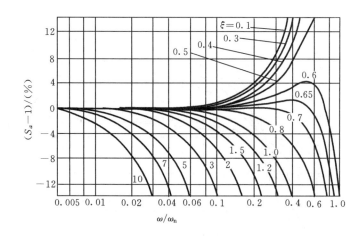

图 7-9　加速度计幅频特性

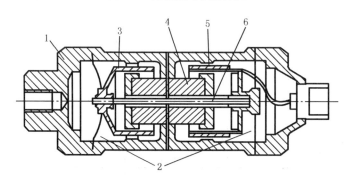

图 7-10　CD-1 磁电式速度传感器的结构

1—壳体；2—弹簧；3—阻尼环；4—磁钢；5—线圈；6—芯杆

固定在圆筒形的外壳里,借助于外壳的导磁性形成一个磁路。在外壳与磁钢之间形成两个环形气隙。工作线圈放在右边气隙中,阻尼环放在左边气隙中,它们用芯杆连接起来,用弹簧片支承于外壳上。测量时将传感器固定在被测物体上,传感器的外壳随着被测物体一起振动。由于支承簧足够软,当振动频率远大于固有频率时,由线圈切割磁力线产生的感应电动势与被测物振动的绝对速度成正比。

压电式加速度传感器也是惯性式传感器的一种。压电式加速度传感器是利用具有正压电效应的某些电介质、压电陶瓷晶体和高分子材料作为测振传感器的机电变换元件而构成的。压电传感器原理前面章节已叙述,在此不再赘述。

压电式加速度传感器主要由压电晶体、惯性质量、弹性元件和外壳等部分组成。加速度计固定在被测物体上,随着被测物体一起振动。惯性力作用在压电晶体上时,由于压电效应,晶体表面便产生电信号,电信号大小与受力大小成正比,即和加速度成正比,从而达到测量加速度的目的。

压电式加速度传感器型式众多,图 7-11 所示的为几种典型的型式。

压电式加速度计的固有频率很高,压电元件内部阻尼很小,系统可视为无阻尼的,可将固有频率的 1/5 左右作为最高频率。固有频率可达几十千赫,因此可实现宽频带测量。在实际使用时,本身的固有频率受安装方法的影响,使用频率上限将会下降。一般压电元件的电容 C 很小,故输入电缆的分布电容和测量放大器的输入电容的影响是不可忽略的。由此可见,不能

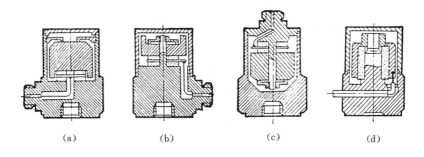

图 7-11　压电式加速度传感器

(a)隔离压缩型；(b)单端压缩型；(c)倒置单端压缩型；(d)剪切型

随便加长电缆。另外是连接电缆的噪声问题。连接电缆的动态弯曲、压缩和拉紧都会产生噪声，应尽可能将电缆牢固地固定在被测构件上。

在实际振动测量中，环境温度的变化、固定加速度传感器时的拧紧程度、磁场、温度、声压等都会产生干扰效应。在安装加速度传感器时，应采取措施减小这些干扰。

7.2.3　涡电流式振动位移传感器

前面叙述的是接触式振动传感器。另外一类为非接触式的，即参数变化型的测振传感器。涡电流式振动位移传感器(下称涡电流式传感器)是其中的一种。

涡电流式传感器是利用涡电流感应原理制成的。涡电流是指当金属物体置于交变磁场中时，在金属体内产生的感应电流，此电流在金属体内自成回路。涡电流产生后，它本身也有一磁场。此磁场将阻止原来产生涡流的磁场发生变化。

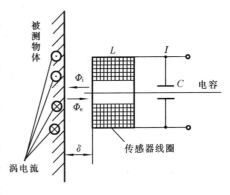

图 7-12　涡电流式传感器原理图

涡电流传感器(图 7-12)中电感线圈与电容器并联，构成 LC 谐振电路，此电路谐振频率在 1 MHz 以上。线圈产生的磁场为 Φ_i，当传感器接近被测物体时，被测导体上产生涡流，此涡流又产生磁场 Φ_e，其方向与 Φ_i 相反。两磁场叠加后，电感线圈中的磁通总值发生变化。由于电感 $L = \dfrac{\mathrm{d}\Phi}{\mathrm{d}i}$，故线圈电感 L 随 $\dfrac{\mathrm{d}\Phi}{\mathrm{d}i}$ 的

变化而发生变化。LC 回路的阻抗发生变化，使输出电压 E_0 发生变化。E_0 的变化量与被测物体的性质及其与传感器的距离有关。当被测对象确定后，E_0 的变化只与传感器和被测物体之间的距离 δ 的变化有关。因此，E_0 可表示为 δ 的单值函数，即

$$E_0 = \xi(\delta)$$

涡电流式传感器的测量线路如图 7-13 所示。频率稳定的石英晶体振荡器提供一个频率为 1 MHz 的高频信号，通过耦合电阻加到由传感器 L 和电容 C 组成的并联谐振回路上。谐振回路的输出电压 E_0 经场效应管组成的阻抗变换级加到交流放大器上，再经过倍压检波器，滤去载波，检出信号，输出到显示式记录仪表中。

放大器的输出电压 V 与距离 δ 之间的关系如图7-14所示。由图 7-14 可看出，只有在某一段范围($\delta_1 \sim \delta_2$)内，二者之间才呈线性关系。为了使传感器工作在线性范围内，传感器应有一

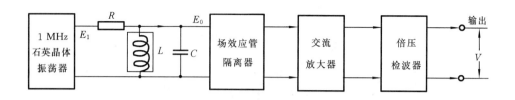

图 7-13　涡电流式传感器测量线路图

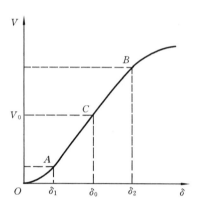

图 7-14　放大器输出电压 V 与 δ 之间的关系

理想安装位置。这个位置应是传感器线性工作范围的中点 C,其相应的输出电压为 V_0,理想安装位置为 δ_0,为读数方便,将传感器安装在 δ_0 位置时,输出电压可调整为 0。

涡电流式传感器是一种非接触式测量振动的传感器,可以测量旋转轴的振幅、小质量体的振动等。与其他非接触式传感器相比,它有如下独特的优点:测量的线性范围大;与被测体和传感器之间的介质无关;抗干扰性强;动态性能较好;测量频率范围较宽。

7.2.4　测振传感器的选择与使用

1. 传感器的选择

测振传感器的品种繁多,性能不一(表 7-2),被测振动对象各异。因此,必须合理、正确地选用,才能得到正确的测量结果。

表 7-2　测振传感器的性能

分类		传感器原理	测量放大器	应用特点
压电式		压电元件受惯性重块的惯性力或激振力作用,产生电荷。 输出量与振动加速度或激振力成正比	电压放大器或电荷放大器配上测量放大器	灵敏度高,频率范围宽,尺寸、重量小,受温度噪声影响大,应用最广
发电型	电动式	传感器中可动线圈在磁场中振动,使磁通量变化,产生感应电动势。 输出量与振动速度成正比	包含积分、微分线路,放大部分和检测指示仪表的测振仪	灵敏度高,测量精度高,尺寸、重量大,受温度影响小,而受磁场影响大
	电磁式	传感器中静止线圈周围磁通量在振动时发生变化,产生感应电动势。 输出量与振动速度成正比	包含积分、微分线路,放大部分和检测指示仪表的测振仪	非接触型,灵敏度较差,测量精度差,要求被测物体是导磁体或导电体

分类		传感器原理	测量放大器	应用特点
参数变化型	电容式	相对式由振动体与传感器作为电容的两极,惯性式由惯性重块和传感器基座组成电容的两极。振动时,两极间隙或相对有效面积发生变化而使电容变化	包含阻抗变换器和测振放大器,或调频调幅,外差调频方式的测振仪	灵敏度高,结构简单,尺寸小,受温度及温度介质影响大,测量精度差
	电感式	变磁阻式(差动变压器式等):振动时传感器中电感线圈与铁心间的磁隙(磁阻)变化而使电感变化	电桥式载波调幅方式的测量仪	灵敏度较高,稳定性差,易受温度磁场影响
		涡流式:由振动体(导电体)中感应的涡流变化使传感器的电感量变化。输出量与位移成正比	谐振式高频载波调幅方式的测振仪或外差调频方式的测振仪	灵敏度较高,尺寸小,对环境不敏感,精度中等
	电阻式	电阻丝式:振动时,传感器中的电阻丝(应变片式或张丝式)长度变化使电阻变化。压阻式:利用半导体或某些稀有金属受力变形的电阻率改变的特性	动态电阻应变仪或直流电桥式放大器	低频响应好,寿命和稳定性差,易受温度影响,贴片式简单

2. 振动参数与测振传感器性能的关系

实际的被测振动大多是复合波形,即可以看作许多频率正弦波形的合成。如振动速度相同,在不同频率下,虽然位移、速度、加速度之中的某一项数值相同,但其他数值也会有很大不同。中低频振动的位移值比高频的大得多,但它的加速度值比高频的小得多。在测试中,所采用的传感器和所选择的测试参量不同,有时会得到误差很大的结果。原因是,实际中可供使用的测振传感器的可测频率范围很不一样,因此,选择测振传感器时要注意测振频率范围。对于同一振动,最好对位移、速度和加速度三个参量同时测量并进行对比分析。

从理论上讲,三个振动参量之间,通过积分、微分关系是可互相转化的。但是,由于实际传感器的频宽、噪声、线性误差、灵敏限和输入、输出幅度的限制,每种传感器都只有一定的测试范围和分辨能力,选择使用时应注意这一点。

振动测量中,对不同频率成分的选择十分重要。例如,低频率的大幅值位移用位移传感器是很难测量的,而用加速度传感器测量再经两次积分便可得到理想的结果。这时如选用一个宽频带加速度传感器,则常会产生饱和问题。这时若选用一个上限频率不太高的加速度传感器,利用其本身的低通性能来测量低频,则可提高精度。

3. 传感器和被测对象的接触和固定

在测振过程中,传感器必须与被测对象有良好接触或牢固的连接,尤其是测高频振动时。不适当的安装会产生很大的测量误差。经验表明,当水平或垂直加速度值超过 0.1g 时,就应采用固定安装。

一般振动传感器的安装方法大致可分为螺栓、粘贴剂和手压紧三种方式。用螺栓安装最为可靠,是测量高频的最佳方法。粘贴剂法用在被测对象上攻螺孔有困难或检振器太小的场合,此法粘贴工艺要求高,用手压紧则受接触共振频率响应的上限限制。

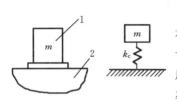

图 7-15　接触共振的等效
　　　　力学系统

1—测振传感器;2—测量对象

如图 7-15 所示,传感器 1 和测量对象 2 的接触不可能完全是刚性的,应该看成弹性体。由于接触面的局部变形将形成另一振动系统,这个系统是由接触等价弹簧 k_c 和传感器质量 m 组成的,在测振时可能产生一种叫接触共振的现象,则接触共振频率 f_c 为

$$f_c = \frac{1}{2\pi}\sqrt{\frac{k_c}{m}} \qquad (7\text{-}11)$$

接触共振对低频率的传感器没有关系,但对压电式传感器,其高频区域特性多因接触共振而受到限制。

表 7-3 及表 7-4 所示的是常用检振器安装方法及其性能的比较。

表 7-3　磁电式速度传感器的安装方式和特性

	夹具加三个螺钉	手压紧
安装方式	(a)	(b)
共振频率/Hz	2500	1000～1800
	通过销子压紧	夹具加螺栓
安装方式	(c)	(d)
共振频率/Hz	1200～1800	900

表 7-4 压电加速度计的各种安装方式的性能比较

	钢螺栓	绝缘螺栓加云母垫片	永久磁铁
安装方式	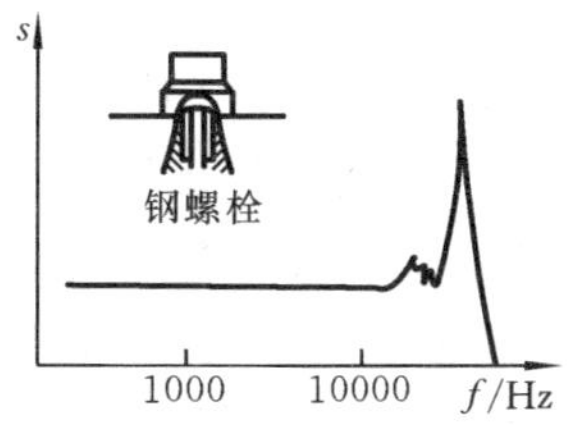 钢螺栓	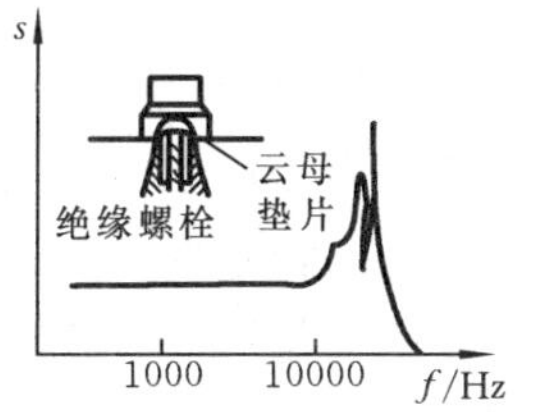 绝缘螺栓 云母垫片	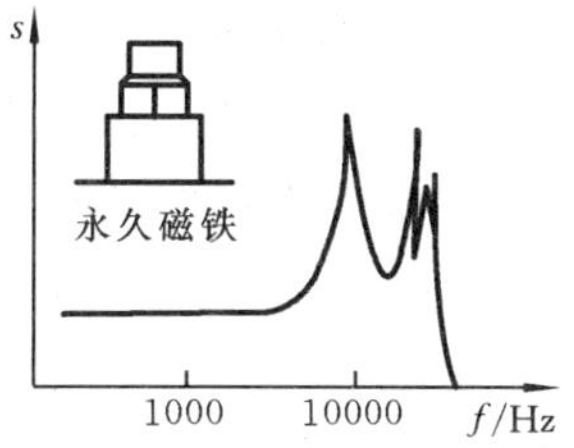 永久磁铁
共振频率	最　高	较　高	中
负荷加速度	最　大	大	中($<200g$)
其　他	适合冲击测量	需绝缘时使用	$<150\ ℃$
	手持探针	薄膜层黏接	粘贴剂
安装方式	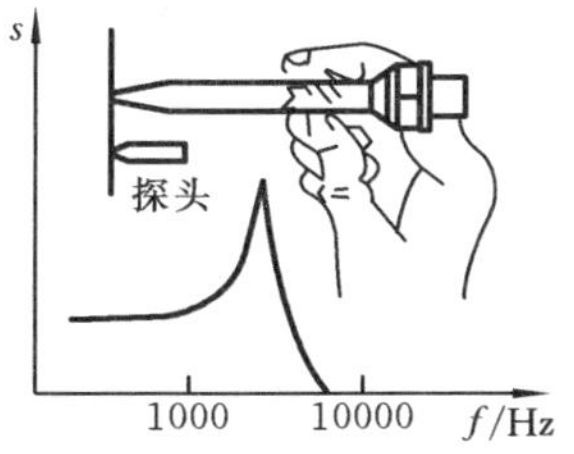 探头	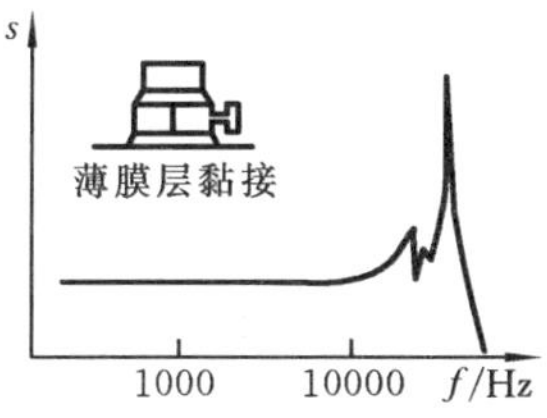 薄膜层黏接	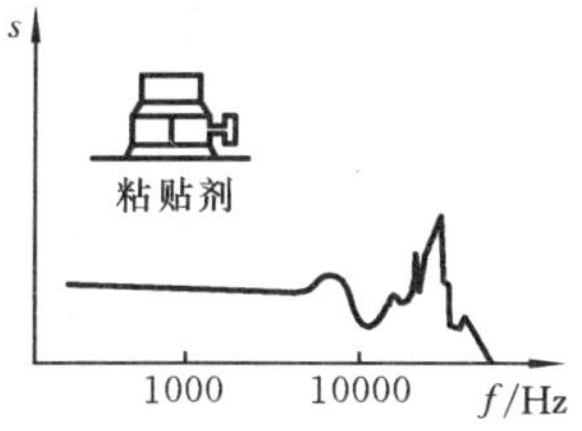 粘贴剂
共振频率	最低($<1000\ Hz$)	较　高	低($<5000\ Hz$)
负荷加速度	小	小	小
其　他	方便	温度升高时较差	

4. 传感器对被测对象附加质量的影响

振动传感器要装在测量对象上,这会在安装部位引起测量对象局部刚度和质量增大,有时会改变对象的原始振动。

振动传感器对测量对象的负载影响为

$$a_r = a_0 \frac{m_d}{m_d + m_i} \tag{7-12}$$

式中:a_r 为带有振动传感器后的加速度;

a_0 为不带振动传感器的加速度;

m_i 为传感器的质量;

m_d 为测量对象的动质量。

为了减小振动传感器的负荷效应,要求 $m_i \ll m_d$。

最后应注意,传感器的感控方向应该与待测方向一致,否则也会引起传感器安装角度的误差。

7.3 振动测试仪器及振动测量

振动测试仪器是测振系统的重要组成部分。它包括测振放大器和信号处理仪器、记录设备与显示仪表。

7.3.1 振动测试仪器

1. 测振放大器

测振放大器为二次仪表,它不仅对信号有放大作用,一般还具有对信号进行积分、微分和滤波等功能,因此,它的输入特性必须满足传感器的输出要求,而它的输出特性又应符合记录设备的要求。放大器的放大方式分为两种主要类型:一类是输入信号的直接放大形式,并具有积分、微分等运算网络和滤波网络,这类仪器配合压电式和磁电式传感器使用;另一类是载波放大形式,它把输入信号经过载波调制后再放大,然后经过检波解调恢复原波形输出,这类仪器配合参数变化型非接触式传感器使用。常用的放大器有微积分放大器、电压放大器和电荷放大器、动态应变仪和差动变差放大器,以及调频放大器等。

图 7-16 为微积分放大器电路框图,图 7-17 为调频放大系统框图。

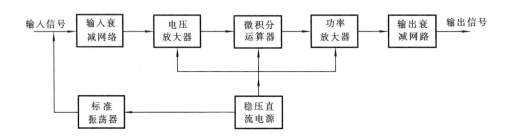

图 7-16　微积分放大器电路框图

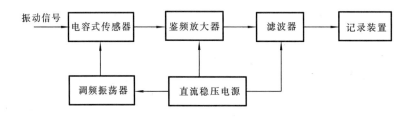

图 7-17　调频放大系统框图

2. 振动分析仪器

最简单的指示振动量的仪表是测振仪,它用位移、速度或加速度的单位来表示传感器测得的振动信号的峰值、平均值或有效值。这类仪器只能获得振动强度(振级)。为了得到更多的信息,应将振动信息进行概率密度分析、相关分析和谱分析。采用的仪器为频谱分析仪。频谱分析仪有模拟式和数字式两大类。下面将常用的频谱分析仪作一简单介绍。

(1)恒定百分比带宽频谱分析仪

此类频谱分析仪的工作基础为一系列带通滤波器(图 7-18),根据滤波器的带宽 B(上限频率与下限频率之差)和中心频率的关系,通常将滤波器分为恒定带宽和恒定百分比带通滤波器两类。前者带宽 B 不随中心频率 f_0 的变化而变化,B 为恒定值;后者的带宽 B 与中心频率 f_0 的比值保持不变。通常所说的倍频程滤波器即属后者。例如,一个 n 倍频程的滤波器,它的上、下限频率之间关系为

$$f_{hi} = 2^n f_{Li} \qquad\qquad (7\text{-}13)$$

式中：f_{hi} 为第 i 频带的上限频率；

f_{Li} 为第 i 频带的下限频率；

n 为倍频程数，常用 $n = 1, \dfrac{1}{2}, \dfrac{1}{3}, \dfrac{1}{4}, \cdots$

频带中心频率用 f_{oi} 来表示，有

$$f_{oi} = (f_{hi} f_{Li})^{\frac{1}{2}} = 2^{\frac{n}{2}} f_{Li}$$

带宽 $\qquad\qquad B = f_{hi} - f_{Li} = (2^n - 1) f_{Li}$

$$\frac{B}{f_{oi}} = 2^{\frac{n}{2}} - \frac{1}{2^{\frac{n}{2}}} \qquad\qquad (7\text{-}14)$$

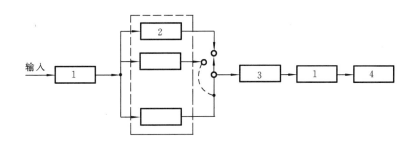

图 7-18　顺序滤波法原理框图
1—放大器；2—滤波器组；3—检波器；4—显示器

为了在一个相当宽广的频域中进行频谱分析，可以采用不同中心频率的带通滤波器来联合工作。把 B/f_{oi} 称为滤波器相对带宽。因各滤波器均具有相同的相对带宽，所以称为恒定百分比带宽频谱分析仪。

此频谱分析仪的工作方式为顺序滤波法，当频率为对数刻度时，滤波器的相对带宽在对数频率刻度上分辨率是均匀的。因此，恒定百分比带宽频谱分析仪适用于分析平稳的离散的周期振动。

（2）恒带宽频谱分析仪

这类频谱分析仪所采用的滤波器中心频率连续可调，可用于分析带宽恒定不变并与中心频率的变化无关的振动。目前使用最多的是基于外差式跟踪滤波器的外差式频谱分析仪，其原理如图 7-19 所示。所谓"跟踪"，是指滤波器的中心频率能自动地跟随参考信号的频率的功能。频率为 f_r 的本机振荡信号（参考信号）与频率为 f_x 的输入信号在混频器中进行差频。当差频信号的频率 $f_r - f_x = f_0$（滤波器的中心频率为 f_0）时，中频放大滤波器才有输出，其输出信号的大小正比于 f_x 的幅度。如果连续调节本机振荡器的频率 f_r，则输入信号中的各个频率分量将依次落入中频放大滤波器的带宽内，中频放大滤波器的输出经检波放大后将送入显示器的垂直（y）通道，而本机振荡频率作为扫频信号加至显示器的水平（x）通道，即可得到输入信号的幅值频谱图。

基于外差式跟踪滤波器的恒带宽频谱分析仪，可对信号作窄带分析，但仍属顺序分析，它特别适用于含有谐波分量的噪声信号的分析。由于分析带宽不随滤波器中心频率的变化而变化，因而在整个频率范围内具有相同的频率分辨力。

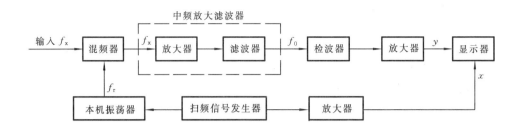

图 7-19 外差式频谱分析仪原理

（3）实时频谱分析仪

对于那些频率随时间急剧变化的振动信号和瞬态振动信号,则有必要发展一种分析时间非常短,几乎能够即时完成的频谱分析仪。这样的分析仪称为实时频率分析仪。以下介绍并联滤波器实时频率分析仪原理。

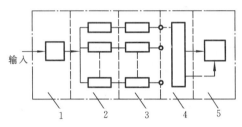

图 7-20 并联滤波器实时频率分析仪
1—前置放大器;2—滤波器;3—检波器和
积分器组;4—电子开关和逻辑线路;5—显示单元

将一组中心频率按一定要求排列的带通滤波器一端联在一起,另一端各自连接着一套检波器、积分器,最后接到电子转换开关上,如图 7-20 所示;输入的振动信号通过前置放大器同时加到各个滤波器上。逻辑线路和电子开关的作用是保证高速地、依次地、反复地将各个通道和显示单元瞬时接通,从而在显示单元上显示出每一个通道的输出量。以上即为并联滤波器实时频率分析仪的工作原理。

并联滤波器实时频率分析仪中所能并联的滤波器总是有限的,因而这种频率分析仪不能用来进行窄带分析。能够进行窄带分析的有时间压缩式实时频率分析仪。这种仪器除了模拟滤波器原理外,还涉及数字技术,故不在本书中介绍。

随着计算机技术的发展,用数字方法处理振动测试信号已日益广泛。数字信号的处理可用 A/D 接口和软件在通用计算机上实现,已经有许多专用的数字信号处理机,利用硬件实现 FFT(快速傅里叶分析)运算,可在数十毫秒内完成 1024 个点的 FFT,几乎可以实时地显示振动的频谱。有的数字信号处理机已做成便携式,适用于现场测试。经常采用磁带记录仪在现场记录下振动信号,然后重放并进行信号分析及数字信号处理。

7.3.2 振动测试仪器的选用原则

根据被测信号的特征和试验要求合理选用振动测试仪器是获得正确试验数据的前提。仪器主要性能包括以下几个方面。

1. 灵敏度

测试时应该选用合理的仪器灵敏度。灵敏度过高,一方面使抗干扰能力变差,另一方面也会使测试数据可靠性降低。灵敏度过低,则一方面影响测试精度,另一方面使后续测试仪器必须具有更加良好的性能才能达到测试要求,这将增加测试难度和测试费用。

2. 频率响应特性

各种仪器均有一定的频率使用范围,所选仪器的频率使用范围必须保证被测信号在最低、最高频率时仍能不失真传输,达到规定的幅值和相位测试精度。

3. 线性范围

线性范围是指仪器在合格的线性度时的量程大小。选用仪器时应使其与被测量的变化范围相适应。

4. 稳定性

稳定性是衡量测试系统(仪器)在长时间测试过程中,其性能不发生变化或发生多少变化的一个指标。测试环境是影响仪器稳定性的重要因素,在选用仪器时应充分了解仪器的使用环境。

5. 精度

对仪器精度的选择以满足测试要求为准则,并非越高越好,还应考虑经济性等因素。

6. 自重和体积

一般在振动测试中应重点考虑传感器的自重和体积,因为传感器经常需要安装在被测试对象上,它会不同程度地影响被测试对象的振动状态。测加速度时要求传感器的质量小于被测试对象质量的 1/10。

7. 输入、输出阻抗

测试时往往有多台仪器组成测试系统,因此,仪器的连接必须考虑阻抗匹配问题,以保证测试信号有效地、正确地传输和变换。

7.3.3　振动测量

能源与动力工程中进行振动状态的测试的主要目的有三方面:一是判断被测对象的振动是否超过了振动的允许值;二是对运行工况进行监测和故障诊断;三是找出主要振源以减少振动。

振动测试时一般应尽可能在动力机械空载或某一定负载下进行,转速从最低逐渐上升到最高,再从最高降到最低,连续地进行测定。转速的变化不能过快,以免共振尚未充分形成就完成测量,影响测量结果。测点的选择和布置随测量对象和测量目的而异。如对于内燃机,一般测点应取在气缸头、缸体、曲轴箱、底座等刚性较大的部位;对于活塞压缩机,则要求在机身的主轴承、中体十字滑道及机身与基础连接部位进行测定。水泵的测点布置如图 7-21 所示。测量是否符合允许值,对于不同的动力机械有不同的标准。对照标准可判断被测对象的振动是否符合标准。如要找振源,可作振幅值(A)与相应转速(n)的振幅-转速曲线,如图 7-22 所示。从图中可以看出,在 1120 r/min 转速附近,曲线有明显高峰,而主轴的转速为 1120 r/min,说明主要的振源之一是主轴。

图 7-23 为实时监测系统框图。在系统整个工作时间,不间断地监测系统中若干点的振动,并对振动数据作在线实时分析处理。若按某一标准衡量振动量级超过允许值,就应报警或自动停机,以便检查故障原因。

图 7-23 所示的系统也可作故障诊断。设备的零部件(如齿轮、轴承等)在运行过程中有各自的动力特性。运行不正常以及发生故障时,其动力特性就会发生改变。因此,利用设备运行时的实时监测信号,通过相应的信号分析或统计分析方法,从动力特性的变化即可对设备进行故障诊断。例如,汽轮机增速箱中的齿轮发生疲劳损伤,会影响齿轮副的正常啮合,造成冲击

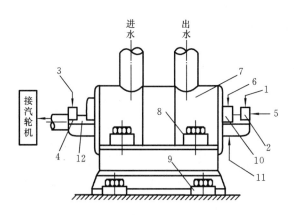

图 7-21 3.0×10⁵ kW 火电站锅炉给水泵振动测点布置示意图

1、3、6、8、9、11—垂直振动测点；2、4、7、10、12—横向振动测点；5—轴向振动测点

增大,振动加剧。因此,只要从增速箱体上采集其振动信号(如振动位移和加速度信号)作其幅值概率密度分析,通过与正常建档的概率密度曲线比较,即可得出齿轮或轴承运行正常与否的结论。

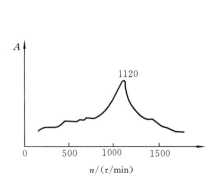

图 7-22 振幅-转速曲线

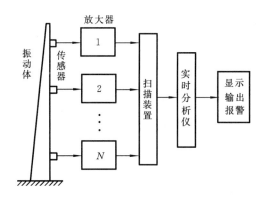

图 7-23 实时监测系统框图

图 7-24(b)所示的是汽轮机运行一段时期后,增速箱体振动位移信号的概度密度函数图。图 7-24(a)所示的是汽轮机出厂时增速箱体振动位移信号的档案概率密度函数图。通过比较即可发现,出厂时概率密度函数曲线窄而陡直,而使用一段时期后,同工况下的振动位移信号概率密度函数曲线变得宽而平坦,说明振幅大的振动显著增加,齿轮运行已不正常。

进行故障诊断可以进一步弄清增速箱运行异常的原因。将上述实测的振动信号进行倒频谱分析,图 7-25 即为倒频谱图。图中 q 为时间,$C_a(q)$ 为功率谱对数值的傅里叶逆变换。由倒频谱分析理论可知,具有与 $1/q$ 相近的转动频率的齿轮即为损伤的齿轮。

关于故障诊断的理论和分析技术及测试方法可参阅有关专著。

汽轮机、水轮机及汽轮压缩机中研究和测量叶片的振动特性十分重要。下面简单介绍采用共振法测量叶片的自振频率的步骤,此方法是基于共振的原理产生的。叶片在某个周期激振力作用下产生强迫振动,当激振力的频率等于叶片的自振频率时便产生共振。此时叶片的振幅急剧增加,其频率可由频率仪精确测出。

共振法测频的系统及设备如图 7-26 所示。叶片的激振和检振均采用压电晶体片。音频

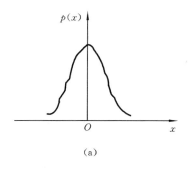
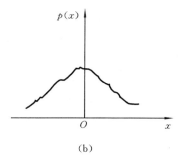

(a)　　　　　　　　　　　　(b)

图 7-24　主轴箱体振动位移信号概率密度函数

信号发生器发出的交流电信号送到激振晶体片 4（它用胶水贴在叶片上）中，激发叶片振动，振动信号由检振晶体片（亦贴在叶片上）感受后输给示波器及频率仪。音频信号发生器发出的信号还同时输给示波器。调节音频信号发生器输出的交流电信号的频率，当它与叶片某一阶自振频率相等时，叶片即产生共振，在示波器荧光屏上可以看到信号突然增大，而且其波形是十分稳定的圆或椭圆。此时在频率仪上表示的频率数值即为叶片的自振频率。当音频信号发生器的频率由低到高逐渐增大时，可以测得叶片的各阶自振频率。共振法目前在叶片振动测量中得到广泛的应用。

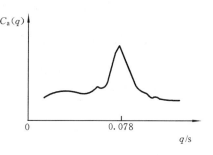

图 7-25　主轴箱体振动位移
信号倒频谱图

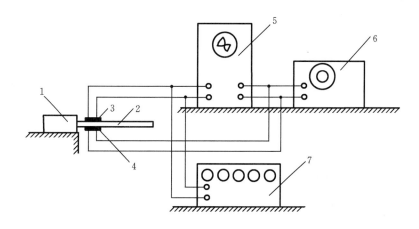

图 7-26　共振法测频系统

1—夹具；2—叶片；3—压电晶体传感器；4—压电晶体激振器；
5—示波器；6—信号发生器；7—频率仪

7.4　噪声测量中的基本概念

在能源与动力工程中，降低与控制设备的噪声具有十分重要而普遍的意义，因为设备的噪声是工业噪声的主要组成部分，而车辆的内燃机噪声造成了城市噪声污染。另外，设备质量优劣的重要标志之一是其噪声的大小,它直接影响着设备产品的市场和经济价值。

几乎任何噪声问题的解决都离不开对噪声的测试。噪声测试数据是解决噪声问题的科学依据。近年来,对机器设备噪声的测试受到人们特别关注。这是因为:①机器设备噪声大小常被列为评价其质量优劣的指标;②比较同类机器设备所产生噪声的差异,以便改进设计和生产工艺;③监测设备噪声及其变化,可据此实现对设备的工况监测和故障诊断;④对设备噪声进行分析,找出原因,以便采取有效的降噪措施;⑤测量设备附近环境的噪声,以确定环境噪声是否符合工业企业卫生标准。为此,我国及许多其他国家,都制定了标准以控制噪声。我国的噪声标准规定人们不应在 85 dB(A)以上连续噪声下长时间工作。

从人的主观感觉出发,人们不希望的声音称为噪声。噪声和其他声音一样,因物体振动而产生,并且有声波的一切物理性质和传播特性。工程中按噪声起源不同,将噪声分为空气动力性噪声、机械噪声、燃烧噪声、电磁性噪声等。

7.4.1 噪声的物理度量

与声音的度量一样,常用声压、声强和声功率等参量来作为对噪声的物理度量。

1. 声压、声压级

声压定义为有声波时压力超过静压的部分,即声波引起空气质点振动,使大气压力在原来较恒定的大气压的基础上产生起伏变化,这起伏变化的部分,即与大气静压的压差值就是声压。声压常记为 p,单位为 Pa(帕)。一般所指的声压均指有效声压,即在一段时间内瞬时声压的均方根值。

一般正常人双耳刚能听到的纯音,其声压为 20 μPa(1 μPa $= 10^{-6}$ Pa),称为听阈声压,此值常用作基准声压,而使人耳刚刚产生疼痛感觉的声压,则称为痛阈声压,其值为 20 Pa。

痛阈声压与听阈声压的比值为 10^6,即痛阈声压是听阈声压的 10^6 倍,直接用声压值来表示声音的强弱是不方便的。另外,由于人耳对声音强弱的感受官能作用接近于对数规律,因此,人们用倍比关系的对数量——"级"来表示声音的强弱,即声压级,声压级的单位为 dB(分贝)。

声压级常记为 L_p,即

$$L_p = 10\lg \frac{p^2}{p_0^2} = 20\lg \frac{p}{p_0} \tag{7-15}$$

式中:p 为声压有效值,Pa;

p_0 为基准声压,在空气中取 $p_0 = 20$ μPa。

通常从听阈到痛阈相应的声压级为 0～120 dB。

2. 声强、声强级

声强定义为与指定方向相垂直的单位面积上平均每单位时间内传过的声能。声强常记为 I,单位为 W/m²(瓦/米²)。应该注意的是,声强既有大小,又有方向,因而它是一个矢量;而声压则只有大小,没有方向,因而声压是一个标量。

相应于听阈声压的声强值为 10^{-12} W/m²,此值常作为基准声强,而相应于痛阈声压的声强值为 1 W/m²。

声强级常记为 L_I,即

$$L_I = 10\lg \frac{I}{I_0} \tag{7-16}$$

式中:I 为声强;

I_0 为基准声强,在空气中取 $I_0 = 10^{-12}$ W/m²。

通常从听阈到痛阈相应的声强级为 0~120 dB。

在常温空气中,在一般现场测量和噪声控制中可以认为 $L_p \approx L_I$。表 7-5 所示的是几种声音的声强及声压级。

表 7-5　几种声音的声强、声强级及声压、声压级

声　　音	声强/ (W/m²)	声强级/ dB	声压/ Pa	声压级/ dB
最弱能听到的声音	10^{-12}	0	2×10^{-5}	0
微风树叶声	10^{-10}	20	10^{-4}	14
轻脚步声	10^{-8}	40	10^{-3}	34
稳定行驶的汽车	10^{-7}	50	2×10^{-3}	40
普通谈话	3.2×10^{-6}	65	10^{-2}	54
高声谈话	10^{-5}	70	10^{-1}	74
热闹街道	10^{-4}	80	1	94
火车声	10^{-3}	90	10	114
铆钉声	10^{-2}	100	10^{3}	154
飞机声(3 m 远)	2×10^{-1}	110	10^{4}	174

3. 声功率、声功率级

声功率定义为声源在平均单位时间内向外辐射的声能。常记为 W,单位为 W(瓦),并通常取 10^{-12} W 作为基准功率。

若一机器置于地面,当机器的尺寸与测量距离相比甚小时,可将该机器视为一点声源,其噪声呈半球面作均匀发射,即在半自由场条件下,则机器总声功率 W 与分布在半球面(测量表面)$2\pi r^2$ 上的声强 I_r 之间有如下关系:

$$W = I_r \times 2\pi r^2 \tag{7-17}$$

式中:r 为测量点至声源中心的距离,即半球面的半径。

如果声源在自由场中作球面波辐射,则

$$W = I_r \times 4\pi r^2 \tag{7-18}$$

由式(7-17)与式(7-18)可知,对半自由场与自由场传播而言,某点的声强值与该点至声源的距离 r 的平方成反比,即

$$\frac{I_1}{I_2} = \frac{r_2^2}{r_1^2} \tag{7-19}$$

式中:I_1、I_2 分别为同一声场中同一方向上与声源距离为 r_1 和 r_2 的点上的声强。

声功率则与距离 r 无关,声功率级常记为 L_W,即

$$L_W = 10\lg \frac{W}{W_0} \tag{7-20}$$

式中:W 为声功率;

W_0 为基准声功率,空气中取 $W_0 = 10^{-12}$ W。

应该再次指出,级是相对量,即描述两个功率比值或一个功率与参考功率比值的量,所以分贝是级的单位,但是无量纲。声压级、声强级或声功率级,其含义均指被度量的量与基准量之比或其平方比的常用对数,这个对数值就称为被度量的级。

7.4.2 级的合成、分解与平均

1. 级的合成

级的合成用于两个或两个以上声源同时作用的情况下,求总的声压级或声功率级,或者当测知声源的各频带声压级或频带声功率级后,求声源在整个频带范围内的总声压级或声功率级。

当有几个声源同时作用,且各声源发出的声波互不相干时,声场中某点处总声压的均方值将等于各声源在该点单独引起的声压均方值之和,即

$$p_L^2 = p_1^2 + p_2^2 + \cdots + p_n^2 = \sum_{i=1}^{n} p_i^2 \tag{7-21}$$

根据声压级的定义,在几个声源同时作用的情况下,声场中某点处的总声压级

$$L_{pL} = 10 \lg \left[\sum_{i=1}^{n} 10^{L_{pi}/10} \right] \tag{7-22}$$

式中:L_{pi} 为第 i 个声源在测点处引起的声压级。同理可得在几个声源同时作用下声场中总的声功率级

$$L_{WL} = 10 \lg \left[\sum_{i=1}^{n} 10^{L_{Wi}/10} \right] \tag{7-23}$$

当两个声源各自在同一点处引起的声压级相等时,该点处总的声压级为其中一声源引起的声压级的数值上再加上 3 dB,即

$$L_{pL} = 10 \lg \left[\sum_{i=1}^{2} 10^{L_{pi}/10} \right] = L_{pi} + 3 \text{ dB} \tag{7-24}$$

例如,$L_{p1} = L_{p2} = 80$ dB,则 $L_{pL} = (80+3) \text{dB} = 83$ dB。

当 $L_{p1} \neq L_{p2}$,且 $L_{p1} > L_{p2}$ 时,总声压级

$$L_{pL} = L_{p1} + \Delta L \tag{7-25}$$

式中:ΔL 常称为分贝增值。

根据声压级定义和式(7-25),有

$$\Delta L = 10 \lg \left[1 + 10^{-(L_{p1} - L_{p2})/10} \right] \tag{7-26}$$

由式(7-26)可知,增值 ΔL 是两声源声压级差($L_{p1} - L_{p2}$)的函数,为实用方便起见,按式(7-26)制成图 7-27 或表 7-6,利用图或表查出增值 ΔL,即可由式(7-25)求总声压级。

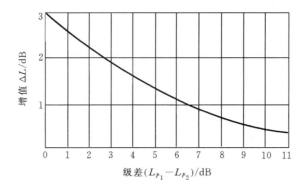

图 7-27 分贝增值图

当声源多于两个时,总声压级的求得可采取两两合成办法,且所得结果与合成顺序无关。

表 7-6 分贝增值表 （单位:dB）

级差 $L_{p1}-L_{p2}$ $(L_{p1}>L_{p2})$	0	1	2	3	4	5	6	7	8	9	10
加到 L_{p1} 上的增值 ΔL	3.0	2.5	2.1	1.8	1.5	1.2	1.0	0.8	0.6	0.5	0.4

例 7-1 已知三个声源在某一点测量出声压级 $L_{p1}=85$ dB,$L_{p2}=80$ dB,$L_{p3}=78$ dB,试分别用计算法和查表法求其总声压级。

解 （1）计算法。由式(7-22),得

$$L_{pL} = 10\lg\left[\sum_{i=1}^{3}10^{L_{pi}/10}\right]$$

$$= 10\lg(10^{85/10}+10^{80/10}+10^{78/10})\text{ dB} = 86.8\text{ dB}$$

（2）查表法。查表 7-6,有

$$\left.\begin{array}{l}78\\80\end{array}\right\}\xrightarrow[\Delta L=2.1\text{ dB}]{级差2}82.1\left.\right\}\xrightarrow[\Delta L=1.83\text{ dB}]{级差2.9}86.83\text{ dB}$$
$$85$$

两种方法比较相差仅为 0.03 dB。

实际应用时,分贝的小数通常采取四舍五入的办法处理,因此,当 $L_{p1}-L_{p2}\geqslant 10$ dB 时,合成后总的声压级将会为 $L_{pL}\approx L_{p1}$,即引起声压级 L_{p2} 的声源,其噪声在总的噪声中的作用可忽略不计。而当 $L_{p1}-L_{p2}<10$ dB 时,合成后的误差≤0.5 dB,这是工程中完全允许的。

2. 级的分解

进行噪声测量时,测量结果会受到周围测量环境的影响,因此,测量结果实际是声源噪声和环境噪声二者合成结果,所以必须将声源噪声分解出来。

设 L_p 为声源产生的声压级,L_{pe} 为环境本底噪声的声压级,L_{p1} 是实测的声压级,则

$$L_p = 10\lg(10^{L_{p1}/10}-10^{L_{pe}/10}) \tag{7-27}$$

工程上常用查图和查表的方法。

设 $\Delta L'=L_{p1}-L_{pe}$,由 $\Delta L'$ 查表 7-7 或查图 7-28,得到 ΔL,则 $L_p=L_{p1}-\Delta L$。工程上为了简便起见,又将表 7-7 简化为表 7-8。

表 7-7 本底噪声影响的扣除值 （单位:dB）

级差 $\Delta L'=L_{p1}-L_{p2}$	3	4	5	6	7	8	9	10
从 L_{p1} 中应扣除的值 ΔL	2.00	2.30	1.70	1.25	0.95	0.75	0.60	0.45

应当注意,当本底噪声和测量所得噪声二者的声压级差小于 3 dB,即 $L_{p1}-L_{pe}<3$ dB 时,测量结果是不可信的,因而该测量是无效的。

表 7-8 简化的本底噪声影响扣除值 （单位:dB）

级差 $\Delta L'=L_{p1}-L_{p2}$	3	4~5	6~9	≥10
从 L_{p1} 应扣除的值 ΔL	—	2	1	0

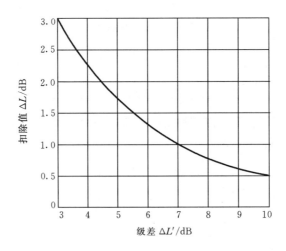

图 7-28　分贝扣除值图

3. 级的平均

当要通过测量声压级来确定声源的声功率或需要确定声场的平均声压级时,都要求有级的平均值。这可直接由求级合成的方法导出,设测量数目为 n,则平均声压级

$$\overline{L}_p = 10\lg\left(\frac{1}{n}\sum_{i=1}^{n}10^{L_{pi}/10}\right) \tag{7-28}$$

为方便起见,工程中常用求算术平均值的方法得 L_p 的近似值,即

当 $L_{pi\max}-L_{pi\min}\leqslant 5$ dB 时

$$\overline{L}_p = \frac{1}{n}\sum_{i=1}^{n}L_{pi} \tag{7-29}$$

当 5 dB$<L_{pi\max}-L_{pi\min}\leqslant 10$ dB 时

$$\overline{L}_p = \frac{1}{n}\sum_{i=1}^{n}L_{pi}+1 \tag{7-30}$$

式中:L_{pi} 为第 i 个声压级;

n 为测量点的数目。

$L_{pi\max}$、$L_{pi\min}$ 分别为 L_{pi} 中最大值与最小值。

例 7-2　分别用精确计算法和近似计算法求解测量值 $L_{p1}=84$ dB,$L_{p2}=79$ dB,$L_{p3}=89$ dB 和 $L_{p4}=80$ dB 的平均声压级 L_p。

解　(1)精确计算法。

$$\overline{L}_p = 10\lg\left(\frac{1}{n}\sum_{i=1}^{n}10^{L_{pi}/10}\right)$$

$$= 10\lg\left[\frac{1}{4}(10^{84/10}+10^{79/10}+10^{89/10}+10^{80/10})\right]\text{ dB}$$

$$= 84.9\text{ dB}$$

(2)近似计算法。

因　　　　　　　$L_{pi\max}-L_{pi\min}=(89-79)\text{ dB}=10\text{ dB}$

故　　　　　　$L_p = \left[\frac{1}{4}(84+79+89+80)+1\right]\text{ dB}=84\text{ dB}$

两种计算结果相差 0.9 dB,可见计算结果近似,差值仍在 1 dB 以下。

7.5 噪声的频谱与噪声的评价

7.5.1 噪声的频谱

1. 频程

振幅(强度)、频率和位相是描述波动现象的特性参数,声波也不例外。通常,噪声由大量不同频率的声音复合而成,有时噪声中占主导地位的可能仅仅是某些频率成分的声音,了解这些声音的来源和性质是确定减噪降噪措施的基本依据。因此,在很多情况下,只测量噪声的总强度(即噪声总声级)是不够的,还需要测量噪声强度关于频率的分布。但是,如果要在正常听觉的声频范围 $20 \sim 2 \times 10^4$ Hz 内对不同频率的噪声强度逐一进行测量,不仅很困难,而且也不必要。对此,通常是将声频范围划分为若干个区段,这些区段就是所谓的频程或频带。测量时,采用频程滤波器保留待测频程内的声音信号,而滤除其余的声音,进而通过改变滤波器通频带的方法,逐一测量出各个频程的噪声强度,这也就是所谓的分频程测量。

噪声测量中最常用的是 1 倍频程和 1/3 倍频程。1 倍频程是指频带的上、下限频率之比为 2:1 的频程;1/3 倍频程是对 1 倍频程 3 等分后得到的频程,即其频带宽度仅为 1 倍频程的 1/3。表 7-9 和表 7-10 分别是 1 倍频程和 1/3 倍频程中常用的中心频率及相应的频率范围。

表 7-9　1 倍频程的中心频率及其频率范围　　　　　　　　　　(单位:Hz)

中心频率	31.5	63	125	250	500	1000	2000	4000	8000	16000
频率范围	22~45	45~90	90~180	180~355	355~710	710~1400	1400~2800	2800~5600	5600~11200	11200 以上

表 7-10　1/3 倍频程的中心频率及其频率范围　　　　　　　　　　(单位:Hz)

中心频率	50	63	80	100	125	160	200	250	310
频率范围	45~56	56~71	71~90	90~112	112~140	140~180	180~224	224~280	280~355
中心频率	400	500	630	800	1000	1250	1600	2000	2500
频率范围	355~450	450~560	560~710	710~900	900~1120	1120~1400	1400~1800	1800~2240	2240~2800
中心频率	3150	4000	5000	6300	8000	10000	12500	16000	
频率范围	2800~3500	3550~4500	4500~5600	5600~7100	7100~9000	9000~11200	11200~14000	14000 以上	

2. 频程声压级和频谱能级

在噪声强度的分频带测量方法中,各频程(1 倍频程或 1/3 倍频程)上所检测到的噪声声压级称为频程(频带)声压级。

在倍频程中,带宽与中心频率成比例(参见表 7-9 和表 7-10),即使是 1/3 倍频程,在高频区域的频带也很宽,难以更详细地描述噪声的频率分布特性。为此,对于随频率急速变化的噪声,往往使用与频率范围无关的恒定窄频带 Δf 测量其声压级,并用由下式算出的频谱能级来表示:

$$S_n = L_n - 10 \lg(\Delta f) \tag{7-31}$$

式中:Δf 为测量使用的恒定频带带宽;

L_n 为 Δf 频程声压级的测量值;

S_n 为频谱能级,它表示 1 Hz 带宽频带上的声压级。

3. 频谱图

以测量选用的频率或 1 倍频程、1/3 倍频程的中心频率为横坐标,以相应的频谱能级或频程声压级(或声功率级)为纵坐标,所绘制的图形就是噪声的频谱图。频谱图反映了噪声的频率分布特性,是噪声频谱分析的基本依据,可以用于判断噪声的来源及其性质,以便采取切实有效的减噪降噪措施。

噪声频谱中,声压级分布在 350 Hz 以下的噪声称为低频噪声,声压级分布在 350~1000 Hz 范围内的噪声称为中频噪声,声压级分布在 1000 Hz 以上的噪声称为高频噪声。如果噪声为仅含有某几种频率成分的周期噪声,则其频谱是离散的线性谱型(图 7-29(a));如果噪声中包含从低到高的频率成分,则其频谱是连续谱型(图 7-29(b));图 7-29(c)所示的声谱说明噪声中既有突出频率成分,又在较宽的频率范围内具有声能量。

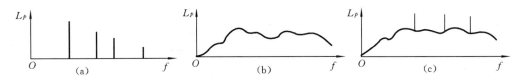

图 7-29 三种典型噪声频谱

(a)线状谱;(b)连续谱;(c)线状谱与连续谱的综合

7.5.2 噪声的评价

人耳对声音的感受不仅和声压有关,而且还与频率有关,一般对高频声音感觉灵敏,而对低频声音感觉迟钝。也就是说,声压级相同但频率不同的声音,听起来感觉不同,为了使测量结果能与人耳的主观感觉一致,对噪声的评价不能采用声压级。

1. 响度级

选取频率为 1000 Hz 的声音作基准声音,凡是听起来同该基准声音一样响的某一频率的纯音,其响度级值就等于基准声音的声压级值,响度级常以符号 L_N 表示,单位为 phom(方)。例如,频率为 3000 Hz、声压级为 85 dB 的纯音听起来与声压级为 90 dB 的基准声音一样响,则该纯音的响度级就是 90 phom。可见响度级与声压级和频率二者均有关,它是表示声音强弱的一种主观量。

2. 等响曲线

为了将其他频率的纯音与频率为 1000 Hz 的基准声音作比较,经过大量的听觉试验后,作出一系列等响曲线(图 7-30)。从等响曲线可以看到,人的听觉在频率为 2000～5000 Hz 的范围内是最灵敏的;频率较低时,声压级相同的纯音,频率越高的响度级越大,而当声压级超过100 dB 后,等响曲线较为平缓,这表明对于很强的声音,人们已不容易辨清是高频还是低频了。等响曲线是许多声学测量仪器设计的依据。

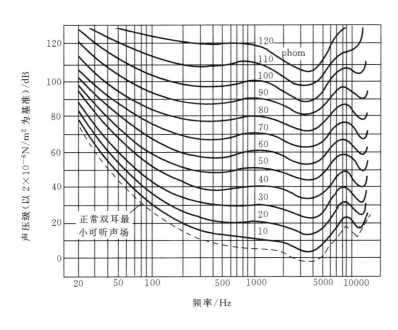

图 7-30　等响曲线

3. 声级和 A 声级

噪声一般会有多个频率成分,对它的主观评价就比纯音的主观评价复杂得多,常用的主观评价量为声级和 A 声级。

为了模拟人耳的听觉特性,从等响曲线出发,设计一种特殊的滤波器——频率计权网络。不同频率的声音讯号,通过计权网络后将得到不同程度的加权,这样一来通过计权网络测得的声压级就不再作为客观物理量声压级而称为计权声压级或计权声级,简称声级。

一般的测量声音的仪器都设置有 A、B、C 三种计权网络。图 7-31 所示的是国际标准化组织对于三种计权网络频响特性的规定。计权网络 A 模拟的是人耳对 40 phom 的纯音响应,它对于低中频级(1000 Hz 以下)有较大衰减。计权网络 B 模拟的是人耳对 70 phom 纯音的响应,对低频级(500 Hz 以下)有一定衰减,计权网络 C 模拟的则是人耳对 100 phom 纯音响应,在整个可听频率范围内有几乎平直的响应。

声压级经 A、B、C 计权网络后,就得到 A、B、C 声级,并用 L_A、L_B、L_C 表示。其单位写作dB(A)、dB(B)、dB(C)或分贝 A、分贝 B、分贝 C。

多年研究结果表明,不管声音大小如何,A 声级更能模拟人耳感觉特性。因此,近年来在噪声测量和评价中,不管声音的强弱,全部采用 A 声级来表示,国际标准组织也提出把 A 声级作为噪声评价的新标准。

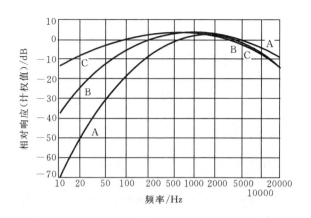

图 7-31 A、B、C 计权特性曲线

此外,还有一种专门用于航空噪声测试的 D 频率计权网络。

4. 噪声评价数

利用噪声评价数评价噪声时,同时考虑了噪声在每个倍频程内的强度和频率两个因素,故比单一的 A 声级作评价指标更为严格。噪声评价数(NR)这一评价指标主要用于评定噪声对听觉的损伤、语言干扰和对周围环境的影响。NR 可由下式决定:

$$NR = \frac{L_{pB1}/dB - a}{b} \tag{7-32}$$

式中:L_{pB1} 为 1 倍频程声压级;

a、b 分别为与各频程中心频率有关的常量,见表 7-11。

噪声评价数 NR 不能直接测量,而是先用倍频程测出各频程的声压级 L_p,然后按式 (7-32)、表 7-11 求得。

表 7-11 常量 a、b 值

1 倍频程中心频率/Hz	63	125	250	500	1000	2000	4000	8000
a	35.5	22	12	4.8	0	−3.5	−6.1	−8.0
b	0.790	0.870	0.930	0.974	1	1.015	1.025	1.030

噪声评价数 NR 在数值上与 A 声级的关系可近似表示为

当 $L_A < 75$ dB(A) 时,有　　$L_A/dB(A) \approx 0.8NR + 18$

当 $L_A > 75$ dB(A) 时,有　　$L_A/dB(A) = NR + 5$

为了便于实际应用,已将式(7-32)绘制成噪声评价曲线(NR 曲线),如图 7-32 所示。其特点是强调了噪声的高频成分更为烦扰人的特性,同一曲线上各倍频程的噪声级对人们的干扰程度相同,各曲线在中心频率为 1000 Hz 处的频程声压级数值即为该曲线噪声评价数,亦即噪声评价曲线的序号。

对某机器或环境噪声的评价,是以其倍频程噪声频谱最高点所靠近的曲线值作为它的 NR 的。例如,空压机的噪声,其倍频程频率谱最高点在 250 Hz 时的倍频程声压级为 110 dB。此最高点接近于 NR105 的曲线,则该噪声的评价数为 NR105。用实测噪声的 NR 值与容许的 NR 值相比较,即可判定噪声是否超标。

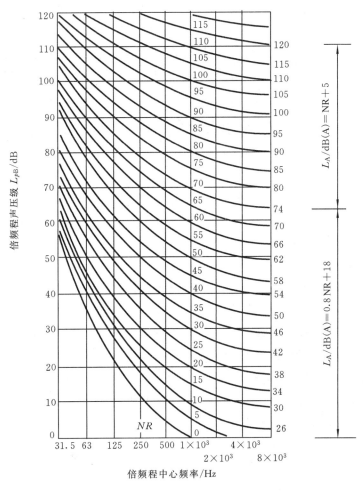

图 7-32　噪声评价曲线

7.6　噪声测试仪器及噪声测量

7.6.1　噪声测试仪器

声级计是噪声测量中使用最广泛的仪器。它不仅能测量声级,还能与多种辅助仪器配合进行频谱分析,记录噪声的时间特性和测量振动等(图 7-33)。

按照国际电工委员会(IEC)关于声级的标准(IEC651),根据测量精度和稳定性,将声级计分为 0、1、2、3 等四种类型,其中 0 型声级计用作标准声级计,1 型声级计作为实验室用精密声级计,2 型声级计作为一般用途(如现场测量)的普通声级计,3 型声级计作为噪声监测的普及型声级计。

声级计由传声器、放大器、衰减器、频率计权网络和有效值指示表头组成。图 7-34 和图 7-35 所示的分别为精密声级计外形结构和组成框图。

1. 传声器

传声器是将声波信号变换为相应电信号的传感器。用于噪声测试的传声器有压电式、电

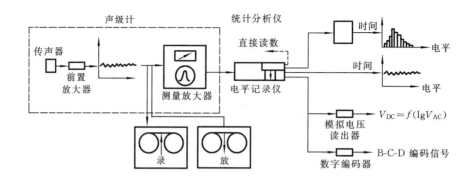

图 7-33　噪声测量系统方块图

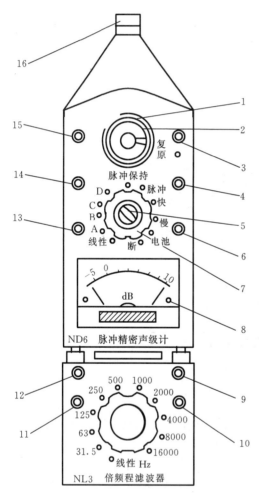

图 7-34　精密声级计外形结构

1—输入衰减旋钮；2—输出衰减旋钮；3—接通电池指示灯；4—交流输入；5—阻尼开关；6—输出插座；7—计权网络转换开关；8—过载指示灯；9—检查滤波器电池；10—通断开关；11—输出；12—输入；13—外接滤波器输出插座；14—外接滤波器输入插座；15—校正电位器；16—电容式传声器

动式和电容式等。压电式和电动式性能不及电容式，只用于普通声级计上。精密声级计都采用电容式传声器。

电容式传声器具有灵敏度高、稳定性好、频率响应性好、湿度和温度影响小等优点。它主要由背极和金属膜片组成（图 7-36），二者相互绝缘，构成空气介质平板电容。电容两端加一直流电压——极化电压 V_0，并串接一高阻值电阻 R。当膜片在声压作用下发生振动时，传声器电容量发生变化，将声压信号 p 转换为电压信号 V_y，使输出电压 V_y 也随之相应变化。

电容传声器上的均压孔用于平衡膜片两侧的静压。背极上的阻尼孔的作用是当膜片振动形成气流时，产生对膜片的阻尼效应，抑制膜片的共振振幅。

电容式传声器用螺纹连接于声级计前端后，其线路自行接通。装卸传声器时应切断电源，不要打开前面的保护栅，切忌用手或其他异物碰膜片，以免厚度仅为 $0.025 \sim 0.05$ mm 的金属膜片受到破坏。

2. 放大器与衰减器

输入放大器和衰减器的作用是将过小的信号放大，过大的信号衰减，使后续电路有合适的输入量值，扩大声级计的工作量程。

输出放大器与衰减器则是为了提高仪器的信噪比（S/N），并使指示表针获得适当的偏转角度，以提高测试精度。

3. 频率计权网络

频率计权网络用以模拟人耳对声音的响

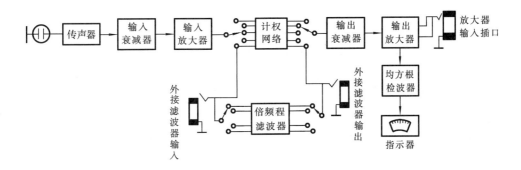

图 7-35 精密声级计组成框图

应。当转换开关接通线性位置时,计权网络不接入仪器电路,声级计的响应是线性的,测得的是声压级值。当转换开关置于 A、B、C 各位置时,相应的 A、B、C 计权网络接入仪器电路,测试得到的是声音的各级值。当转换开关置于滤波器位置时,计权网络也不接入仪器电路,而将仪器输出线路与倍频程滤波器相连,用以对测试的噪声信号进行频谱分析。

4. 均方根检波器

均方根检波器也称有效值检波器,其作用是对所测信号取均方根值,使指示器读出值为所测信号的有效值。

指示器按其对被测噪声响应的快慢分为快、慢两挡。快挡用于测试声压随时间波动不大(4 dB 以下)的噪声,若被测噪声的声压波动较大,则使用慢挡。

为便于声级计的校正和使用,保证一定的测试精度,声级计出厂时一般还配有活塞式发声器、风罩、鼻锥、无规入射校正器、积分器、三脚架等附件。

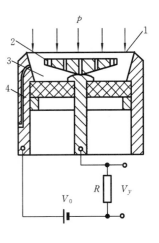

图 7-36 电容式传声器
1—膜片;2—背极;
3—内腔;4—均压孔

7.6.2 噪声测量

1. 现场 A 声级测量

为了对现场设备作出初步评价,现场测量主要是测量 A 声级和倍频程噪声频谱。

现场测量时,声源多,房间大小有一定限度。为了减小其他声源传来的声波和反射声波的影响,应将传声器接近被测的机械设备,以便测出噪声中被测噪声源的直达声占主要部分,这就是一般都采用所谓近声场测量法的原因。但是传声器也不能离声源辐射表面太近,否则声场不稳定,在允许时可离远一些,理想的情况是在自由场条件下进行测量,现场测量可按如下原则进行。

对于外形尺寸小于 0.3 m 的机器,测点距其外廓表面为 0.3 m;对于外形尺寸介于 0.3~1 m 的中型机器,测点距外廓表面为 0.5 m;对于外形尺寸大于 1 m 的大型机器,测点距外廓表面为 1 m。

测点的数目:对于均匀地向四周辐射噪声的机器,即无指向性声源,可只选一个测点。但一般情况下,机器辐射噪声均有指向特性,应在机器周围均匀选测点,测点应不少于 4 个,当相邻两测点噪声级差大于 5 dB 时,则应在其间增加测点,并以各测点测量值的算术平均值或各测点中最大值表示该机器的噪声级。

测点的高度:应以机器的半高度为准,或选择为机器水平轴的高度;或取 1.5 m(人耳平均高度),但距地面均不得低于 0.5 m。测量时应远离其他设备或墙体等反射表面,距离一般不小于 2 m,测量时传声器应正对机器外表面。

2. 声功率的测量

为了克服声级或声压级受到测量距离和测量环境影响较大的缺点,提出了声功率参量的测量。声功率是不能直接测出的,在一定的条件下,由测得的声压级经公式计算而得。

现场通过声压级确定声功率的依据为

$$L_W = L_p + 10\lg\frac{S}{S_0} - K \tag{7-33}$$

式中:L_p 为测量表面平均声压级,dB;

S 为测量表面的面积,m^2;

S_0 为基准面积,$S_0 = 1\ m^2$;

K 为环境修正系数。

下面简要介绍动力与机械工程声功率测量常用的方法。

(1)具有一个反射平面的自由场条件工程法

该法典型的运用为 ISO3744 标准,设机器(被测声源)放在硬反射平面(如水泥地面)上,而室内其他条件满足自由场条件,测量表面可选半球面、矩形体面或机器形状的表面,上述测量表面上的最少的测点数分别为 10、9、8,若条件许可,最好用半球面,但在矩形体面上测量方便,用得较多,测点分布如图 7-37 和图 7-38 所示,半球面球心取在声源几何中心在地面的投影位置,球的半径应大于或等于两倍机器设备的特征尺寸,但不能小于 1 m,建议采用 1 m、2 m、4 m、6 m、8 m、10 m、12 m、14 m 和 16 m;而矩形体测量表面与参考箱(恰好罩住待测机器的假想矩形)面的距离 d,一般取为 1 m,但最小时不能小于 0.25 m。

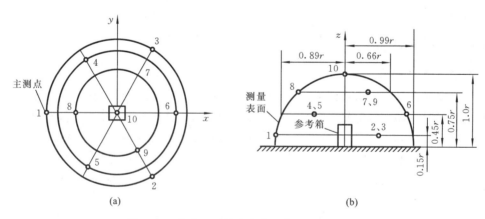

图 7-37 半球面测量噪声声功率时测点的布置

测量表面的面积:半球面为 $S = 2\pi r^2$;长×宽×高$= 2a \times 2b \times c$ 的矩形体表面的面积为

$$S = 4[c(a+b) + ab] \tag{7-34}$$

环境修正系数 K 的计算:

$$K = 10\lg\left(1 + \frac{4}{A/S_{\mathrm{r}}}\right) \quad (7\text{-}35)$$

式中：A 为吸声量，$A = 2S_{\mathrm{r}}$；

S_{r} 为房间内表面总面积。

这里按 ISO3744 规定，A/S_{r} 应满足 $A/S_{\mathrm{r}} \geqslant 6$，且测量过程中要求本底噪声比被测噪声源低 6 dB 以上。

（2）简测法

实际工作中，有时为测量环境所限，且对测试条件要求较低，因此，又有测试精度较差的声功率测量的简测法，典型的应用如 ISO3746 标准，它只需要在

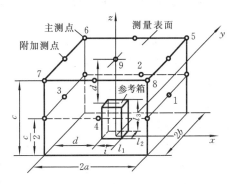

图 7-38　矩形体面上测量噪声源功率
时测点的布置

大房间（$A/S \geqslant 1$）或室外平地，本底噪声比被测机器噪声低 3 dB 以上的条件下即可进行，不作分频带测量，只作 A 声级测量，测量表面采用矩形体面，测点布置如图 7-38 所示，通过测量，求取测量表面的平均 A 声级，再利用式（7-33）求得机器的 A 声级功率级。

3. 等效连续 A 声级及其计算

1967 年，国际标准化组织了为了适应各国广泛用 A 声级作为噪声评价指标的事实，提出以 A 声级作为噪声评价标准的新的 ISO 标准。对于有起伏或间歇或随时间变化的噪声声场，1971 年 ISO 公布了"职业性噪声暴露和听力保护"的噪声标准 R1999，在此标准中提出以等效连续 A 声级为噪声的评价标准。

等效连续 A 声级是指在声场的某一位置上，用某一段时间内能量平均的方法，将间歇暴露的几个不同 A 声级以一个 A 声级表示该段时间的噪声大小，这个声级就称为等效连续 A 声级（用于非稳定噪声的评价）。

等效连续 A 声级 L_{eq} 用下式表示：

$$L_{\mathrm{eq}} = 10\lg \frac{1}{T}\int_0^T 10^{0.1 L_{\mathrm{A}}} \mathrm{d}t \quad (7\text{-}36)$$

式中：T 为适当的积分时间，min；

L_{A} 为声级变化的瞬时值，dB。

由式（7-36）可以看出，对于一段时间内稳定不变的噪声，其 A 声级就是等效连续 A 声级。

欲求等效连续 A 声级，应先将所测得的 A 声级按次序从小到大（低于 80 dB 的不予考虑），每隔 5 dB 为一段排列，每段以其算术中心声级表示，用中心声级表示的各段为：80 dB，85 dB，90 dB，95 dB，100 dB，105 dB，…，其中 80 dB 表示 78～82 dB 的声级范围，85 dB 表示 83～87 dB 的声级范围，以此类推。将一个典型工作日各段声级的暴露时间进行统计，填入记录表内。然后按下式进行计算（每天按 8 h 计）：

$$L_{\mathrm{eq}} = 80 + 10\lg \frac{\sum_{n=2}^{N} 10^{\frac{n-1}{2}} T_n}{480} \quad (7\text{-}37)$$

式中：T_n 为一个工作日内各段中心声级的总暴露时间，min；

n 为一个工作日内声级分数。

4. 测量环境和测量方法对测量结果的影响

测量环境如本底噪声、反射声、房间特性、气流或风、温度、湿度等,对测量结果影响很大。因此,必须根据测量环境对测量结果进行修正。

测试环境可分为室内和室外两大类。室内环境又有消声室、混响室和半混响室三种,消声室内的声场为只有直达声而没有反射声的自由声场,室外空旷场所可近似为自由场。混响室内的声场为扩散场,混响室吸声级小,声波经多次反射,各点声压级几乎恒定并且相等。半混响室的声场为半扩散场,这是车间大多数房间的情况,因为实际房间既不完全反射声波,也不完全吸收,在这种房间里测量,其结果需要修正。

(1)环境本底噪声的影响

测量环境的本底噪声亦称为背景噪声或环境噪声。在工业噪声测量中是指被测对象以外的噪声。由于存在环境本底噪声,测量值会比真实值大,因此,对测量结果应进行修正,要从测量结果中除去本底噪声的影响。总的来说,本底噪声低于实测总噪声 10 dB 以上时,测量结果不必修正,其影响可忽略不计;若本底噪声比实测总噪声低 3～10 dB,则按表 7-6、表 7-7 或式 (7-27)的方法扣除;若本底噪声仅比实测总噪声低不到 3 dB,则测量结果无效。

(2)测试房间的影响

在一般车间现场测量时,很难达到自由测量环境要求,所以在测声功率级中应考虑修正数 K,将其影响消除。

(3)风和气流的影响

在室外测量时,风吹到传声器上会引起风噪声,若风速大于 5.3 m/s(相当于 4 级风),就不能进行测量。若在有 4 级以下风的场地进行测量,则应在传声器上装风罩,风罩可使风噪声大大衰减,而对所测噪声无衰减作用。

(4)环境的影响

当环境温度、湿度及大气压力变化时,传声器及声级计的灵敏度可能发生变化,影响测量的准确性。因此,测量时对大气压力的变化、温度的变化范围、相对湿度的大小都有规定,测试者要根据测试要求和具体情况采取必要措施。

声级计用于测量电力设备噪声时,强的电磁场可能在声级计中引起"嗡嗡"的干扰声,应变换声级计的方位或在离磁场更远处测量。

(5)测量方法的影响

对于稳态噪声,应以观测时间内电表指针的平均偏转位置数值作为测量值,一般观测时间为 2～5 s。对稳态噪声的偶然变化不予考虑。测量时,一般使用"快"挡;当声级波动范围大于 ±2 dB 而小于 ±5 dB 时,应换用"慢"挡。

通常传声器直接连在声级计上,声级计的取向也决定了传声器的取向。一般噪声测量中传声器在成 0°角入射时(传声器膜片与入射声波垂直)具有最佳的频率响应。

观察人员手持声级计测量时,声级计应离开人体0.5 m以上,因为人也是反射体,在实际使用时,应尽量使人体和反射物远离传声器,这可以借助延伸杆与延伸电缆来达到这一距离。

5. 几种典型动力机械测点布置

各种原动机和动力机械是工业和环境中影响较大的噪声源。国家标准 GB3096—2008 规定了对上述设备与机械的噪声测量方法。

图 7-39 为水泵噪声测点位置图,可以作为一般测量时的参考。

图 7-40 所示的为通风机机身噪声测点。对内燃机整机噪声进行测量时,在不带消声器的

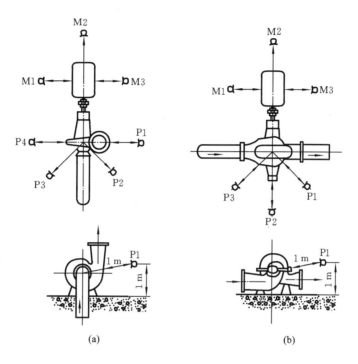

(a)   (b)

图 7-39   水泵噪声测点位置图

M—电动机的噪声测点位置;P—水泵的测点位置

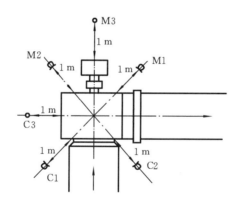

图 7-40   通风机机身噪声测点分布

情况下,进、排气噪声是内燃机最强的噪声源,一般作为单独项目进行测量。

对于进气噪声,可将传声器放在距进气口中心轴 1 m 处。对于排气噪声,测点设置在与管口成 45°角方向上,距管口 0.5~1 m 处。测点到排气管口的距离,应大于 3 倍的管口直径。

思考题与习题

1. 通过分析各种振动传感器动态特性,说明几种典型测振传感器的测频范围。
2. 试述涡电流式振动位移传感器原理。
3. 测振仪器的选择和使用应考虑哪几方面?

4. 试画出安装压电式加速度传感器,采用钢螺栓和粘贴剂连接时各自可能的频响曲线,并解释两曲线为何不同。

5. 解释名词:恒百分比带宽、倍频程。

6. 举例说明动力机械振动测量系统及其测量内容。

7. 为何要用声级作为噪声的度量指标?

8. 某实验室测量内燃机运转时总噪声级为 95 dB(A),环境噪声为 87 dB(A),试问:此内燃机实际噪声为多少?

第8章 气体成分分析

气体成分分析技术在工业生产与科学研究中占有十分重要的地位。成分分析仪表的应用涉及热力机械(如锅炉、燃气轮机、内燃机等)排放的烟气或废气成分分析及燃烧效率测定。测量和研究废气中各种成分的含量,对热力机械的研制、生产和使用都有重大意义。以动力锅炉来说,其燃烧质量的好坏直接关系到电厂燃料消耗率的高低,烟气成分自动分析就是为了连续监视燃烧质量,以便实时控制燃料与空气的比例,提高燃烧效率,指导经济运行。

气体成分分析仪表所涉及的物理与化学原理十分广泛,原则上说,混合气体中各组分的任何物理化学性质的区别方法都可作为分析的基础,本章仅介绍几种典型的气体成分分析仪表。

8.1 气相色谱分析

色谱技术是一种较好的多组分混合物成分分离和分析技术。色谱仪具有分离效能高、速度快、灵敏度高等特点,故色谱仪是一种重要的分析仪器。气相色谱仪在火电厂锅炉试验中已得到广泛使用。

8.1.1 气相色谱分析简介

1. 色谱法原理

色谱分析按两步进行:首先,让含有待分析气样的介质(称为流动相)流过对气样的不同成分有不同的吸附或溶解作用的固定相,气样各成分被分离,然后依次进入检测室,在检测室中对分离的单一成分依次测量,输出的是按时间分布的幅值不同的一组信号,称为色谱图,图中信号峰值对应的时间称为保留时间。测出保留时间就可以定性确定相应信号所代表的物质。浓度用各信号曲线包围的面积与全部信号曲线包围的面积的比值来表示。色谱图如图 8-1 所示。

因为上面讲的流动相为气体,故其色谱称为气相色谱。在气相色谱测量中,固定相为固体的称为气-固色谱仪,固定相为液体的称为气-液色谱仪。另外还有液-液色谱仪、液-固色谱仪等。烟气分析中用的气相色谱仪即气-固色谱仪。

图 8-2 所示的色谱仪测量原理可以简单地说明色谱仪对混合物的分离测量过程。

由于固定相对流动相所携带分析气样各成分的吸附能力或溶解度不同,故气样各成分在流动相和固定相中的分配情况是不同的,可以用分配系数 K_i 表示,即

$$K_i = \frac{w_s}{w_m} \qquad (8\text{-}1)$$

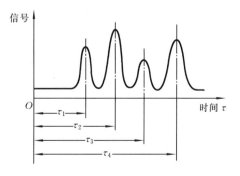

图 8-1 色谱图

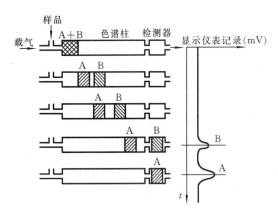

图 8-2　色谱仪测量过程原理示意图

式中：w_s 为成分 i 在固定相中的质量分数；

w_m 为成分 i 在流动相中的质量分数。

显然，分配系数大的成分不易被流动相带走，因而，在固定相停留时间长；相反，分配系数小的成分在固定相中停留的时间短。固定相填充在一定长度的色谱柱中，流动相与固定相之间作相对运动，气样中各成分沿色谱柱长度反复运动在两相中进行多次分配，这样即使两相的分配系数差别微小的成分也能被分离出来。

2. 分析系统的组成

一台完整的气相色谱仪包括载气源、流量控制器、进样装置、色谱柱、检测器、恒温箱及记录仪等。图 8-3 为 SP-2305A 型气相色谱仪的系统图，载气由高压钢瓶 1 出来，经过减压阀 2、干燥净化器 3（内装氯化钙脱水、分子筛净化载气），并由稳压阀 4 调节到所需流速后，分两路分别流过稳流阀 6、流量计 7，烟气先通入定量管 9 内，改变六通阀 8 的阀芯位置，可使一定数量的烟气输入色谱柱中。色谱柱 11 内装分子筛，用来分析 O_2、N_2、CO；色谱柱 12 内装硅胶，用来分析 CO_2；色谱柱 10 内装钠石灰，用来吸收烟气中的 CO_2，以防止 CO_2 进入分子筛柱内而毒化分子筛。烟气经过色谱柱后被分离成单组分，由载气带入热导池 13，将单组分的数量转换为毫伏电压信号输出。该信号由电子电位差计自动记录，然后根据色谱图对被测混合物进行定性和定量分析。

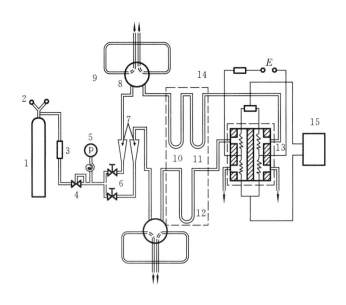

图 8-3　SP-2305A 型气相色谱仪系统

1— 高压钢瓶；2— 减压阀；3— 干燥净化器；4— 稳压阀；5— 压力表；6— 稳流阀；7— 转子流量计；
8— 六通阀；9— 定量管；10、11、12— 色谱柱；13— 热导池；14— 恒温箱；15— 记录仪

3. 色谱柱及固定相

色谱柱用玻璃管或不锈钢管制成,管的内径一般为 $4 \sim 6$ mm,柱内充填固定相物质。其结构形式多样,常见的是 U 形和螺旋形,长度从几厘米到几米,固定相一般是利用固体表面有吸附物质的作用制成。目前在烟气分析中的吸附剂主要有:①GDX 型高分子多孔微球,其中 104 型、105 型适用于气体分析,这是近年来发展较快的一种新型合成固定相;② 分子筛,其中 5A、13X 型适用于气体分析,分子筛对 O_2、N_2 的分离效果比较好,但是遇到 CO_2 时,很容易吸附 CO_2,很快使分子筛失效,所以往往在分子筛色谱柱前面加一段碱石棉(或钠石灰)柱子先将气体中 CO_2 吸掉;③硅胶,用来分析气体中的 CO_2 效果较好,对碳氢化合物中 C_4 以下的烷、烯等也可以分离,其中以多孔硅胶 DG-1 型使用的效果更好;④ 活性炭,能分离 N_2、CO_2、N_2O 等气体及烃类气体;⑤ 碳分子筛,是由聚偏二氯乙烯灼烧制成的一种多孔炭黑小球,碳分子筛在色谱柱中采用程序升温可使烟气中的各主要组分得到满意的分离,从而用一根色谱柱就可将烟气中的主要成分(O_2、N_2、CO_2、CO、CH_4 等)分离开来。

色谱柱是色谱仪的关键部件,它的质量好坏对仪器性能有很大影响。对吸附剂的主要要求是色谱柱能将各组分有效地分离。分离的效果,除了与吸附剂本身的性质有关以外,一般来说,吸附剂的粒度越细,色谱柱越长,直径越细,分离效果越好,但色谱峰的峰值越小,仪器的灵敏度也就越低。一般吸附剂的粒度在 $40 \sim 100$ 目之间选用,色谱柱长度在 2 m 以下,当然色谱仪的运行参数(载气流速、进样量、色谱柱温度等)对仪器的灵敏度和组分分离效果也有较大的影响。因此,为了获得较好的分离效果,又有较高的灵敏度,合理选择结构参数及运行参数是非常重要的,这往往需要通过调整来确定。例如用分子筛色谱柱分析烟气的 CO 时,常选用柱长为 $1 \sim 2$ m,柱温为 $50 \sim 60$ ℃,用氢气作为载气,其流量为 30 mL/min,进样量为 $15 \sim 20$ mL。

4. 检测器

检测器又称鉴定器,它的作用是鉴定从色谱柱中分离出来的各组分的性质和数量。目前常用的检测器有以下两种。

(1)热导池检测器

热导池的作用是将进入检测器中的组分在载气中的浓度转换成为电压信号输出,转换电路是由四根钨丝组成的一个电桥,电桥由稳压电源供电,并把钨丝放置在热导池左、右两边的金属小室中,如图 8-3 中的 13 所示。当左边小室通入待测组分气样,右边小室只通以载气时,左边小室中的两电阻为工作臂,右边小室中的两电阻为参比臂。如通入左、右两小室的气样与载气相反,则工作臂与参比臂也相反。当没有待测组分气样流入热导池时,电桥四臂电阻相等,电桥平衡,无信号输出;当有被测组分气样流入热导池时,由于不同组分的导热系数不同,因此,钨丝的散热条件发生变化而引起钨丝电阻值变化,电桥失去平衡而有输出,该输出信号由电子电位差计记录,根据记录数据可以算出各组分在被测试样中的浓度。根据电桥的性质不难得出:热导池桥臂电阻的阻值越大,电桥通过的电流越大,电桥的灵敏度越高。供电电流还受桥臂电阻工作温度的限制,而工作温度又受电阻本身的允许工作温度的限制。对于同一种桥臂电阻,载气传热系数大则允许的最大工作电流可以取高一些。热导池处于常温时用氮气作为载气,供电电流不大于 100 mA。用氢气作为载气时,电流可提高到 250 mA。

为了避免环境温度变化影响热导池内钨丝的散热条件,往往也给热导池加恒温装置。热导池检测器的灵敏度定义为,单位体积载气中携带单位体积(或质量)的待测组分时,检测器所产生的电压(mV),用符号 A 表示。对于气体样品,A 的单位为 $mV \cdot L/L$;对于液体样品,A

的单位为mV·L/g,A 一般可达 1～10 mV·L/g。

（2）氢火焰离子化检测器

这是一种把单位时间内流过检测器的组分质量转换为毫伏或毫安信号输出的检测器,它的灵敏度定义为,单位时间内 1 g 待测组分通过检测器时,检测器所输出的电压(mV)或电流(mA),其单位为mV·s/g 或 mA·s/g。氢火焰离子化检测器的灵敏度比热导池检测器的要

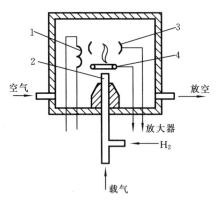

图 8-4　氢火焰离子化检测器

1—点火丝;2—喷气口;3—收集电极;4—极化电极

高 1000 倍左右。这种检测器仅对气样中的碳氢化合物有响应,其响应信号随着化合物中碳原子数量增多而增大,但对所有惰性气体(如 CO、CO_2、SO_2 等)均没有响应。氢火焰离子化检测器由于具有灵敏度高、反应快、线性范围宽、检测下限低等特点,应用得十分广泛。氢火焰离子化检测器的结构如图 8-4 所示。带有气样的载气从色谱柱出来后与纯氢气混合进入检测器,从喷气口喷出,点火丝通电点燃氢气,有机化合物在燃烧中所产生的离子及电子由收集电极 3 和极化电极 4 收集,收集到的离子电流经静电放大器放大后通过显示仪表指示和记录。整个系统应加电磁屏蔽,以避免外界电磁干扰。

一般来说,氢火焰离子化检测器的效率是很低的,约每 50 万个碳原子中有一个被电离成离子对,而产生离子对数目的多少直接影响到仪器的灵敏度,在组分浓度一定的情况下产生的离子对数越多,则仪器的灵敏度就越高。事实证明,合理地选择结构及运行参数对灵敏度是有很大影响的。一般来说,工作电压的选择范围在 150～250 V,载气的流速与氢气的流速比例在 1∶1 到 2∶1 范围以内。

8.1.2　色谱图及色谱定性定量分析方法

1. 色谱图

色谱流出曲线图(见图 8-5),简称色谱图,是定性定量分析的依据。下面先介绍有关色谱流出曲线图的一些术语。

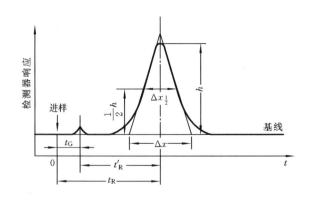

图 8-5　色谱流出曲线

（1）基线

在试验条件下,当没有气样进入检测器时检测器的记录曲线称为基线。它应是一条平稳的直线,它能反映仪器工作是否稳定。

（2）滞留时间

从气样进样时刻起到组分的色谱峰出现最大值时所经历的时间称为滞留时间,如图 6-5 所示,0 是进样时刻,t_G 是不被固定相吸附或溶解的气体(如空气)的滞留时间,t_R、t'_R 分别是被分析组分的滞留时间和校正滞留时间。空气峰最早出现,其滞留时间可以反映色谱柱中空隙体积的大小。将各组分的滞留时间减去空气的滞留时间,称为各组分的校正滞留时间。各组分的滞留时间有足够的差别,是各组分得以分离的必要条件。

（3）峰高、峰宽、峰面积

谱峰的最高点的纵坐标为峰高(h),在基线处的谱峰宽度为峰宽(Δx)。一般希望峰高要高,峰宽要窄,这样灵敏度才高,分离性能才好,不致产生色谱峰的重叠现象。峰面积 A 是定量计算的一个数据,如果是对称峰,则可把峰形看作等腰三角形,其面积为

$$S \approx h \Delta x_{\frac{1}{2}} \tag{8-2}$$

式中:$\Delta x_{\frac{1}{2}}$ 为半峰宽,即半峰高 $\left(\frac{1}{2}h\right)$ 处的峰宽。

考虑到峰的底边比三角形底边要大一些,故要求较高精度时可用下式计算:

$$S \approx 1.065 h \Delta x_{\frac{1}{2}} \tag{8-3}$$

2. 定性定量分析方法

（1）定性分析方法

在色谱法中首先要对样品组分定性分析,确定每个色谱峰代表什么物质。实践证明,对于一定的色谱柱,当载气流量、色谱柱温度等条件一定时,各组分的滞留时间是一定的。因而,可以用被测组分和已知某标准组分比较,如果滞留时间相等,则一般来讲,这两种物质是同一物质,即预先用纯物质进行试验,求出它们的 t_R 或 t'_R,再在相同的操作条件下对混合物分析,然后用试验得出的 t_R 和 t'_R 与各个峰的滞留时间或校正滞留时间进行比较,即可对各组分的成分进行定性确定。这种定性分析方法要求操作条件稳定不变。除用滞留时间作定性分析外,还可利用加入纯物质的方法进行定性分析。要想判断被分析混合物中有无某组分 i,可先作出混合物的色谱图 A,然后加入该组分的纯物质,再作出色谱图 B。比较此两图,如果发现 B 图中某一组分的峰加高,说明该组分与新加入的组分 i 性质相同;如果图中出现新峰,则说明混合物中不含组分 i。这种定性分析方法简单,对操作条件的稳定性要求不高。

（2）定量分析方法

在确定组分性质以后,就需要对组分定量分析。定量分析方法很多,下面介绍几种常用的方法。在进行定量时,需要先测定检测器的灵敏度,根据检测器灵敏度的定义:

$$s_i = \frac{h_i f}{\rho_i} \tag{8-4}$$

式中:h_i 为色谱峰的高度,cm;

f 为记录仪的灵敏度倒数,mV/cm;

ρ_i 为样品中某组分 i 在载气中的质量浓度,g/L。

注入的组分 i 的质量 m_i 和该组分在载气中的质量浓度 ρ_i 的关系为

$$m_i = \int \rho_i q_c \mathrm{d}t \tag{8-5}$$

式中：q_c 为载气的流量，mL/s；

t 为时间，s。

因为
$$t = \frac{x}{v} \tag{8-6}$$

式中：x 为记录纸在 t 时间内走过的距离，cm；

v 为记录纸速度，cm/min。

将式(8-4)和式(8-6)代入式(8-5)，得

$$m_i = \int \frac{h_i f}{s_i} q_c \mathrm{d}\frac{x}{v} = \frac{f q_c}{s_i v} \int h_i \mathrm{d}x$$

式中：$\int h_i \mathrm{d}x$ 为组分 i 的色谱峰的面积，用 S_i 表示，所以

$$s_i = \frac{f q_c S_i}{v m_i} \tag{8-7}$$

由上式可见，检测器的灵敏度与组分性质有关。为了得到准确的结果，需以各种纯样品配以不同的质量浓度，通过试验求得检测器对不同物质的测量灵敏度。还可看出检测器的灵敏度与 q_c 有关，为了使定量分析方便与准确，常采用检测器对于各组分的相对灵敏度这个概念。相对灵敏度 s_i' 就是指测某一个组分时的灵敏度 s_i 与测某一标准物质时的灵敏度 s_B 之比，即

$$s_i' = \frac{s_i}{s_B}$$

试验证明，相对灵敏度 s_i' 不受操作条件的影响，应用起来很方便。

① 定量进样法。

设混合物样品的总进样量为 m，某组分 i 在混合物中的质量分数为 w_i，则

$$w_i = \frac{m_i}{m} \times 100\% = \frac{f q_c}{s_i v m} S_i \times 100\%$$

根据色谱图求出 S_i 后，便可计算出 $w_i(\%)$。这种方法需准确地知道进样量 m，另外要求操作条件稳定。

② 内标法。

将一定量的纯物质作为内标物，根据内标物和样品的质量比 m_B/m_i 及其相应色谱峰面积之比，按下式求 i 组分的质量分数 w_i：

$$w_i = \frac{m_i}{m} \times 100\% = \frac{m_i}{m_B} \frac{m_B}{m} \times 100\% = \frac{S_i/s_i}{S_B/s_B} \frac{m_B}{m} \times 100\%$$

$$= \frac{S_i}{S_B} \frac{s_B}{s_i} \frac{m_B}{m} \times 100\% \tag{8-8}$$

式中：m_i、S_i、s_i 分别为被测组分的质量、峰面积、检测器的灵敏度；

m_B、S_B、s_B 分别为标准物的质量、峰面积、检测器的灵敏度；

m 为样品质量。

内标法的优点是对样品的进样量没有严格要求。必须指出的是，内标物必须是样品中不含的纯净组分，如果内标物在样品中也含有，则不能采用此法。

③外标法。

这种方法的原理是，配制已知浓度的标准样品进行色谱试验，测量各组分的峰面积(或峰高)，求出单位峰面积(或峰高)所对应的组分含量作为校正值，或作出峰面积(或峰高)和组分

含量关系的标准曲线(见图 8-6),然后在与标准样品试验同样的操作条件下注入同样量的被分析样品,作出色谱图,根据峰面积(或峰高)乘以校正值得到样品成分含量,或从标准曲线上查到各组分的含量。这种方法简单、方便,而且比较精确,应用较广泛,但要求进样量准确,操作条件稳定。

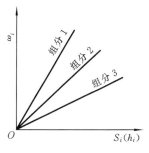

图 8-6　外标法标准曲线

④转化定量法。

将色谱柱分离出的组分经催化转化成其他物质再经检测器检测。例如用热导池检测器检测微量 CO、CO_2 时,因其灵敏度不能满足要求,故可在色谱柱后装一镍催化剂(触媒)的转化炉,在镍催化剂的催化作用下 CO、CO_2 与 H_2 生成 CH_4,然后再用氢火焰离子化检测器检测,由于生成的 CH_4 与原来的 CO、CO_2 体积相同,因此,CH_4 的体积分数就是相对应的 CO、CO_2 的体积分数。

8.2　氧气分析仪

8.2.1　氧化锆氧气分析仪

氧化锆氧气分析仪在火电厂中得到广泛应用,它的特点是结构和采样预处理系统较简单,灵敏度和分辨率高,测量范围宽,响应快,但工作寿命较短,需要在一定的高温范围才能工作。

1. 工作原理

图 8-7 所示的是带有封头的氧化锆管,管的内、外壁有铂电极。氧化锆管是在纯氧化锆(ZrO_2)中掺入一定数量的氧化钙(CaO)或氧化钇(Y_2O_3),经高温焙烧后形成稳定的萤石型立方晶系固熔体,其中 Ca^{2+} 或 Y^{3+} 置换了 Zr^{4+} 的位置,而在晶体中留下了氧离子空穴,空穴多少与掺杂量有关。由于氧离子空穴的存在,在 $600 \sim 1000$ ℃下,这种氧化锆材料成为对氧离子有良好传导性的固体电介质。氧化锆晶体主要以 O^{2-} 通过空穴的运动而导电,电导率随温度的上升而提高,所以在高温并有氧存在的情况下,氧化锆表面的氧取得了晶格中的氧离子空穴中的位置变成了氧离子。如果氧化锆两侧氧的浓度不同,则两侧的氧离子浓度也不同,氧离子必然自浓度高的一侧向低的一侧迁移,由于物质浓度不同产生离子迁移而形成电动势,就是浓差电池的原理。它所产生的与两侧浓度差有关的电势称为浓差电势,如图 8-8 所示。

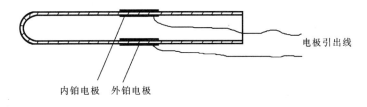

内铂电极　外铂电极

电极引出线

图 8-7　有封头的氧化锆管

其氧浓差电池可以表示为

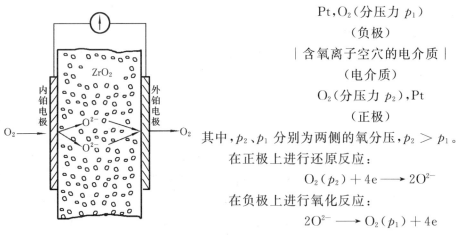

图 8-8 ZrO_2 氧浓差电池原理

Pt,O_2(分压力 p_1)

（负极）

| 含氧离子空穴的电介质 |

（电介质）

O_2(分压力 p_2),Pt

（正极）

其中,p_2、p_1 分别为两侧的氧分压,$p_2 > p_1$。

在正极上进行还原反应:

$$O_2(p_2) + 4e \longrightarrow 2O^{2-}$$

在负极上进行氧化反应:

$$2O^{2-} \longrightarrow O_2(p_1) + 4e$$

电池两端产生的电势 $E(\text{mV})$ 可用能斯特公式计算:

$$E = \frac{RT}{nF} \ln \frac{p_2}{p_1} \tag{8-9}$$

式中:R 为气体常数,$R = 8.315 \ \text{J/(K·mol)}$;

F 为法拉第常数,$F = 96500 \ \text{C/mol}$;

T 为热力学温度,K;

n 为反应时输送的电子数,对于氧,$n = 4$;

p_1、p_2 分别为被测气体与参比气体的氧分压。

在分析烟气的氧含量时常用空气作参比气体。若被分析气体的总压力与参比气体的总压力相同,则式(8-9)可改写成

$$E = \frac{RT}{nF} \ln \frac{p_2}{p_1} = \frac{RT}{nF} \ln \frac{w_2}{w_1} = 0.0496 T \ln \frac{w_2}{w_1} \tag{8-10}$$

式中:w_2 为参比气体(空气)中氧的质量分数;

w_1 为被测气体中氧的质量分数。

从上式可看出,在分析烟气的氧含量时,在用空气作参比气体,且这两种气体的总压力相同的条件下,两种气体中氧分压之比能代表这两种气体中氧浓度之比。空气中的 w_2 为定值,如果工作温度 T 一定,则浓差电势 E 与被测气体中的氧质量分数(氧含量)的对数成反比。

图 8-9 所示的是氧化锆氧气分析仪氧化锆的氧浓差电势(E)与氧的质量分数的关系曲线。从图上可以看出,氧化锆的温度不同时有不同的输出曲线,为此常常将氧化锆管放入一个恒温炉内以保持氧化锆管的温度稳定。为简化系统也有取消恒温炉的,这时在回路中可采取一定措施来补偿被测介质由于温度波动而带来的附加误差。

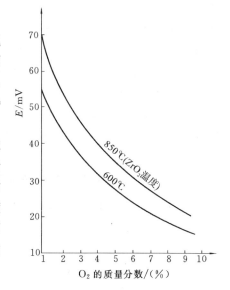

图 8-9 氧化锆管氧浓差电势与氧的质量分数关系曲线

2. 测量系统

目前用氧化锆氧气分析仪来测量烟气的测量系统很多,大致可分为抽出式和直插式两类。

（1）抽出式

在选好的测点处,利用取样器抽气取出气样,抽出式带有净化系统,能除去杂质和有害气体,这对保护氧化锆管有利。该系统要用恒温装置,准确度较高,但系统复杂,安装工作量大。

（2）直插式

直插式是将氧化锆管直接插入烟道高温部分,并以法兰固定在炉墙上。在一端封闭的氧化锆管内外,分别通过空气和被测烟气,在管外装有热电偶测定氧化锆管的工作温度。直插式氧化锆管要直接接触烟气,条件较差,除影响使用寿命外,温度变化或温度较低将直接影响测量精度。对于温度的影响,一般有两种解决的办法,即恒温和温度补偿。图 8-10 所示的是采用定温电炉恒温的直插式氧化锆氧量计。通过控制设备把定温电炉的温度控制为 800 ℃ 左右。为了防止炉烟尘埃污染氧化锆,加装了多孔性陶瓷过滤器。采用温度补偿时,测点处的温度应在 600～900 ℃ 之间,对于电厂锅炉,该位置就在过热器出口或高、低温过热器之间。DH-4 型氧化锆氧量计是用热电偶补偿温度的,如图 8-11 所示。

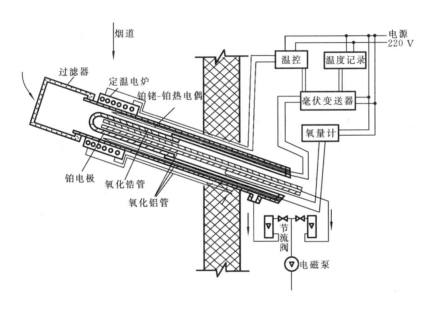

图 8-10　采用定温电炉恒温的直插式氧化锆氧量计

根据能斯特公式可知,被测气体中氧浓度越大,则输出电势越小,而且它们之间的关系是指数关系。因此,如果将此信号用在自动调节,则先要将输出信号倒相,再线性化。用于氧化锆输出信号温度补偿的热电偶是镍铬-镍硅热电偶,整机电子线路采用了运算放大器。氧化锆管输出的浓差电势信号,通过线性化器、毫伏变送器可以转换成 0～10 mA 的标准信号。

3. 氧化锆氧气分析仪使用的注意事项

①测点处的被测烟气流的温度应在 650～900 ℃ 之间,温度变化尽可能缓慢。温度过低时,内阻增高,对测量的输出电势不利;温度过高时,由于电化学渗透加强,误差增大,电极材料升华增强,使用寿命将缩短。因为浓差电势与氧化锆管工作时的绝对温度成正比,因此,氧化锆管应处于恒定温度下工作或在仪表线路中附加温度补偿措施。

②尽可能消除气样中的有害气体(如可燃气体 H_2、CO 等),在电极上与通过氧化锆传导过来的氧离子反应,会成为燃料电池,使输出电势增大,造成误差。

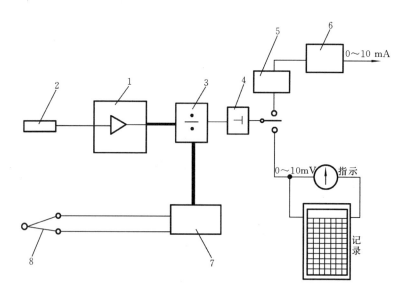

图 8-11　DH-4 型氧化锆氧量计方框图

1—阻抗转换及放大;2—ZrO₂ 传感器;3—除法器;4—倒向器;

5—线性化器;6—电压电流转换器;7—温度校正转换;8—热电偶

③气体流量的调整。气样和参比气体都应不断地流过电极。但流量过大时会起冷却作用,使电池温度不均(两电极间出现温差),造成误差。过小的流量除易形成气流停滞和死区外,还可能因氧离子的传导而改变局部区域的氧浓度,从而影响测量的准确性。参比气体应为清洁的干空气。

④两侧气流的总压应维持恒定并保持一致,只有这样,两种气体中氧分压之比才能代表两种气体中氧的浓度之比。

⑤氧化锆材料的阻抗很高,并且随工作温度降低按指数曲线上升。为了正确测量输出电势,二次仪表必须具有很高的输入阻抗。

8.2.2　热磁式氧气分析仪

1. 工作原理

热磁式氧气分析仪是利用烟气中的氧比其他成分有高得多的磁化率这一物理特性制成的。表 8-1 所示的是烟气中各成分的体积磁化率和以氧的磁化率为基数的烟气成分的磁化率相对值。从表中可以看出,除氧气外,其余成分的磁化率比较接近。

表 8-1　炉烟中各成分的体积磁化率(20 ℃以下)

成分	N_2	CO_2	CO	H_2	H_2O	CH_4	O_2
体积磁化率 $\kappa \times 10^9$	−0.58	−0.84	−0.44	−0.164	−0.58	+1	+142
相对磁化率/(%)	−0.4	−0.57	−0.31	−0.11	−0.4	+0.68	+100

注:相对磁化率是指在 20 ℃以下,与 O_2 的体积磁化率的比值,以百分数表示。

由物理学知道,任何物质在外磁场作用下都会发生磁化,这时物质中的磁感应强度

$$B = H + H' = H + 4\pi\kappa H = \mu H$$

$$(8\text{-}11)$$

式中：H 为外磁场强度；

H' 为由于磁化产生的附加磁场强度；

κ 为物质的体积磁化率；

μ 为物质的磁导率。

$\kappa > 0$ 或 $\mu > 1$ 的物质为顺磁性物质，在磁场中被磁力吸引；$\kappa < 0$ 或 $\mu < 1$ 的物质为逆磁性物质，在磁场中被磁力排斥。由上表可知，锅炉烟气中只有 O_2 和 CH_4 是顺磁性物质，但 CH_4 的磁化率比 O_2 的要小得多，而且在烟气中的含量极微。

试验证明，无化学反应的混合气体，其磁化率等于各成分磁化率之和，即有

$$\kappa = \sum \kappa_i w_i = \kappa_1 w_1 + \kappa_2 (1 - w_1) \tag{8-12}$$

式中：κ_i、w_i 分别为第 i 种成分的磁化率及质量分数；

κ_1、w_1 分别为待分析成分的磁化率及质量分数；

κ_2 为其余成分的磁化率（假设一致）。

由于烟气中各非氧成分的磁化率均很小，因此，式(8-12)右边第二项可忽略，即

$$\kappa = \sum \kappa_i w_i \approx \kappa_1 w_1$$

所以烟气这一混合气体的磁化率主要取决于氧的质量分数 w_1。当 κ_1 为常数时，w_1 可由 κ 的大小确定。

直接测量烟气的磁化率的大小是比较困难的，但是通过对顺磁性气体的进一步研究发现，顺磁性气体受热后，其磁化率的变化遵循居里定律，即顺磁性气体的磁化率随温度的升高而降低。居里定律由下式表述：

$$\kappa = \frac{CM_r p}{RT^2} \tag{8-13}$$

式中：C 为居里常数；

M_r 为气体的相对分子质量；

p 为气体的压力；

R 为气体常数；

T 为气体绝对温度。

由此可见，顺磁性气体磁化率与压力成正比，而与绝对温度的平方成反比。当压力一定时，即使是同种物质，温度不同，恒磁场对它的作用力也不同，这是热磁式氧气分析仪的物理基础。温度低的顺磁性气体在不均匀恒磁场中所受到的吸引力比温度高的气体要大得多。如果有一不均匀恒磁场放在顺磁性气体附近，如图 8-12 所示，那么顺磁性气体将受磁场吸引而进入水平通道。同时对气体加热，气体温度升高，受磁场的吸引力减小，从而受后面磁化率高的冷气体推挤，将排出磁场，于是在水平通道中不断有顺磁性气体流过，这种现象称为热磁对流或磁风。

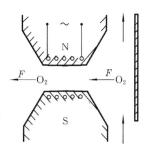

图 8-12　热磁对流现象

由物理学可知，单位体积的气样在磁场强度为 H、场强梯度为 dH/dx 的不均匀磁场中，所受 x 方向的力 F 可用下式表示：

$$F = \kappa H \frac{dH}{dx} \approx \kappa_1 w_1 H \frac{dH}{dx} \tag{8-14}$$

式中：κ_1 为氧的体积磁化率；

w_1 为气体中氧的质量分数。

设气样进入水平通道前的温度为 T_1，相应氧的体积磁化率为 κ_1，进入通道后被加热到温度 T_2，相应氧的体积磁化率为 κ_2，则可得单位体积气样所受到的磁风力

$$F = w_1(\kappa_1 - \kappa_2)H\frac{dH}{dx}$$

将居里定律表达式代入上式，得

$$F = w_1\frac{CMp}{R}\left(\frac{1}{T_1^2} - \frac{1}{T_2^2}\right)H\frac{dH}{dx} \tag{8-15}$$

由上式可知，磁风大小与磁场强度、场强梯度、工作温度和压力有关，当这些因素确定以后，可根据磁风大小来确定气样中氧的含量。

2. 热磁式氧气分析仪的结构

目前国产的热磁式氧气分析仪按发送器的不同分为两种，即环管式和直管式。环管式为一带水平通道的环形管，如图 8-13 所示。在水平通道外壁上绕有两个铂丝加热电阻线圈 R_1 和 R_2，它们同时又作为感温元件，并与另外两个锰铜丝绕制的固定电阻 R_3 和 R_4 组成测量电桥，电桥输出送给二次仪表。在靠近 R_1 的水平通道进口两侧，放置永久磁铁的两个磁极，形成不均匀的永久磁场，气样从圆环下部进入，分两路通过圆环，在圆环上部汇合后排出。当气样中不含氧时，水平通道中无磁风，R_1 和 R_2 的温度相同，电阻值相等，电桥平衡，输出为零。当含氧气样通过时，在中间通道产生磁风，由于磁风先流经 R_1，被加热后流经 R_2，因此磁风对 R_2 的冷却作用比对 R_1 的要小，使 R_1 和 R_2 的温度不同，阻值不等，电桥失去平衡，不平衡程度与磁风大小有关，即与氧含量有关。在仪表环境温度、入口气样温度、压力、电源电压稳定的情况下，电桥输出的不平衡电压信号可代表气样中的氧含量。

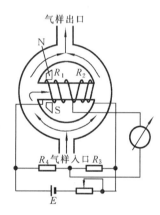

图 8-13 环管式热磁式氧气分析仪原理

应特别注意，发送器的水平通道稍有倾斜，就会在水平通道中引起自然热对流，使仪表零点发生偏移而产生误差，这种发送器对供电电源的稳定性要求较高。

图 8-14 所示的为 CD 系列环管式磁性氧量计的电路原理。测量电桥采用直流稳压电源供电，电位器 R_{W1} 用于细调供电电压，R_{W4} 用于调整上桥电流，当切换开关 K_1 扳向"检查"位置时，标准电阻 R_{11} 上的电压降送至二次仪表，调节 R_{W4} 使二次仪表 M 指示在红线上，此时上桥电流即为额定值。R_{W2} 为量程调整电位器，R_{W3} 为调零电位器，二次仪表可配用以氧含量分度的毫伏计或电子电位差计。

温度控制是通过电接点式水银温度计 KT 和可控硅管 D_{11} 来实现的，KT 的通断控制可控硅管 D_{11} 阴极与控制极间的截止和导通，从而控制加热电阻 R_T 上的电流通或断，一般把温度控制在 50 ℃左右。

环管式发送器的电桥输出与氧的质量分数之间的关系在氧的质量分数低于 10% 时近似为线性。氧的质量分数再增大，仪表的灵敏度就逐渐下降。当氧的质量分数接近 50% 时，仪表灵敏度就很低了，以致无法进行测量。这是由于水平通道中磁风过大，经过 R_1 后温度升高不多，磁风对 R_1 和 R_2 的冷却作用的差别减小而造成的。因此，在测量高氧含量气体时，要用

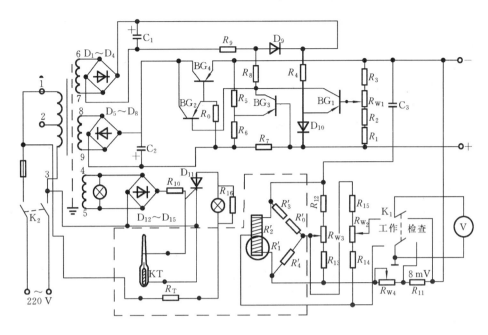

图 8-14　CD 系列环管式磁性氧量计电路原理

垂直通道的发送器。将图 8-13 所示的环室按顺时针方向转过 90°就成为垂直通道发送器,这种通道中形成自下而上的热对流,可部分抵消磁风,使通道内流速降低,提高发送器的灵敏度,但会造成在低氧含量时灵敏度降低的现象,故通常把环管做成可调倾角的,改变倾角即可改变仪表的量程和标尺起点的氧含量值。

为了减小仪表安装倾斜及环境温度变化对仪表指示值的影响,目前烟气分析中常用的是外对流式发送器,其结构如图 8-15 所示。它有 Ⅰ、Ⅱ、Ⅲ、Ⅳ 四个分析室,相应地安装有 R_1、

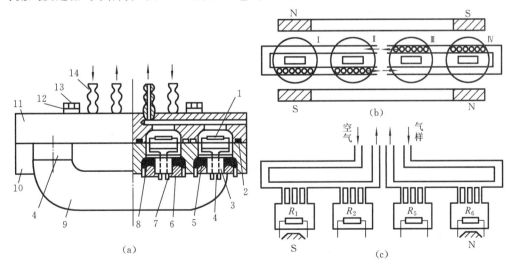

图 8-15　QZS-5101 发送器(外对流式)结构示意图

(a)结构剖视;(b)俯视意图;(c)气路示意图

1—桥臂元件;2—密封环;3—支持器;4—极靴;5—压圈;6—压圈螺母;7—引出线;

8—密封圈;9—磁钢;10—壳体;11—上盖;12—垫圈;13—螺钉;14—接头

R_2、R_5、R_6 四个铂热电阻,既作为加热元件,又作为测量传感器,它们均用直径为 0.02 mm 的铂丝绕制而成,每个电阻在 20 ℃时的阻值为(45±0.5) Ω。用一对磁钢将其 N、S 极交错放置,形成两对磁极,并置于Ⅰ室和Ⅳ室两边,如图 8-15(b)所示。空气和气样由各自的进气管流过主气道,气体由旁路管通过扩散进入分析室。在Ⅱ室和Ⅲ室不存在磁场,气体仅有热对流,而在Ⅰ室和Ⅳ室的气体,不仅有热对流,而且还有方向一致的热磁对流,因此,进入Ⅰ室、Ⅳ室的气体比进入Ⅱ室、Ⅲ室的气体多,故在测量时 R_1、R_6 的阻值小于 R_2、R_5 的阻值。

把通空气的Ⅰ室、Ⅱ室称为补偿室,通气样的Ⅲ室、Ⅳ室称为工作室。采用四个分析室,是为了采用双电桥比较测量电路,这样可以有效地补偿环境温度变化、大气压力变化、电源电压变化及安装倾斜变化等引起的误差。双电桥差接式测量电路如图 8-16 所示。一个是比较电桥(由补偿室电阻 R_1、R_2,固定电阻 R_3、R_4 组成),另一个是工作电桥(由工作室电阻 R_5、R_6,固定电阻 R_7、R_8 组成),补偿室通入的是空气,其含氧量是定值(20.8%),所以比较电桥的输出是固定电压 V_{AB}(当然温度变化、电源电压变化等会影响 V_{AB}),该电压加在滑线电阻(R_H)上作为参比电压,工作电桥的输出电压 V_{CD} 随被测气样中氧量改变而改变。两电桥按电压差连接,利用零差测量法,将 V_{CD} 与 R_H 滑动触点的电压进行比较,差值输入电子放大器,经放大后的信号带动可逆电机,可逆电机带动滑线电阻的触点移动,其移动方向是使 V_{AE} 最终等于 V_{CD},平衡后滑动触点和指针的位置代表氧气的含量。

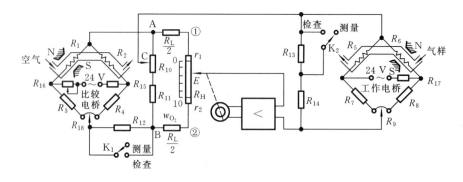

图 8-16　双电桥差接式测量电路

图 8-16 所示的是一种实际电路的简化电路。用 R_{15}、R_{17} 来调节两桥电流(140 mA),R_{16}(20 Ω)微调比较电桥的输出电压。两个电桥的参数相同时,比较电桥输出 $V_{AB}>V_{CD}$(当测量上限低于空气中的氧量时),用 R_{12} 衰减 V_{AB}。另外,比较电桥与滑线电阻 R_H 之间有线路电阻 $\left(2\times\dfrac{R_L}{2}\right)$,又滑线电阻($R_H$)两端有非工作段 r_1 和 r_2,当工作电桥输出为零(相应气样中氧量为零)时,虽然滑动触点达到刻度始端,但 V_{AB} 不为零,放大器仍有输入。为此,用电位器 R_{10}、电阻 R_{11} 与 R_L、R_H 组成电桥(桥路的输入端为 A、B,输出端为 C、E)。这样调节 C 可以使刻度始点为零或达到要求的电位,所以 R_{10} 称为"电气零点"调节电位器。

在测量电路上可作以下调整。

①用 R_{18}、R_9 分别调整比较电桥和工作电桥的电气平衡。

②仪表电气零点的调整:将开关 K_1、K_2 放在"测量"位置,给工作室通氮气(零点气样),工作电桥输出为零,这时仪表指零,如果不指零,则可调 R_{10} 使仪表指零。在现场运行时,通氮气较麻烦,一般可用磁分路器使 R_6 处的磁钢极靴短路。运行 10 min 后热磁对流停止,这时指针应指在靠近刻度始端的"下红线"上,否则可调电位器 R_{10}。

③刻度范围调整：给工作室通空气，使磁分路器离开磁钢，运行 10 min 后工作电桥的输出将超出上限，这时应把开关 K₁、K₂ 放在"检查"位置，R_{12} 被短路，使比较电桥的输出电压不再衰减，R_{13} 被短路，使工作电桥的输出有规律地衰减。这时仪表指针应指在靠近刻度终端的"上红线"上，如不指该处，可调整刻度范围电位器 R_{16}。

8.3 红外气体分析仪

红外气体分析仪是利用被测气体对红外线的特征吸收而对多组分混合气体进行定量分析的。它是光学式分析仪器的一种，目前常用的是吸收式红外气体分析仪。它具有分析对象广泛、灵敏度高、精度高、选择性好和反应速度快等特点。红外气体分析仪根据分析对象不同，所用的红外线波长也不同，常用的波段是 2～20 μm。

从红外光源发出的红外线经过被测气体时，被测气体将会有选择性地吸收其特征波长的辐射能，以上所说的 2～20 μm 波段即为气体分子的特征吸收带。红外线通过被测气体前后的能量变化与被测气体的浓度有关，它们之间的关系可用朗伯-比尔定律表示，即

$$I = I_0 e^{-K_\lambda w L} \tag{8-16}$$

式中：I_0 为入射光强度；

$\quad\quad I$ 为透射光强度；

$\quad\quad K_\lambda$ 为被测气体的吸收系数；

$\quad\quad L$ 为气室长度；

$\quad\quad w$ 为被测气体的质量分数。

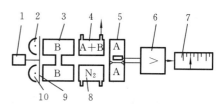

图 8-17　红外气体分析仪的工作原理
1—同步电动机；2—红外光源；3—干扰滤光室；4—测量气室；5—检出器；6—放大器；7—指示记录仪；8—参比气室；9—切光片；10—参比光源

由式中可看出，当光源辐射强度 I_0 及其气室长度 L 固定，由于 K_λ 对于某一种被测气体是常数，因此，通过测量透射红外辐射强度 I 就可确定被测气体的浓度。

红外气体分析仪主要由光学系统和电学系统两部分组成，图 8-17 所示的为工业上常用的红外气体分析仪的工作原理。它由红外光源和参比光源分别发出两束辐射线。红外光源辐射线的波长为被测气体的吸收波长，用作测量气样的光束；参比光源辐射线的波长为被测气体中任何组分均不吸收的波长，作为参比光束。两组光束分别经过切光片调制成一定频率。在参比气室中充入对红外线没有吸收作用的惰性气体（如 N_2），测量气室中连续通过被测气样。红外光源和参比光源的辐射线分别经过干扰滤光室、测量气室或参比气室，最后到达检出器，此检出器通常为薄膜电容检出器，又称为电容微音红外检出器，其结构原理如图 8-18 所示。在检出器中有三个气室，其中在两边的为结构和尺寸完全相同的气室，即接收室，分别接收参比光束和测量气样光束，在中间的气室中有一薄膜相隔，作为薄膜动片，紧靠薄膜动片有一个定片，与薄膜动片组成电容器。当测量气室中无被测气体时，调整两束光强平衡，使进入检出器两接收室的光能量相等，则两接收室中温度和压力相等，此时，电容动片不发生变形，与定片之间的电容量不发生变化。而当测量气室中通入被测气体后，测量气样光束的辐射能量被吸收一部分，此侧的检出器接收室的光能减弱，压力比原来减小，而参比光束一侧光能则保持不变，气室内压力也不变，因而薄膜动片产生变形和位移，电容两极间距离减小。电极间的距离随被测气体的浓度不同而变化，

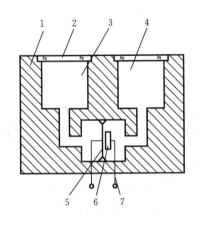

图 8-18　薄膜电容探出器结构示意图

1— 探出器壳体；2— 窗片；

3— 参比光束一侧的探出器气室；

4— 测量光束一侧的探出器气室；

5— 可变薄膜；6— 固定电极；7— 电极引线

浓度越大,距离越小,根据平板电容公式计算,即

$$C = \varepsilon \frac{S}{l} \qquad (8\text{-}17)$$

式中：C 为电容量；

　　　S 为电容器的极板面积；

　　　l 为极板间的距离；

　　　ε 为介质的介电常数。

为了便于测量,入射光束用切光片进行调制,使电容动片周期性地振动,电容量 C 产生周期性变化。这时如果在电容两极加上直流电压,就会产生周期性的充、放电电流,将此信号放大,即可显示出被测气体的浓度值。滤光室的作用是消除气样中干扰成分的影响,滤光室中充以被测气体中含有的干扰组分气体,以便把干扰组分气体所能吸收的辐射全部吸收。如在测量 CO 时含有 CO_2 的干扰成分,则在滤光室中充以 CO_2,这样,经过滤光室后的光束就不会受到干扰组分 CO_2 的影响,即干扰组分 CO_2 在被测气样中的浓度变化不再影响 CO 浓度的指示。

随着科学技术的不断发展,在仅能对被测气样中单一组分浓度进行分析的红外气体分析仪的基础上,研制出能对多种组分浓度同时进行自动连续分析的多组分红外气体分析仪。图 8-19 为能同时测定气样中三种组分浓度的红外气体分析仪的示意图。和单组分红外气体分析仪所不同的是,它的切光器上设有 6 个气室,其中 3 个是参比室,另 3 个是分析室,它们交错排列。若要分析被测气体中 A、B、C 三种组分的浓度,则切光器上 R_a、R_b、R_c 就是待测组分 A、B、C 的参比室,室中分别充以质量分数为 100％的待测组分 A、B、C 气体；S_a、S_b、S_c 3 个气室则为 A、B、C 组分的分析室。S_a 中充有一定浓度的 B、C 组分,S_b 中充有一定浓度的 A、C 组

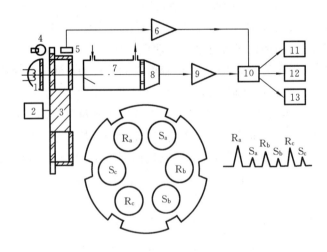

图 8-19　三组分红外气体分析仪原理示意图

1—红外光源；2—电动机；3—切光器；4—光源；5—光敏二极管；6—放大器；

7—样品室；8—红外检出器；9—信号放大器；10—分离器；11、12、13—显示器

分,S_c 中则充有一定浓度的 A、B 组分。样品室中通入被分析的混合气样。它的检出器采用的是碲镉汞红外检测器。电动机带动切光器转动时,红外检测器输出 6 个波峰。图 8-19 所示曲线中的 R_a、R_b、R_c 和 S_a、S_b、S_c 分别代表待测组分 A、B、C 的参比峰和分析峰,光源和光敏二极管给出一个同步信号,使分离器 10 根据程序将三组信号分开,并相减,分别在三个显示器上得到相应于待测组分 A、B、C 浓度的信号。

8.4 化学发光气体分析仪

化学发光气体分析仪简称 CLD,CLD 是英文 chemiluminescent detector 的缩写。此法是 20 世纪 70 年代发展起来的,是目前测定 NO_x 的最好方法(NO_x 是废气中的 NO 和 NO_2 综合含量的习惯表示法)。其特点是分辨率高(约为 10^{-7}),反应速度快(一般为 $2\sim4$ s),可连续分析,线性范围广,对高、低浓度的 NO_x 气样均可测定。

化学发光法分析 NO_x 的原理是,利用 NO 和臭氧 O_3 在反应器中反应产生了部分电子激发态 NO_2^* 分子,这些 NO_2^* 分子从激发状态衰减到基态时,辐射出波长为 $0.6\sim3$ μm 的光子($h\nu$)。其化学发光的反应机理为

$$NO + O_3 \longrightarrow NO_2^* + O_2$$
$$NO_2^* \longrightarrow NO_2 + h\nu$$

式中:h 为普朗克常量;

ν 为辐射光频率。

在温度为 27 ℃ 时,激发态的 NO_2^* 约占生成的 NO_2 总量的 10%。随着温度的升高,NO_2^* 的生成量也相应增高,因此,必须控制反应器内的温度,并且使标定和分析均在相同的温度下进行。

化学发光的强度 I 直接与 O_3、NO 两反应物的浓度乘积成正比,即

$$I = K[O_3][NO] \tag{8-18}$$

式中:K 为反应常数。

当保持臭氧(O_3)的浓度一定时,辐射光的强度 I 与 NO 的浓度成正比。测定出发光强度即可求得 NO 的浓度。

图 8-20 为化学发光分析仪简图。反应气体 O_3 是一种活性物,由臭氧发生器 1 产生。干燥清洁的空气以一定的流速进入臭氧发生器后,经紫外线照射产生的 O_3 的质量分数约为空

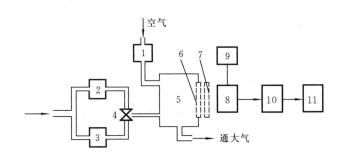

图 8-20　化学发光分析仪简图

1—臭氧发生器;2—除尘干燥器;3—NO_2-NO 转化器;4—三通电磁阀;5—反应器;

6—石英窗;7—滤光片;8—光电倍增管;9—电源;10—直流放大器;11—显示记录器

气的 0.5%。被测量气体分两路进入,一路经除尘干燥器 2,再经三通电磁阀 4,与含有 O_3 的空气同时进入反应器 5,被测气体中的 NO 与 O_3 即产生化学发光反应。反应后的气体被排至大气中。石英窗 6 和滤光片 7 用来分离给定的光谱区域,以避免反应气体中其他一些化学发光反应生成的光的干扰,而得到具有一定波长范围的光,经光电倍增管 8 放大并转化成电流信号,再经直流放大器 10,最后由显示记录器 11 指示出 NO 的浓度。CLD 只能直接测定 NO,对于被测气体中的 NO_2 的测定,可将 NO_2 在转化器中转化成 NO,再和 O_3 反应。故另一路被测气体经过 NO_2-NO 转化器 3,在 600 ℃ 的高温下,将其中的 NO_2 全部分解为 NO。

$$2NO_2 \xrightarrow{600\ ℃} 2NO + O_2$$

然后经三通电磁阀 4 进入反应器 5,进行化学发光反应。由于上列反应中反应前后的 NO_2 和 NO 体积相等,因此此时所测得的 NO 浓度是被测气体中原有的 NO 和由 NO_2 转化的 NO 两部分浓度之和,即为 NO_x 的浓度。三通电磁阀可自动定时切换,在显示记录器上将交替指示出 NO 和 NO_x 的浓度,二者之差即为 NO_2 的浓度。

8.5 烟 度 计

排烟浓度是评价柴油机质量的一项重要指标。随着动力机械数量的不断增加,烟度测量在世界各国已越来越受重视,它不仅可以表征柴油机燃烧过程是否良好和对大气污染的程度,而且是限制一台柴油机最大输出功率的重要因素之一。

测定排烟浓度的方法主要有三种:第一种是滤纸式烟度计,它是使排烟通过一定规格的滤纸,排烟中的烟碳被吸附在滤纸表面,然后利用光的反射作用,测定滤纸的反光程度,以表示排烟烟度;第二种是透光式烟度计,它是让一定规范的光束直接通过部分或全部排烟,用透光度来测定排烟烟度;第三种是重量式烟度计,它是测定排烟中烟粒的质量,用单位体积排烟中所含烟粒质量来表示烟度。下面介绍最常用的烟度计和测量方法。

1. 波许烟度计

波许烟度计是滤纸式烟度计中最有代表性的一种,现以国产的 FQD-102 型烟度计为例进行介绍,它由取样装置、光电检测装置和指示仪组成。

(1)取样装置

它由取气管和抽气泵组成,中间用橡胶管连接,如图 8-21 所示。用手按抽气泵快门皮球 10,排烟随之被吸入泵内,抽气泵从排烟中抽取 (330 ± 15) mL 的气样,让其通过安装在抽气泵前端的圆形滤纸,则气样中的碳粒被吸附在滤纸上,滤纸被染黑的程度与气样中碳粒浓度有关。

(2)光电检测装置

光电检测装置是一个光电变换器,其工作原理如图 8-22 所示。其作用是:根据光反射作用,灯光通过圆孔照射到滤纸上,一部分被滤纸上的碳粒所吸收,另一部分经滤纸反射到硒光电池上,硒光电池输出相应的光电流,输送到指示仪上。

(3)指示仪

指示仪实际上是一个表盘以波许烟度单位表示的微电流表。由于滤纸所吸附的烟碳量不同,反射到硒光电池上的光照度也不同,因而硒光电池输出的光电流大小也不同。全白的滤纸反射能力最强,光电流也最大,波许烟度值为 0;全黑滤纸相应的光电流最小,则波许烟度值为

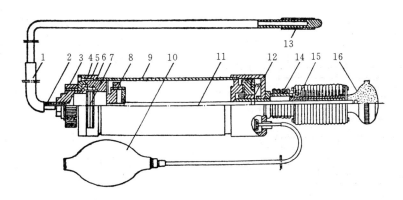

图 8-21　活塞式抽气泵

1—采样连接管;2—进气接头;3—滚花调节螺帽;4、6—O形橡胶圈;5—滤纸夹;7—滤纸;

8—橡胶活塞;9—泵体;10—快门皮球;11—活塞杆;12—操纵机构;13—探头;14、15—工作弹簧;16—球头把手

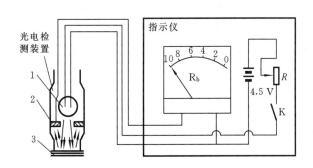

图 8-22　光电检测装置和指示仪简图

1—白炽灯光源;2—硒光电池;3—被测滤纸

10。刻度标尺由 0～10 依光电流大小线性划分。

　　波许烟度计的特点是,结构简单,体积较小,质量较轻,操作方便,可用于实验室和现场测量,宜于作稳定工况的烟度测定,但不能直接连续测量烟度数值。

　　2. 哈特里奇烟度计

　　哈特里奇烟度计是透光式烟度计中的典型代表,它利用透光衰减率来测定排气烟度。其构造如图8-23所示。

　　哈特里奇烟度计是取样型的,也由取样装置、检测装置和指示记录仪三部分组成。图8-24所示的为该烟度计的取样装置。

　　(1)取样装置

　　取样管径的大小由排气尾管的流通面积来选择,要使取样管的流通面积与排气管的流通面积之比不小于 5%。取样管进口前面的排气管平直段长度应不小于 6D,排气尾管的出口距离取样管的进口应不小于 3D。为防止所取样压力波动太大,要求在取样装置中安装一个容积为 7 L 的稳压筒。

　　(2)检测装置

　　从图 8-23 可看出,从取样装置来的被测排气被导入测试管,在测试管的旁边为空气校正管,其中通过洁净的空气,由鼓风机供给。这部分空气一方面作为烟度 0 值的校正气体,另一方面还起到对光电转换系统的保护和冷却作用。白炽灯光源和硒光电池分别安装在校正管和

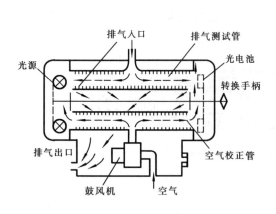

图 8-23　哈特里奇烟度计

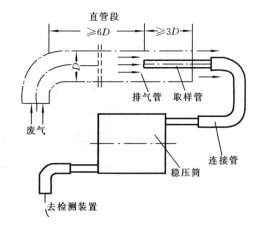

图 8-24　哈特里奇烟度计的取样装置

测试管的两端,用一个转换手柄相连接。测量前,旋转转换手柄,将光源和光电池置于校正管处,进行零点校正,测量时再旋转转换手柄,将光源和光电池置于测试管处,并将被测排烟连续不断地导入测试管,让光线透过导入的排烟,光线受到衰减,光电池接收的光通量随排烟浓度的增加而减少,因而,光电池输出的光电流也相应减少,此电流被送到指示仪显示。

(3)指示记录仪

哈特里奇烟度计的指示仪也为一微电流计,以 0 表示无烟,以 100 表示全黑,以哈特里奇烟度值(HSU)为单位,通过记录仪还可以看出排烟随时间不同的变化情况。

这种烟度计的特点是,精度高,可以作稳态和非稳态下的烟度测量。但是体积和质量较大,一般适合在实验室使用;此外,光电系统易受烟气污染,会产生测量误差,故应随时注意使其保持清洁。

3. PHS 烟度计

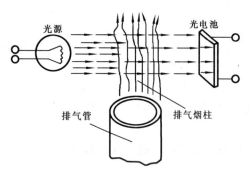

图 8-25　PHS 烟度计示意图

PHS 烟度计是将柴油机全部排烟连续导入检测部分进行烟度测定的透光式烟度计。也是基于光电转换原理,用透光度来测定排烟浓度。图 8-25 为 PHS 烟度计示意图。测量时将光源和光电池置于排气管尾部出口处的两侧,对排烟进行连续测量。该烟度计无专门的校正管,使用时应注意消除光源以外的光线的干扰。PHS 烟度计的测定值与排气管直径和排烟的密度有关,因此,对不同的柴油机功率,规定了相应的排气管直径,如表 8-2 所示。在排气量大和排气管直径大的场合,即使排烟浓度很低,其通过检测部分的烟层厚度也大,所测得烟度值也偏大,这是它的缺点。所以规定 PHS 烟度计只适用745.7 kW 以下柴油机的烟度测量。

表 8-2　柴油机功率与其相应的排气管尺寸

柴油机功率/kW	排气管直径/mm	柴油机功率/kW	排气管直径/mm
≤73.6	50.8	147.2~220.8	101.6
73.6~147.2	76.2	>220.8	127

4. 重量式烟度计

重量式烟度计如图 8-26 所示。测量时真空气泵使全部排烟都通过过滤式收集器,测出收集器质量的增大值,同时用流量计测出排气的体积流量,然后算出单位体积排气中所含碳烟颗粒的质量。

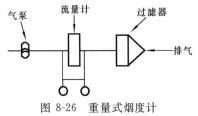

图 8-26　重量式烟度计

思考题与习题

1. 请画出气相色谱仪的基本流程图,说明混合气体中的各组分在色谱柱中是如何被分离出来的。

2. 如何由色谱图得知某组分的浓度? 色谱图中的基线位置取决于什么?

3. 氧化锆氧气分析仪的工作原理是什么? 从其结构上来看,欲提高其测量精度应采取哪些措施?

4. 热磁式氧量计的基本工作原理是什么? 什么是磁风? 它是如何形成的?

5. 红外气体分析仪的工作原理是什么?

6. 排烟中的烟度怎样测量? 试列出几种烟度的测量方法。

第9章 液位测量

9.1 低温液体液位的测量

低温液体,如液氧、液氮、液氢、液氦等,由于它们的沸点很低,因此,在常压下只能将它们存储在特殊的容器中。这种容器一般具有真空夹层,以尽量减少外界与它的传热。但液氢、液氦等低温液体除了用真空夹层减少与外界传热外,还必须加上其他绝热措施,如多屏绝热、多层绝热等。低温容器一般用金属制作,也可用玻璃制作。鉴于低温液体的特殊性质及低温容器的特殊结构,低温液体液位的测量就不同于常温液体液位的测量,在测量过程中应尽量减少传向低温液体的热量。本节介绍几种常用的低温液体液位的测量方法。

9.1.1 电阻式低温液位计

电阻式低温液位计的工作原理是,电阻在低温液体中和在低温蒸气中的散热条件不同,因此,其温度将不一样,这将引起电阻的阻值的变化,通过测量电阻的阻值就可判断液面的位置。

电阻式低温液位计的传感器是由电阻和加热器组成的。其中通常采用的电阻是铂电阻或碳电阻,加热器通常采用锰铜丝绕制而成。定点式液位计的传感器,一般采用碳电阻制成。测量时,在低温容器的几个不同的位置上(如底部、中部、上部)分别装上液面传感器,通过测量它们的电阻值的大小即可大概判断出液面的位置。图 9-1 所示的是定点式电阻液位计的测量电路。典型的碳电阻液位计传感器的电阻值为 47 Ω 或 22 Ω。加热器采用 0.05 mm 的锰铜丝绕在碳电阻上制作而成。其室温电阻为 200 Ω。加热器的工作电流为 40 mA。当它浸没在低温液体中时,由于低温液体的导热性能很好,加热器产生的热量很快被低温液体吸收,使碳电阻的温度接近于液体的温度,这时电阻的阻值较大。当液面传感器处于液面上方时,即处在低温蒸气之中时,由于蒸气的导热性能比液体的导热性能差很多,因此在加热器的作用下,电阻的温度很快就高于低温液体的温度,其电阻值也随之变小。通过测量电阻值的大小即可判断出液面的位置。电阻的变化是采用电桥电路来测量的。将传感器电阻作为电桥的一个臂,当电阻浸没在液体中时,调节相邻桥臂上的可调电阻使电桥处于平衡状态,则电桥的输出为零;当电阻处于液面以上时,其阻值发生明显的变化,电桥失去平衡,电桥的输出就不为零。

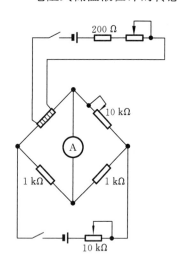

图 9-1 电阻液位计测量电路

用碳电阻制作液面传感器,应选用体积很小的碳电阻,如 $\frac{1}{8}$ W 的 Speer 碳电阻。这样可以减小热惯性,提高响应速度和灵敏度。

连续式液位计的传感器通常采用铂电阻制作,一般是将铂丝和加热丝(锰铜丝)一起绕在一个长形骨架上。传感器插入低温容器中时,其一部分浸没在液体中,另一部分处于液体的冷蒸气中。由于加热器的作用,传感器处在冷蒸气中的部分的温度高于浸在液体中的部分的温度,因此,传感器的平均温度将随液面的变化而变化,即铂电阻的电阻值是液面高度的函数。传感器电阻仍采用电桥电路来测量,如图 9-2 所示。图中 R_t 是铂电阻元件,通常采用直径为 0.025 mm 的铂丝或 0.005 mm×0.025 mm 的铂带制作。铂电阻的工作电流为 1~2 mA,工作电流的大小由 25 kΩ 和 250 Ω 的可调电阻进行调节,液面高度由微安表指示。

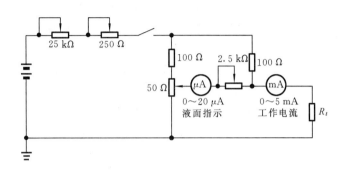

图 9-2 连续式液位计测量电路图

电阻式低温液位计结构简单,对测量电路的要求也不高,使用范围宽,从液氦到液氮都可适用,灵敏度较高,广泛应用于各种低温液体液位的测量。

9.1.2 超导式低温液位计

超导式低温液位计是利用某些金属或合金在低温下所具有的超导电性能而制成的。当液位计的探头浸没在液体中时,它呈现超导态,电阻为零;当探头处于冷蒸气中时,由于温度高于临界温度 T_c,使其呈现正常态,其电阻为某一定值。因此,通过测量传感器电阻的变化就可测得液面的高度。类似于电阻式液位计,超导式液位计也分为定点式和连续式两种。

超导式液位计的结构与电阻式液位计相类似。定点式液位计的传感器通常采用铌钛线绕制而成,加热器用康铜丝或锰铜丝绕制而成。图 9-3 所示的为一种实用的液氦液位计原理,图中 S 为铌钛线绕制的电阻,H 为康铜丝绕制的加热器。二者串联在一起,绕在一个聚四氟乙烯骨架上,这种定点式液位计的测量电路很简单,只需将传感器与电源、指示灯、可调电阻相串联即可。D 为指示灯,R_p 为可调电阻,E 为直流电源。当传感器浸入液氦中时,铌钛线呈现超导态,其电阻为零,此时,调整 R_p 使指示灯发光。当传感器处于液面以上时,由于加热器的作用,铌钛线的温度迅速升高,当其温度高于临界温度 T_c 时,铌钛线恢复到正常态,电阻值大

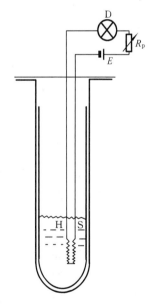

图 9-3 定点式超导液位计原理
S—超导丝;H—加热丝;
D—指示灯;E—电源

大增加,指示灯就会明显变暗,甚至熄灭。因此,由指示灯的亮或灭就可判断液氦液面的位置。

制作超导液位计传感器的铌钛线的丝径应选择合适,不宜太粗,通常小于 0.1 mm。丝径减小,导线表面积随之减小,既可减少与周围介质的换热量,提高加热效率,又可增大其正常态时的电阻值,减小其热惯性,从而提高其灵敏度和响应速度。然而丝径太小,在制作过程中容

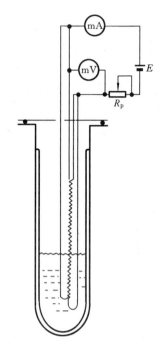

图 9-4　连续式超导液位
计测量原理

易折断,且接头的焊接也很困难,故所选用的超导线不宜太细。超导线的长度一般不超过 300 mm,其正常态电阻值应大于 40 Ω。加热丝的直径通常为 0.08 mm,长约 50 mm,加热功率为 15 mW 左右。

连续式超导液位计的测量原理如图 9-4 所示。其传感器是由超导丝与加热丝一起绕在一个长形的绝缘骨架上制成的。传感器插入液氦容器中后,其浸泡在液氦中的部分呈超导态,电阻为零,液面以上的部分由于加热器的作用,其温度在临界温度以上,故呈正常态,有一定的电阻值。显然,随着液面高度的变化,传感器的总电阻值也将相应地变化,因此,测出传感器的电阻值即可得知液面的高度。这里传感器电阻是通过测量其电压降来确定的,即在超导线中通以恒电流,则其两端的电压降与电阻成正比。

超导液位计传感器制作好以后,必须进行标定。标定工作可以在带有观察缝的玻璃杜瓦中进行。通过直接观察液面的高度来标定电压表的刻度(对于连续式液位计而言)。或通过观察缝监视液位计的指示灯显示是否正常(对于定点式超导液位计而言),若不正常,则可通过调整其工作电流的大小,使其指示正常。经过这样标定的定点式超导液位计,其测量准确度可达到 ±1 mm,连续式液位计可达到 ±5 mm,响应时间均小于 3 s。受材料的限制,目前超导式液位通常采用铌钛线制作,只能用于液氦液位的测量。

9.1.3　电容式低温液位计

1. 工作原理

由物理学知道,平行板电容器电容量

$$C = \frac{\varepsilon S}{3.6\pi d} \tag{9-1}$$

式中:ε 为极板间介质的介电常数;

S 为极板间相互遮盖的面积;

d 为极板间的距离。

由上式可见,改变 ε、S、d 三者中任意一个,都可改变电容 C 的大小。电容式低温液位计就是改变极板间介质的介电常数 ε,使液面的变化转换成电容量的变化,通过测量电容量的大小来测液面高低的。

图 9-5 所示的为电容式低温液位计的原理。它是由两个同心圆筒形极板构成的。当传感器插入低温液体中时,有一部分浸没于液体之中,另一部分处于冷蒸气之中。设容器中液体浸没电极的高度为 l_1,电极的总长度为 l,两电极的半径分别是 R 和 r,液体的介电常数为 ε_l,蒸气的介电常数为 ε_g,则传感器的电容量可由下面的计算得到。

气体介质间的电容量

$$C_g = \frac{2\pi(l - l_1)\varepsilon_g}{\ln\dfrac{R}{r}} \tag{9-2}$$

介质为液体部分的电容量

$$C_1 = \frac{2\pi l_1 \varepsilon_1}{\ln \frac{R}{r}} \qquad (9\text{-}3)$$

总的电容量

$$C = C_g + C_1 = \frac{2\pi l \varepsilon_g}{\ln \frac{R}{r}} + \frac{2\pi l_1 (\varepsilon_1 - \varepsilon_g)}{\ln \frac{R}{r}} \qquad (9\text{-}4)$$

当电容式传感器中极板的尺寸与被测低温液体确定后，则 R、r、ε_1、ε_g 均为常数。

令 $\qquad A = \dfrac{2\pi l \varepsilon_g}{\ln \dfrac{R}{r}}, \quad B = \dfrac{2\pi (\varepsilon_1 - \varepsilon_g)}{\ln \dfrac{R}{r}}$

则式(9-4)可写成

$$C = A + Bl_1 \qquad (9\text{-}5)$$

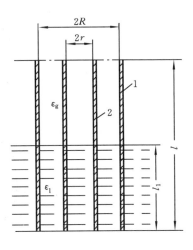

图 9-5　电容式低温液位计原理
1—同心圆极板 1；2—同心圆极板 2

由式(9-5)可知，传感器的电容量 C 与液面高度 l_1 成正比，即测出 C，就可求得液面高度 l_1。

2. 测量电路

电容式低温液位计的测量电路与第 3 章介绍的电容式压力传感器的测量电路相同，通常是交流电桥或调频电路。采用交流电桥时，传感器的电容作为一个桥臂，当其发生变化时，电桥的阻抗发生变化，导致电桥输出信号变化。

调频电路中传感器的电容是振荡器谐振电路的一部分。当电容发生变化时，谐振频率将发生变化，将谐振频率与一个固定的基准频率振荡器相比较，其差频就是频率的变化值，再转换为电压由表头指示，即为液面高度。

电容式液位计消耗能量小，可连续指示，能在磁场下工作。其缺点是泄漏电容和电缆电容大，屏蔽要求高，测量电路复杂，在液面激烈沸腾时（如液氢液面），因蒸气浓度高，其灵敏度会有所下降。此外，对于有些低温液体（如液氢），其液体的介电常数与蒸气的介电常数相差很小（0.042），因此，要求测量仪器具有很高的灵敏度和稳定性。电容式低温液位计的测量误差为 ±5%，响应时间为 0.2 s。

9.1.4　差压式低温液位计

差压式低温液位计是利用液体的静压原理制成的。由流体力学可知，液体中某一点的静压与该点到液面的高度成正比，因此，只要测出容器底部某一点的静压，即可确定容器中液面的高度。图 9-6 所示的是差压式低温液位计的原理。它主要由正压室、负压室、汽化器、标尺和导压管及阀门等组成。低温液体容器的上部空间（气相部分）与液位计的负压室相连通，低温容器的底部（液相部分）经汽化器与液位计的正压室相连通。汽化器的作用是使低温液体汽化，容器底部低温液体的静压是通过汽化后升至常温的气体加到液位计正压室的。液位计内装有带色液体。显然正压室内的压力等于低温容器内气相压力与低温液体的静压之和。正压室与负压室的压力之差为低温液体的静压，即为低温液体液面高度的函数。在正压室与负压室的压差的作用下，液位计标尺中的液体会上升一定的高度，显然标尺中液柱的高度与容器中低温液体液面的高度成正比。经过标定后，即可由液位计标尺中液柱的高度直接读出容器中低温液体液面的高度。

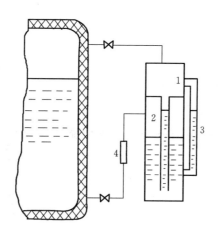

图 9-6 差压式低温液位计原理

1—负压室；2—正压室；3—标尺；4—汽化器

为了减小向低温容器的漏热，引压管道必须采用用低导热材料制作的薄壁管（如薄壁不锈钢管或德银管），且管子的长径比要足够大。但无论采取什么措施，引压管的漏热仍是较大的，因此，差压式低温液位计不宜用于液氦、液氢等汽化潜热很小的低温液体，也不宜用于小型的低温容器上，通常它应用于大中型液氧、液氮贮罐或槽车上。

9.2 常温及高温液体液位的测量

在热力发电中需要测量汽包水位、凝汽器热水井水位、各种水箱水位、贮油罐和油箱油位等。水位是否正常，会影响安全生产，影响产品质量和生产经济性。例如，汽包水位过高可能造成蒸汽带水，使蒸汽品质恶化，轻则加重管道和汽轮机积垢，降低出力和效率，重则使汽轮机发生事故；汽包水位过低对水循环不利，可能造成水冷壁管局部过热，甚至爆管。凝汽器热水井水位过低，可能导致凝结水泵入口水汽化；过高则可能淹没部分换热面，降低凝结效率，使凝结水过冷，影响经济性等。

本节主要介绍静压式测液位方法，并以电厂中常用的连通器式液位计和压差式液位计为例，介绍使用中常碰到的问题和改进办法。

9.2.1 静压式液位计

静压式液位计的工作原理是，基于不可压缩液体的液柱高度与液体产生的静压成正比关系，因此，只要测量出液体的静压便可知道液面的高度。

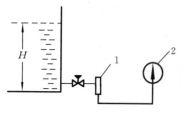

图 9-7 静压式液位计

1—隔离罐；2—压力表

在敞口容器中，应用压力计测量液位的方法如图 9-7 所示。压力计通过导管与容器底部相连，压力计所指示的压力 p 与液面高度 H 之间的关系为

$$H = p/(\rho g) \tag{9-6}$$

式中：ρ 为液体的密度；

p 为容器内取压平面的静压;

H 为液面高度;

g 为重力加速度。

从上面分析可知,利用液体的静压来测量液位,方法简单,且测量范围不受限制,如利用压力变送器可把信号远传,实现远距离测量,因此,这种测量方法在工业上得到广泛的应用。

图 9-7 所示的方法,只适用于敞口容器液位的测量,而且必须保证压力计的测量基准点与最低液面一致,只有这样,式(9-6)才能成立。若压力计的测量基准点与最低液面不在同一水平面,则必须对这一段液柱差进行修正。

在进行密闭容器的液位测量时,为消除所测静压受容器内压力的影响,可在容器的上部再增加一取压导管(该处压力与液面高度无关),测量容器内液面底部与液面上部的压差 Δp,此时液面高度 H 与压差 Δp 有下述关系:

$$H = \Delta p / (\rho g) \tag{9-7}$$

9.2.2 连通器式液位计

这种液位计又称直读式液位计,普遍适用于低黏度的液体,该液位计由玻璃管和标尺组成。为了适应高压、腐蚀、远传等要求,其变形结构有玻璃板式、云母片式、双色式、电接点式等,如图 9-8 所示。当被测介质为水时,又称水位计。

玻璃管式主要用于无压或极低压力容器的液位测量,如玻璃管式可用于中低压锅炉汽包水位的测量。因高压锅炉炉水对玻璃有较强的腐蚀性,使用时间稍长后,玻璃板的透明度变差,不利于观察,故高压锅炉的汽包水位计将玻璃板改为云母片;后来又进一步进行改进,辅以光学系统,观察者看到的水位分界面是红、绿两色的分界面,称为双色水位计。

1. 云母片水位计

在锅炉运行中,汽包水中存在着大量气泡,汽包中的水实际上是汽水混合物,其密度很难确定,汽包内汽水分界面亦不十分清楚。因此,通常所说的水位,实际上是指汽包工作压力下饱和水的水位。

云母片水位计(图 9-8(b))处于汽包外,因为散热作用,水位计中的水温低于饱和温度,因而水密度大于饱和水的密度,即 $\rho_1 > \rho'$。这就造成显示的水位 H' 低于汽包内实际水位 H,二者的关系为

$$H = H' \frac{\rho_1 - \rho''}{\rho' - \rho''} \tag{9-8}$$

ρ_1 由当时的压力和水温决定。水位计中的水温不仅低于汽包中的饱和温度,而且水位计中的水温从上到下是逐渐降低的,上部由于蒸汽的不断凝结,水温接近于饱和温度,下部温度较低。在额定运行条件下在云母片水位计沿测量筒高度设置若干温度测点,求得水位计中水的平均温度后,结合当时压力就可查出 ρ_1,但这个校正对变化的压力和温度无意义。由电厂运行实践总结的经验为,在额定工况时,对中压锅炉 $H = H' + (25 \sim 35)$ mm,高压锅炉 $H = H' + (40 \sim 60)$ mm。具体值取大些还是小些,视水位计的保温等条件而定。

2. 双色水位计

近年来,双色水位计在汽包上应用越来越多,因为它显示清晰,结构简单,可以用电视远传到操作台,并且有的水位计还增加了蒸汽加热的补偿措施,使误差大为减小。这种水位计在其连通器原理的基础上,利用光学系统,让汽柱显红色,水柱显绿色,分界面十分醒目,显示的清

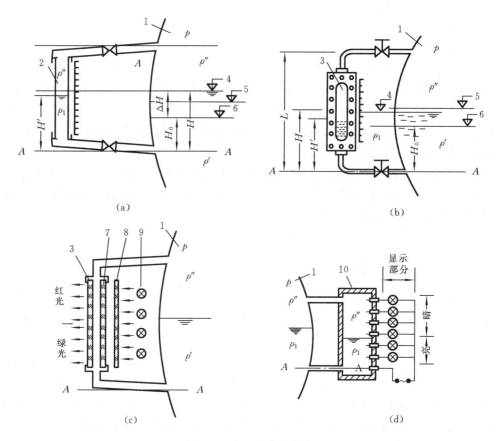

图 9-8　连通器式液位计

(a)玻璃管水位计；(b)玻璃板(云母片)水位计；(c)双色水位计；(d)电接点水位计

1—汽包(或容器)；2—玻璃管；3—玻璃板(或云母片)；4—实际水位；5—汽包几何中心线；

6—正常水位线(零水位线)；7—棱镜；8—红、绿玻璃(并列)；9—光源；10—电接点传感器；A—A—参考水平面

晰度大大提高。其工作原理如图 9-9 所示。光源 8 发出的光经过红色和绿色滤光玻璃(10 和 11)后，仅有红光和绿光到达组合透镜 12，经过组合透镜的聚光和色散作用，形成了红、绿两股光束，射入测量室 5。测量室(即连通器空间)由水位计本体 3 和两块光学玻璃板 13 以及垫片、云母片等构成，两玻璃板与测量室的轴线成一夹角，因而，有水部分形成一段"水棱镜"。入射到测量室的红、绿光束中，绿光折射率较红光大。在有水的部分，由于水形成棱镜的作用，绿光偏转较大，正好射到观察窗口 17，如图 9-9(c)所示，人们看见了水柱呈绿色，红光束因出射角度不同，未能达到观察窗口；在测量室的充满汽的部分未能形成棱镜效应，使得红光束正好到达观察窗口，而绿光因不发生折射偏转不能射到窗口，人们看见汽柱呈红色。光束的光路示意图如图 9-9(b)、(c)所示。

为了减小测量室的水温低于容器内的水温而引起的误差，有的双色水位计设有加热室 4。使用蒸汽来加热，使测量室水温接近容器内的水温。被测对象为锅炉汽包时，测量室内的水温接近饱和温度。

3. 电接点水位计

电接点水位计由水位传感器和电气显示仪表组成，如图 9-8(d)所示。水位传感器就是一个带有若干个电接点的连通容器。电接点水位计是利用汽包内汽、水介质的电阻率相差极大

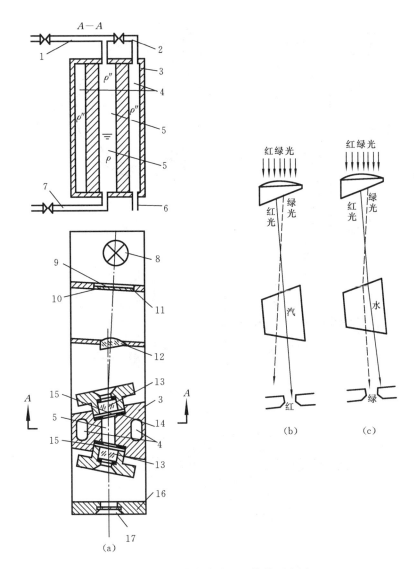

图 9-9　双色水位计原理结构示意图

(a)结构示意图;(b)、(c)光路示意图

1—汽侧连通管;2—加热用蒸汽进口管;3—水位计本体;4—加热室;5—测量室;6—加热用蒸汽出口管;

7—水侧连通管;8—光源;9—毛玻璃;10—红色滤光玻璃;11—绿色滤光玻璃;12—组合透镜;

13—光学玻璃板;14—垫片;15—云母片(高压以上锅炉用);16—保护罩;17—观察窗

的性质来测量汽包水位的;又因炉水含盐,其电阻率较纯水的低,因此炉水与蒸汽的电阻率相差就更大了;被水淹没的电接点所在电路处于低电阻状态(相当于开关闭合),因此,被水接通的电接点位置可以用来表示水位。电接点水位传感器由测量筒壳、电接点座和电接点等部件组成,如图9-10所示。测量筒的长度按水位测量范围决定,其直径主要考虑接点数目。电接点数目应以满足运行中监视水位的要求来确定,目前多用 15 个、17 个和 19 个接点,电接点要能在高温高压下正常工作,温度剧变时不泄漏,耐腐蚀,与筒壳有很好的绝缘,常用超纯三氧化二铝(用于高压锅炉)和聚四氟乙烯(用于中压锅炉)作绝缘材料。

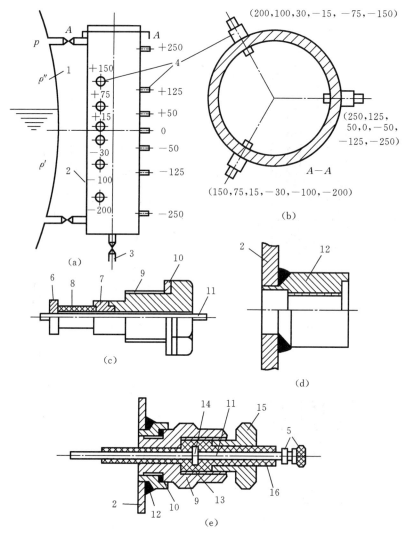

图 9-10 电接点水位传感器的结构

(a)外形;(b)$A—A$ 视图;(c)高压炉电接点;(d)电接点固定座;(e)中压炉电接点

1—汽包;2—测量筒壳;3—排污管;4—电接点;5—接线柱;6、7—瓷封件;

8—瓷管;9—固定螺丝;10—紫铜垫圈;11—接点芯;12—固定座;

13、16—聚四氟乙烯绝缘套;14—防动挡环;15—压紧盖

电接点的通断信号可直接用氖灯来显示,如图 9-11 所示。为了避免极化现象,采用交流电源供电。为了安全起见,单数接点和双数接点分别由两组电源供电,这样当一组电源发生故障时,最多造成一个电接点间距的误差,但仍可继续指示水位。

电接点的通断也可通过类似于如图 9-12 所示的转换电路转换为输出电位的高、低信号,然后用开关电路进行逻辑判断,经过译码电路直接用数字显示。

电接点水位计除在汽包上普遍使用外,也用于凝汽器和工业水箱等设备上,并可简化成只有极限位置报警信号的仪器。

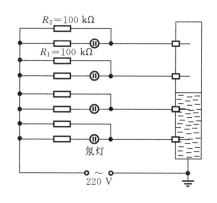

图 9-11　氖灯显示

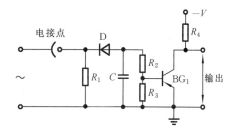

图 9-12　转换电路

9.2.3　差压式水位计

差压式水位计由平衡容器(水位传感器)、差压变送器和显示仪表组成,它可以连续显示水位,也可以发出报警信号,向水位调节器提供信号。差压式水位计的工作原理是把液面高度变化转换成压差变化,差压式水位计准确测量汽包水位的关键是水位与压差之间的准确转换,这种转换是通过平衡容器实现的。平衡容器能造成一个恒定的水静压,并将它与被测水位的水静压相比较,输出二者之差,这个压差的变化反映了汽包水位的变化。

差压变送器和显示仪表已在压力测量中讲述,这里只介绍平衡容器。

1. 简单平衡容器

简单平衡容器如图 9-13 所示。由汽包进入平衡容器的蒸汽不断凝结成水,并由于溢流而保持一个恒定水位,形成恒定的水静压 p_+,汽包水位也形成一个水静压 p_-。二者相比较,就得到与水位成比例的压差,汽包水位计的标尺,习惯以正常水位 H_0 为零刻度,超过正常水位

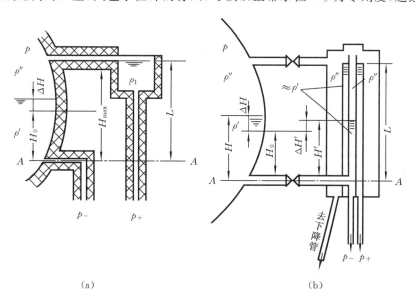

(a)　　　　　　　　　　　　　(b)

图 9-13　简单平衡容器及其改进型示意图

(a)简单平衡容器;(b)带加热套的平衡容器

为正水位（＋ΔH），低于正常水位为负水位（$-\Delta H$）。图 9-13(a)所示的水位-压差关系：

$$p_+ = p + L\rho_1 g$$

$$p_- = p + (L - H_0 - \Delta H)\rho''g + (H_0 + \Delta H)\rho'g$$

以上两式相减，得

$$\Delta p = p_+ - p_- = L(\rho_1 - \rho'')g - H_0(\rho' - \rho'')g - \Delta H(\rho' - \rho'')g \qquad (9\text{-}9)$$

式中：g 为重力加速度；

$\quad\quad \rho_1$ 为平衡容器中水的密度；

$\quad\quad \rho'$、ρ'' 分别为压力为 p 时的饱和水和饱和蒸汽的密度；

$\quad\quad$ 其余的量的含义如图 9-13 所示。

由式(9-9)可以看出，若要保持 Δp 与 ΔH 成正比例关系，则 ρ_1、ρ' 和 ρ'' 必须为恒定值（L、H_0 和 g 可视为常数）。但 ρ_1、ρ' 和 ρ'' 是随汽包压力变化而变化的，ρ_1 还与温度有关。显然密度变化是水位测量误差的主要来源。如果采用保温和蒸汽加热的办法（图 9-13(b)）来使 ρ_1 接近 ρ'，并且保持稳定，则可以减小平衡容器温度变化带来的误差。这时，有

$$\Delta p = (L - H_0 - \Delta H)(\rho' - \rho'')g \qquad (9\text{-}10)$$

还要注意，要使 p_+ 和 p_- 两信号管路的保温条件尽可能一致，否则 $A—A$ 线以下两信号管内水的密度将不一致。但是加热平衡容器并不能解决汽包压力变化引起的误差，目前常用两种办法来减小或消除这种误差：一是改进平衡容器，力图得到仅与水位有关的压差值；二是对平衡容器输出的有误差的信号引入压力校正。

2. 平衡容器的改进

用于汽包水位测量的平衡容器产生输出压差误差的原因主要为：①平衡容器内的水温偏离饱和温度，不稳定，且确切温度值不知；②当汽包压力变化时，虽然水位未变，但 p_+ 和 p_- 要变化，且变化大小不一致，造成 Δp 变化。

对于图 9-13(a)所示的平衡容器，额定压力 p_N（标尺分度压力）时的压差 Δp_N 和任意压力时的压差 Δp 分别为

$$\Delta p_N = L(\rho_{1N} - \rho''_N)g - (H_0 + \Delta H)(\rho'_N - \rho''_N)g$$

$$\Delta p = L(\rho_1 - \rho'')g - (H_0 + \Delta H)(\rho' - \rho'')g$$

误差为

$$\delta_{\Delta p} = \Delta p - \Delta p_N = L[(\rho_1 - \rho_{1N}) - (\rho'' - \rho''_N)]g$$
$$- (H_0 + \Delta H)[(\rho' - \rho'_N) - (\rho'' - \rho''_N)]g \qquad (9\text{-}11)$$

对于图 9-13(b)所示平衡容器，有

$$\delta_{\Delta p} = (L - H_0 - \Delta H)[(\rho' - \rho'_N) - (\rho'' - \rho''_N)]g \qquad (9\text{-}12)$$

密度与压力的关系曲线，以及式(9-12)误差 $\delta_{\Delta p}$ 与水位、压力的关系曲线如图 9-14 所示。图中求 $\delta_{\Delta p}$ 时用的数据为 $L = 600$ mm，$H_0 = 300$ mm，分度压力为 10 MPa。由图可以看出：水位低时，误差较大；同一水位时，压力低于分度压力的误差为正，反之为负。以上现象都说明正压室的静压变化比负压室的静压变化大。这是因为饱和水密度比饱和蒸汽密度随压力变化而变化要大些，如图 9-14(a)所示。改进平衡容器的方法有如下几种。

（1）改进的平衡容器之一

图 9-15 所示的是一种有加热套的平衡容器，其特点是将正压室分为两段，其中 l 段称为补偿段，该平衡容器的输出-输入关系为

$$\Delta p = p_+ - p_- = (L - l)\rho_1 g - (L - H_0)\rho''g + (l - H_0)\rho'g$$
$$- \Delta H(\rho' - \rho'')g \qquad (9\text{-}13a)$$

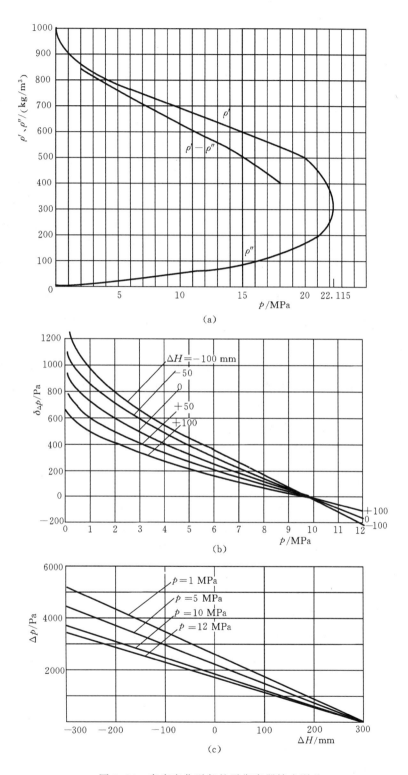

图 9-14 密度变化引起的平衡容器输出误差

(a)ρ'、$\rho''=f(p)$曲线；(b)$\delta_{\Delta p}=f(\Delta H,p)$曲线；(c)$\Delta p=f(p,\Delta H)$曲线

如果只考虑正常水位 H_0 的情况,即令 $\Delta H = 0$,则上式可简化为(在其饱和压力 p 下):

$$\Delta p = (L-l)\rho_1 g - (L-H_0)\rho'' g + (l-H_0)\rho' g \qquad (9\text{-}13b)$$

在额定压力 p_N 下有

$$\Delta p_N = (L-l)\rho_{1N} g - (L-H_0)\rho''_N g$$
$$+ (l-H_0)\rho'_N g \qquad (9\text{-}13c)$$

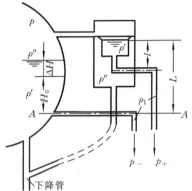

图 9-15 改进的平衡容器之一

若压力在 $p \sim p_N$ 范围内时能使误差得到补偿,即 $\Delta p = \Delta p_N$,则补偿段的长度应为

$$l = H_0 + (L-H_0)\frac{\rho'' - \rho''_N}{\rho - \rho_N} \qquad (9\text{-}14)$$

这种平衡容器只在正常水位(零水位)附近有较好的补偿效果,偏离 H_0(即 $\Delta H \neq 0$)时,输出 Δp 还是会受到汽包压力变化的影响,从式(9-13a)看出,$\Delta H(\rho' - \rho'')$ 一项中的 $\rho' - \rho''$ 会随压力变化而变化,因而会影响输出,但比起改进前,差压式水位计的精度有很大提高。因为 ρ' 和 ρ'' 与 p 的关系是非线性的,故 $\frac{\rho'' - \rho''_N}{\rho - \rho_N}$ 不是常数,这样 l 在压力为 p 和 p_N 之间的某值时并非最佳值,这一点限制了压力变化范围,压力变化大时,密度的非线性变化带来的误差必然增大。

由式(9-14)可知,l 与 L 有一定关系。确定 L 时,可以假定水位达到上限,用平衡容器的输出压差为零的条件来求 L,也可以假定水位处于下限时,用平衡容器的输出压差等于差压计的上限的条件来求 L。下面给出后一种的算法。

设 $p = p_N$,$\Delta H = -H_0$,则输出压差为 Δp_{max}(在差压计系列中选择一个值),由式(9-13a)得

$$L = \frac{\Delta p_{max} + l(\rho_1 - \rho')g}{(\rho_1 - \rho'')g} \qquad (9\text{-}15)$$

式(9-14)和式(9-15)联立,即可求出 L 和 l。正压容器的直径大小以保证差压计指示变动时,容器的水位高度变化不大为准。正压容器上的漏斗把凝结水集中注入容器,使该处水位因溢流而稳定,这种平衡容器不能消除 ρ_1 随温度变化带来的误差。

(2)改进的平衡容器之二

这也是一种带加热套的平衡容器,但加热套中还多了个补偿容器,如图 9-16 所示,其测量压差 Δp 和补偿压差 $\Delta p'$ 分别为

$$\Delta p = L(\rho' - \rho'')g - (H_0 + \Delta H)(\rho' - \rho'')g$$
$$\Delta p' = L_1(\rho' - \rho'')g$$

将两式相除,得

$$Y = \frac{\Delta p}{\Delta p'} = \frac{L - (H_0 + \Delta H)}{L_1} \qquad (9\text{-}16)$$

由式(9-16)可以看出,若以 $Y = \frac{\Delta p}{\Delta p'}$ 为输出,则 Y 仅与水位有关,完全补偿了密度变化的影响。

3. 汽包水位信号的压力校正

为了进一步消除汽包压力变化对差压式水位计的影响,可以在差压信号输出回路中,对压

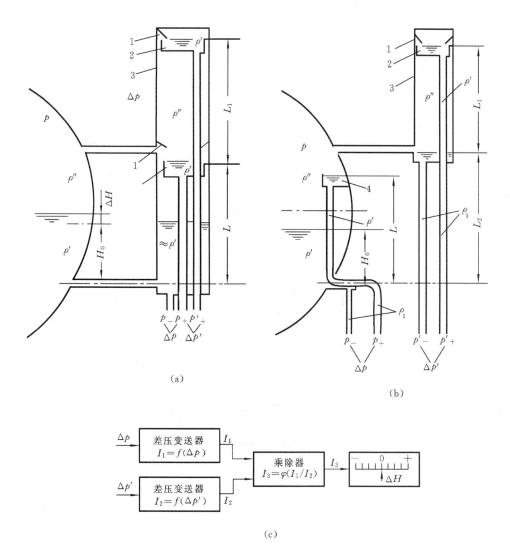

(a)

(b)

(c)

图 9-16　改进的平衡容器之二结构示意图

(a)三输出管式；(b)四输出管式；(c)实现 $\dfrac{\Delta p}{\Delta p}$ 方法举例

1—凝结水集水漏斗；2—补偿容器；3—保温套；4—平衡容器

差信号进行校正。在汽包水位测量中，水和蒸汽处于饱和态，故密度仅由压力决定，这样，式(9-9)和式(9-10)中 ρ' 和 ρ'' 变化造成的误差，可用引入压力信号校正值来减小或消除。将式(9-9)和式(9-10)分别改写成

$$H_0 + \Delta H = \frac{L(\rho_1 - \rho'')g - \Delta p}{(\rho' - \rho'')g} \tag{9-17}$$

$$H_0 + \Delta H = L - \frac{\Delta p}{(\rho' - \rho'')g} \tag{9-18}$$

式(9-17)、式(9-18)分别是与图9-13(a)、(b)所示的平衡容器相对应的校正式。式中的 $\rho_1 - \rho''$ 与温度、压力有关，当温度一定时，与压力的关系也不是线性的。按照压力变化范围，可用一段

或多段直线拟合它,即

$$\rho_1 - \rho'' = a_i + K_i p \qquad (9\text{-}19a)$$

式中:a_i 为直线段在密度坐标上的截距;

$\quad$ K_i 为直线段的斜率。

$\rho' - \rho''$ 只与压力有关,如图 9-14(a)所示,可用一段或多段直线拟合它:

$$\rho' - \rho'' = a_j + K_j p \qquad (9\text{-}19b)$$

式(9-19)可以依据水和水蒸气密度表,按需要的精确度来拟合其系数 a_i、K_i、a_j、K_j。

按照式(9-17)和式(9-18)组成的带压力校正的差压式水位计测量系统,分别如图 9-17 (a)和图 9-17(b)所示。可以看出,对于不带加热套的平衡容器,当其水温变化造成 ρ_1 变化时,压力校正的方法不能减小或消除由 ρ_1 变化引起的误差。有加热套的平衡容器中,水温接近饱和温度,ρ_1 接近 ρ',这可减小或消除 ρ_1 带来的影响。

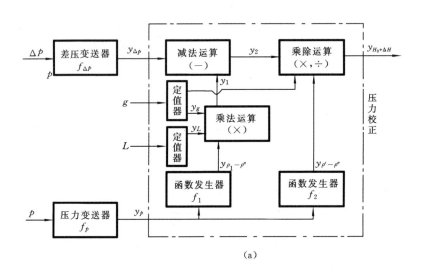

(a)

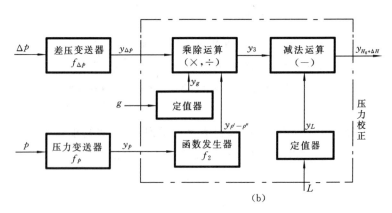

(b)

图 9-17　带压力校正的差压式水位计测量系统框图

(a)平衡容器(图 9-13(a)),无加热套,其中水温为 t_1;

(b)平衡容器有加热套,其中水温稳定接近饱和温度(图 9-13(b))

思考题与习题

1. 试述电阻式低温液位计的工作原理和加热丝的作用。

2. 定点式超导液位计和连续式超导液位计的结构和测量电路有何不同？

3. 电容式低温液位计与电容式压力传感器在原理上和结构上有哪些差异？

4. 差压式低温液位计是由哪几个主要部件组成的？它为什么不宜用于液氢、液氦？

5. 在锅炉运行中差压式汽包水位计的主要误差来源是什么？

6. 改进后的平衡容器水位计能减小测量误差的基本原理是什么？当这种水位计水位偏离正常水位时，为什么输出压差信号 Δp 还是要受到汽包压力变化的影响？

7. 额定压力为 4 MPa 的中压汽包炉，正常水位 $H_0 = 310$ mm，配用量程为 0~6180 Pa 的差压计，求平衡容器的尺寸 L 和 l。

第 10 章 微机在测试系统中的应用

随着大规模集成电路的不断更新和发展,计算机日趋微型化,价格不断降低,功能不断增强。微机的诞生和发展给测试技术带来一场革命,使测试仪器向着智能化、多功能方向发展,计算机快速、准确的运算代替了传统的人工计算。

在模拟系统中,信号输入后,由模拟电路进行处理,输出信号由示波器显示,或者由模拟记录仪(如光线示波器、X-Y 记录仪等)进行记录和显示,然后由人工进行数据分析及处理。而在计算机测试系统中,输入的模拟信号被转换成数字信号送入计算机进行运算处理,运算结果可以再转变成模拟量输出,通过模拟记录仪或显示器进行记录和显示,也可直接输出数字信号,由数字打印机或数字绘图仪记录下来。由于整个数据处理过程都由微机控制,因此测量结果可达到指定的精度要求。此外,微机测试系统可根据不同的测量对象和要求,编制不同的程序,使系统既有通用性,又能灵活地适应各种场合的要求。微机测试系统可以实现多种输出形式,如记录数据、打印报表、绘制图表、驱动执行机构等。总之,微机测试系统具有无比的优越性和广阔的发展前景,目前正越来越多地应用于各个领域内。

10.1 微机测试系统的基本组成及其功能

微机测试系统主要由传感器、信号调理器、多路转换开关、A/D 及 D/A 转换器以及微型计算机组成。系统组成框图如图 10-1 所示,下面对各主要组成部分分别作简要介绍。

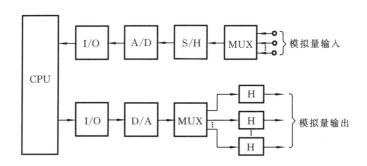

图 10-1 微机测试系统框图

1. 信号调理器

由于传感器输出的信号各不相同,而 A/D 转换器对于输入的模拟信号(大小、波形)有一定的要求,因此,由传感器输出的信号需要进行调理,包括放大、整形、滤波等,以保证传感器的输出信号成为 A/D 转换器能接收的电信号。具有这一功能的设备称为信号调理器。信号调理器主要包括放大器、整形器、滤波器、电源、辅助电路、调零电路、量程调节电路、温度补偿电路、校准电路等。信号调理器也称为传感器与测量系统之间的接口电路。这里主要介绍信号调理器的心脏部分——放大器。

放大器的种类很多,如调制式低漂移直流放大器、电荷放大器、低温漂移运算放大器等,下面介绍测量放大器和隔离放大器。

(1)测量放大器

传感器的工作环境往往比较复杂和恶劣,在传感器的两输出端中经常会产生较大的干扰信号(噪声),有时噪声是与信号完全相同的,称为共模干扰信号。虽然运算放大器对直接输入到差动端的共模信号都有较高的抑制能力,但由于共模干扰信号并不是直接加到运算放大器的差动输入端+IN 和−IN 的,其中一路干扰信号直接加到+IN,而另一路则要经过一个电阻再加到−IN 输入端,因此,运算放大器对来自信号源的共模干扰信号不能起到很好的抑制作用。而在电荷放大器电路中,由于信号源是直接加到放大器(高阻运算放大器)的差动输入端的,因而有较好的抑制共模干扰的能力,但这仅是运算放大器用于测量电荷的一种特例。对于一般的电压信号源,具有较高抑制共模干扰能力的放大器称为测量放大器。

测量放大器是由一组放大器构成的,它可以测量那些直接接到它的两个输入端的电位差。放大倍数一般在 1~1000 V/V 之间,可以由用户设定。图 10-2 所示的是测量放大器的结构原理。

测量放大器的两个差动输入端+IN、−IN直接与信号源相连,故有较高的抑制共模干扰能力。外接电阻 R_G 用于调整放大倍数,有些放大器由 R_S 对放大倍数进行微调。负载的电压信号是测量端 S 与参考端 R 间的电位差。通常 S 端与 V_{OUT} 端在外面相连,且参考电位取地的电位。

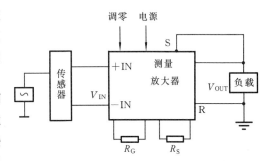

图 10-2　测量放大器结构原理

理想的测量放大器仅对输入端的差值放大,若 $V_+ = V_- = V_{CM}$,则放大器工作在共模方式下,且放大器的输出为零(V_+、V_- 分别为加到差动输入端+IN 和−IN 的电压)。测量放大器具有高的输入阻抗、较低的失调电压、低的温度漂移系数以及稳定的放大倍数和低输出阻抗。基于上述优点,测量放大器得到了广泛的应用。例如用于热电偶、应变电桥、流量计、生物测量,以及那些提供微弱信号而有较大共模干扰的场合。

经典的测量放大器由三个运算放大器构成。图 10-3 所示的是由三个运算放大器组成测量放大器的原理电路。

测量放大器的差动输入端+IN 和−IN,分别是两个运算放大器的同相输入端,因此输入阻抗很高。具有对称结构且被放大的信号允许直接加到输入端,因而保证了抑制共模信号的能力。放大倍数由下列公式确定:

$$G = \frac{V_{OUT}}{V_{IN+} - V_{IN-}} = \frac{R_3}{R_2}\left(1 + \frac{R_1}{R_G} + \frac{R'_1}{R_G}\right) \tag{10-1}$$

式中:$R_3/R_2 = R'_3/R'_2$

R_G 为调整放大倍数的外接电阻。

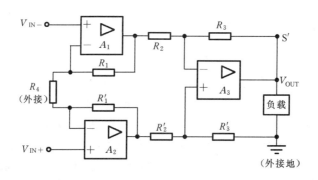

图 10-3　由三个运算放大器组成的测量放大器

（2）隔离放大器

隔离放大器的作用是将测试仪表与工作现场相隔离,通常采用光电隔离器和磁电隔离器两种方法来实现隔离。光电隔离器由发光二极管和光敏三极管组成;磁电隔离器常采用磁耦合的办法来进行磁电隔离,放大器的输入端与输出端没有电路的联系,它常用于微弱信号的隔离放大。

隔离放大器主要包括高性能输入运算放大器、调制器和解调器、信号耦合变压器、输出运算放大器等。

2. 多路转换开关

在测试系统中,被测量往往有几路或几十路。这些信号在进行 A/D 或 D/A 转换时,常采用公共的 A/D 转换器或 D/A 转换器来转换。因此,在对各路进行转换时就有分时占用 A/D、D/A 转换电路的问题。在这种电路中,常利用多路转换开关来轮流切换被测量与 A/D 转换器的连接,以达到分时的目的。多路开关的切换控制信号是由 CPU 发出的。

3. 采样保持器

在计算机测试系统中,必须将连续的输入模拟信号转变成离散的数字信号,即对连续的模拟信号进行定时采样。采样保持器的作用是保证采样信号在 A/D 转换过程中不发生变化。其性能的好坏对测量精度起着决定性的作用。采样保持电路通常由保持电容器、输入输出缓冲放大器、逻辑输入控制的开关电路等组成,如图 10-4 所示。采样期间,逻辑输入控制的模式开关是闭合的。A_1 是高增益放大器,它的输出通过开关给电容器快速充电。保持期

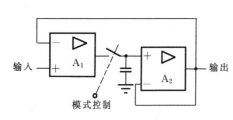

图 10-4　采样保持电路原理图

间,开关断开,由于运算放大器 A_2 输入阻抗很高,理想情况下,电容器将保持充电时的最终值。目前采样保持电路大都是集成在单一芯片内,芯片内不包含保持电容器,保持电容器是由用户根据需要选择的。

采样保持器集成芯片可分为以下三类:

①用于通用目的的芯片;

②高速芯片;

③高分辨率芯片。

采样保持电路的特性如图 10-5 所示,其中有关参数定义如下:

①孔径时间(T_{AP}):采样保持电路中,由逻辑控制的开关有一定的动作时间。从保持命令

发出到逻辑输入控制的开关完全断开所需要的时间称为孔径时间。实际上，由于这个时间的存在，采样时间被延迟了。如果保持命令与 A/D 转换命令同时发出，则由于孔径时间的存在，所转换的值将不是保持值，而是在 T_{AP} 时间内的一个输入信号的变化值，这将影响转换精度，当输入信号频率低时，对精度影响较小。

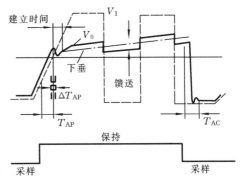

图 10-5　采样保持器的特性描述

②孔径时间不定性（ΔT_{AP}）：它是孔径时间的变化范围。如果改变保持命令发出的时间，则可将孔径时间消除，因而可以仅仅考虑 ΔT_{AP} 对精度及采样频率的影响。

③捕捉时间（T_{AC}）：采样保持器处于保持模式时，发出采样命令后，采样保持器的输出从所保持的值到达当前输入信号的值所需的时间称为捕捉时间，它包括逻辑输入控制开关的延时时间、达到稳定值的建立时间，以及保持值到终值的跟踪时间等。该时间影响采样频率的提高，而对转换精度无影响。

④保持电压的下降速率：处于保持模式时，保持电容器的漏电使保持电压值不是恒值，在芯片中，该参数由电流 I 表示，也有用下降率来表示，保持电压的下降速率可用下式计算：

$$\frac{\Delta V}{\Delta T} = \frac{I}{C_H} \tag{10-2}$$

式中：I 为下降电流，pA；

　　　C_H 为保持电容，pF。

⑤馈送：在保持模式下，由于输入信号将被耦合到保持电容器中，加上有寄生电容的存在，因此，输入电压的变化将引起输出电压的微小变化，这称为信号馈送。

⑥由采样到保持的偏差：这是指采样最后值与建立保持时的保持值之间的偏差电压，它是在电荷转移误差补偿以后仍然剩余的误差，该误差是不可估计的，因它与输入信号有关，有时也称为偏差非线性。

⑦电荷转移偏差：采样到保持的偏差，其基本成分是电荷转移偏差。由于在保持模式下有寄生电容存在，它使电荷由采样器转移到保持电容器上，从而引起电荷转移偏差。有时可稍加一个合适极性的保持信号来补偿，也可加大保持电容器的容量，但由此将使响应时间变慢。

4. A/D 转换器

A/D 转换器的作用是将输入的模拟信号转换成计算机能接收的数字信号。目前 A/D 转换器已是做在单一芯片上的集成电路。逐次逼近式 A/D 转换电路实现转换的基本思想与利用 A/D 软件实现逐次逼近的方法类似，它是由硬件实现逐次逼近的。其转换速度较软件逐次逼近快得多。

目前各种 A/D 转换芯片型号繁多，性能各异，但多数 A/D 转换电路是采取逐次逼近的原理设计的。从使用的角度看，其外特性一般包括：①模拟信号输入端；②数字量的并行输出端；③启动转换的外部控制信号；④转换完毕由转换器发出转换结束信号等。在选用 A/D 转换芯片时，除需要满足用户的各种技术要求外，还必须掌握下面两点：①数字输出的方式；②对启动信号的要求。

A/D 转换电路的输出基本上有两种方法：①具有可控的三态门。此时输出线允许与微机系统的数据总线直接相连，并在转换结束后利用读信号$\overline{RD}$控制三态门，将数据送入总线。②数据输出寄存器不具备可控的三态门电路（三态门由 A/D 转换电路自己在转换结束时接通），或者根本没有门电路，而是数据输出寄存器直接与芯片管脚相连。此时，芯片的数据输出线不允许与系统的数据总线直接相连，而必须通过 I/O 通道与 CPU 交换信息。

A/D 转换芯片的启动转换信号有电位和脉冲两种，这一点在设计时要特别注意。对那些要求用电位启动的芯片，如果在转换过程中将启动信号撤去，则将导致停止转换而得到错误的转换结果。

A/D 转换器与 CPU 接口电路的主要功能如下：①通过 I/O 通道的输出或直接利用 OUT ×× 指令启动转换器。启动转换的方式完全要根据 A/D 转换器内部电路的需要而定。例如，AD570 可利用 $\overline{CONV}$ 信号启动，并在整个转换期间要求 $\overline{CONV}$ 保持低电平；ADC0804 的启动则仅需脉冲信号 $\overline{WR}$ 和片选信号 $\overline{CS}$，而信号 $\overline{WR}$、$\overline{CS}$ 可通过 OUT ×× 指令获得。②把转换好的数据取入 CPU。同样，读取数据有直接从转换器读取和通过 I/O 通道送入 CPU 两种方式。读取的方法也是由 A/D 转换电路的结构确定。

选定某种 A/D 转换芯片后，不管它与什么型号的 CPU 连接，都必须由 CPU 给出启动信号，并根据该芯片输出电路的特点来确定接口电路。

10.2 数据采集系统

10.2.1 模拟通道数据预处理

在实时控制系统中，被控制的物理量有温度、流量、压力、角度等。被控制的温度、流量、压力等物理量所转换的电压或电流通常都是单向的，如传感器的输出是 0～40 mV 或 0～20 mA 等。但控制系统的输出往往是双向的，因为误差有正有负，伺服机构也需要双向驱动。在这种控制系统中，除要求信号经前置放大后符合 A/D 转换器的要求外，还要求 D/A 转换的输出是双极性的。在位置控制、角度控制系统中，常常要求 A/D 转换器是双极性的，D/A 转换的输出也是双极性的。在上述系统中，对 A/D 转换后的数据或 D/A 转换前的数据需要进行预处理。例如，在一个温度调节系统中，对于预先设定的温度，其对应的二进制码设为 AO_H，反馈电压对应的二进制码也是 AO_H，这时误差电压所对应的二进制码应为 $AO_H - AO_H = 00_H$，误差信号为零，这时输出控制电压信号应为 0 V。但是，对于双极性模拟输出，若将数字量 00_H 直接进行 D/A 转换，则其输出电压是 -5 V，而不是 0 V（数字量是 80_H 时，D/A 转换器的输出才是 0 V）。这样显然不对。为此，必须对运算结果进行处理，使运算结果与相应极性的输入、输出电压相符。下面介绍两种预处理方法，它们都是对数据进行坐标平移的特定处理过程。

1. 输入、输出是双极性时的数据预处理

设预置值是 y，模拟输入值是 x，则误差为 $\Delta = y - x$，C_Δ 是误差的进位标志。图 10-6 为其预处理程序框图。x_7 是采样输入值的最高位，$x_7 = 1$ 表示 80_H～FF_H 范围内的值，它们所对应的模拟电压值为 0～5 V。$x_7 = 0$ 表示 00_H～$7F_H$ 范围内的值，它们对应的模拟电压值是 -5～0 V。如果对误差信号 Δ 还须进行其他运算，如对按照某一控制规律建立的数学模型进行计算（如 PID 调节），则必须经过预处理后，才能参加运算。运算后，凡是需要输出的数字量的绝对值大于 80_H 时皆取最大值输出，即取 00_H 或 FF_H，视极性而定。小于 80_H 的数字量将

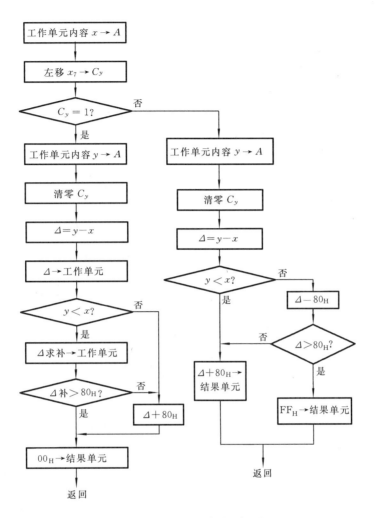

图 10-6　预处理程序流程框图

运算结果直接输出。

2. 输入是单极性,输出是双极性时的数据预处理

在单极性输入系统中,模拟信号及预置值的范围应是 $0 \sim 5$ V,它所对应的数字量在 00_H
$\sim FF_H$ 范围内变化。由于输出是双极性的,因此系统的输出值应为 ± 5 V。-5 V 对应的数字
量为 00_H,$+5$ V 对应的数字量为 FF_H。设预置值是 y,输入量是 x,则误差 $\Delta = y - x$。x_7 是
采样输入值数字量的最高位,C_Δ 是误差信号 Δ 的进位标志,其数据预处理程序框图如图 10-7
所示。

10.2.2　高速数据采集

微机数据采集系统的重要指标之一就是数据采集速率。数据采集速率通常取决于两个因
素:一是模拟输入信号的最高频率 f_{max};二是 A/D 转换器模拟输入通道数 N。通常数据采集
速率 $f_0 \gg f_{max}N$。采样定理规定 $f_0 \geqslant 2f_{max}N$,实际上 f_0 一般取 $(5 \sim 10)f_{max}N$。为了实现高速
采集,首先要求 A/D 转换器的转换速率高。例如 12 位的 A/D 转换器,其转换时间为 3 μs。

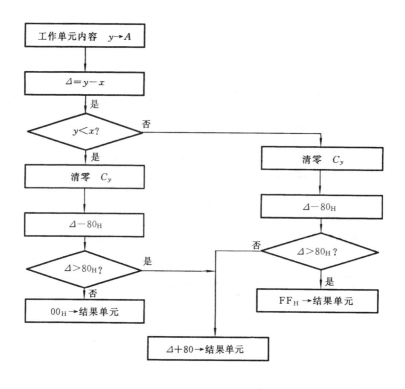

图 10-7　输入为单极性,输出为双极性控制系统数据预处理程序框图

但从每次转换结束到进行下一次转换,还必须完成多路开关的切换,并且要将转换完毕的数据传送到内存(RAM)中去,发出启动转换信号。如果上述操作由 CPU 完成,将需要较长的时间 τ,一般 τ 比 A/D 转换时间长得多,这时采样速率的上限为 $f_0 = \dfrac{1}{T+\tau}$。因此,要提高 f_0,一是要减小 A/D 转换时间 T,二是要减小数据传送时间 τ。而数据直接存取方法(DMA)就是直接将数据自 RAM 中取出或存入,而不经过 CPU,因此,大大缩短了数据传送时间 τ。图 10-8 所示的为 DMA 控制原理。常规的数据传输是在 CPU 与 RAM 之间进行的。CPU 发出地址码以及读写信号(通过地址总线和控制总线传输),并经过数据总线传送信息。此时外部设备与 RAM 交换信息必须借助 I/O 指令和并行或串行 I/O 通道,通过 CPU 的 A 累加器再与 RAM 交换信息。对于 12 位的 A/D 转换器,12 位数据向 RAM 中传送所占用的时间将近 30 μs。但是如果采用 DMA 传送方式,则可大大地缩短传送时间。其传送过程为:①DMA 控制器向 CPU 发出 DMA 请求,CPU 在执行完正在运行的机器周期后立即响应,并向 DMA 控制器发送响应回答信号。②CPU 响应 DMA 请求后,便失去与外界(包括 RAM、ROM 和 I/O 设备)交换信息的全部功能,将读/写控制线、地址总线及数据总线全部交出,即处于高阻输出状态。此时上述总线在 DMA 控制器管理下。③DMA 控制器投入运行期间,依事先设置的初始地址和所需传送的字节数依次改变地址,并发出相应的读/写信号,以达到 RAM 与 I/O 设备(指 A/D 转换器)直接交换信息。④DMA 所传送的字节数以及内存地址,是由 CPU 向 DMA 控制器用软件设置的。⑤DMA 传送数据结束后,便自动撤销向 CPU 申请信号(电位信号),CPU 继续运行。

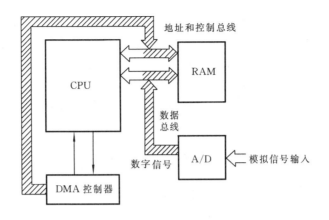

图 10-8　DMA 控制原理

DMA 控制器有多种型号,如 Zilog 公司生产的 Z80DMA 芯片、Intel 公司生产的 8257DMA 芯片等。各公司生产的 DMA 大都为本公司生产的 CPU 直接配套使用。由于 DMA 的基本原理和基本功能都是大同小异的,因此只要根据 CPU 的功能和特点增添不多的辅助电路,每种 DMA 都可在任何其他微机系统中使用。

10.2.3　数据采集系统的标定

1. 数据采集系统软件概述

前面介绍了微机数据采集系统在硬件方面的组成部分、控制系统数据的预处理,以及高速数据传输方法等。此外,数据采集系统的重要组成部分还有软件部分和系统的标定。

数据采集系统的软件部分主要包括驱动软件和数据处理软件两部分,它们承担着对系统中各部件的协调控制,对数据的运算、分析和处理等任务,主要包括下列具体内容:

①设定通道数、数据数、采集速度、采集时刻;

②设定程控放大器的增益;

③校准逻辑控制;

④数据处理程序(包括求平均值、积分、微分、统计处理、相关分析、频谱分析、线性化处理、曲线拟合等)。

限于篇幅,其软件不可能一一介绍,本节主要介绍几种系统的标定方法。

2. 常用数据采集系统的标定方法

(1)应变式传感器测试系统的标定

应变式传感器的测试电路通常为电桥电路,所以可以用如图 10-9 所示的并联电阻校准法进行标定。图中 R_1、R_4 为传感器的电阻,R_2、R_3 为标准电阻,它们满足 $R_1 = R_4$,$R_2 = R_3$,当被测信号为零时,有 $R_1 R_3 = R_2 R_4$,电桥处于平衡状态,输出电压为零,这时测试系统的输出也应为零。设被测量的最大值为满量程的 75%,

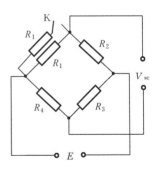

图 10-9　并联电阻校准法原理

由试验测得传感器在满量程时电桥的输出电压为 V_{sc},则根据输入电压 V_{sr},应变片电阻 R_1、R_4 的值,标准电阻 R_2、R_3 的值,可算出校准电阻 R_c 的值,使得当 R_c 与 R_1 并联时,电桥的输出电

压 V'_{sc} 为满量程输出值 V_{sc} 的 75%。校准开关 K 可以手动,也可用程序控制,标定时通过接通与断开校准开关 K,就可校准测量系统的最大输出与零点。

（2）热电偶传感器测试系统的标定

若测量传感器为热电偶,则可采取电压置换法进行标定。其原理如图 10-10 所示。根据热电偶的电势-温度对照表,准备一组标准电势,它们分别对应于不同的温度。标定时,将热电偶的电压置换成标准电势,从而可显示或记录下系统对不同温度时的输出值。

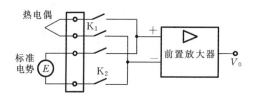

图 10-10　电压置换法标定原理

（3）电阻式传感器测试系统的标定

当传感器为热电阻时,其标定方法与热电偶类似,可采用标准电阻置换法进行标定。根据电阻温度计标定表,准备一组标准电阻,它们分别对应于不同的温度。标定时,将电阻温度计的电阻置换成标准电阻,就可得到对应于不同温度时测试系统的输出值,其原理如图 10-11 所示。

（4）测试系统零点及增益的标定

测试系统的零点稳定性和噪声可采用输入短路法进行标定,如图 10-12 所示。将输入端的开关合上,可检查系统的噪声和零点的稳定性。而系统的增益和线性度可从程控电压源引出一组电压加到输入通道中来进行标定,这种标定方法与所使用的传感器无关。

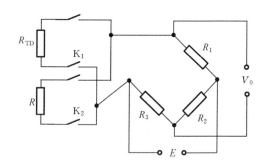

图 10-11　标准电阻置换法标定原理

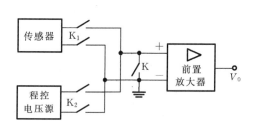

图 10-12　系统零点及增益标定原理

10.3　微机测试系统的应用

这里介绍微机控制温度计自动标定系统。

1. 系统的组成

该系统包括恒温器、多路转换开关、前置放大器、A/D 转换器、微机、译码器、D/A 转换器、执行器、加热器及显示记录设备等,其原理框图如图 10-13 所示。

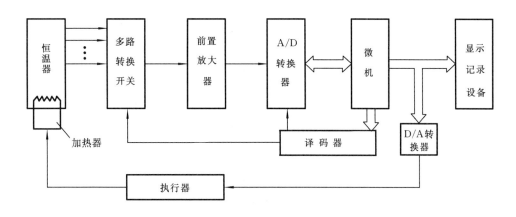

图 10-13　微机控制温度计自动标定框图

（1）多路转换开关及前置放大器

温度计检定系统中，被测参数都是弱小信号，根据检定规程的要求，测量电路的分辨率应为 $1\,\mu V$，线性度为 0.01%，精度为 0.02%。弱小模拟信号测量电路对转换开关的要求是开关本身的寄生电势要小于 $1\,\mu V$。前置放大器的作用是将温度计测量电路送来的毫伏级信号放大到 $0\sim 10\,V$ 的电压信号。为了保证整个检测系统的高精度和稳定性，放大器应具有高的线性度（如 0.01%）和低的漂移（如 3.0×10^{-5}）。本系统采用由低漂移运算放大器、隔离电路及 CMOS 集成电路构成的低电平多路开关集成电路芯片 AD7501，这种芯片具有前置放大功能，有 8 路输入通道、1 路公共输出通道。通道的选择是由编制好的软件通过微机发出指令来实现的。

（2）A/D 转换器

在温度计的检定系统中，要求 A/D 转换器具有 1/50000 的分辨率和 0.01% 的线性度，相当于 16 位 ADC 芯片的性能指标。这样高分辨率的 ADC 芯片价格昂贵，目前主要依赖于进口。本系统采用 V-F 式 A/D 转换电路，如国产的 VFC 芯片、DL8106B，其主要性能指标如下：输入电压：$0\sim 10\,V$。输出频率：$0\sim 100\,kHz$。线性度$\leqslant 0.005\%$，失调电压不超过$\pm 3\,mV$，温度系数不超过$\pm 4.4\times 10^{-5}/℃$。

要得到 1/50000 的分辨率，可定时 0.5 s 进行计数，采用可编程定时器/计数器。本系统采用的定时器/计数器是 Z80-CTC 集成芯片。

（3）D/A 转换器

由微机输出的温控信号需经 D/A 转换器变成模拟电压信号才能输入执行器。该系统采用的 D/A 转换器是 AD7524 集成芯片。这是一种廉价、低功耗、8 位并行 D/A 转换器，功耗为 20 mW，非线性度为$\pm 0.05\%$，供电电压在$+5\sim +15\,V$ 范围内。它的最大特点是，参考电压可由正电源或负电源供电，而输出电压则需相应地改变极性。此外，由于它内部具有可直接与 CPU 数据总线相连的输入数据寄存器，因此，无须使用 PIO 接口芯片。

2. 系统软件简介

温度计自动检定应用软件包括主程序和子程序,它们分别如图 10-14 和图 10-15 所示。

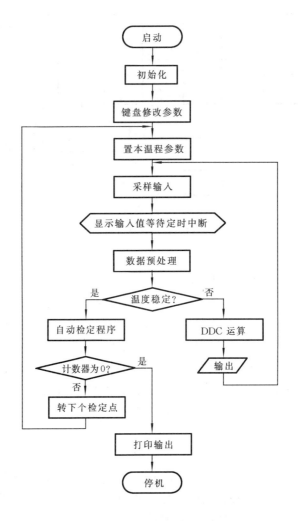

图 10-14 主程序流程图

对恒温器的控温,通常采用 PID 算法来控制,在数字直接控制(DDC)系统中,控制算法可基于连续系统的 PID 调节规律进行离散化,它所依据的理论仍是经典的调节理论。但离散化后得到的 PID 算式存在着积分饱和、积分的截断效应及微分作用限制等缺点,因此,该系统采用了改进的 PID 算法,即应用变速积分和不完全微分所得到的 PID 算式。改进的 PID 算法与普通 PID 算法的控制效果如图 10-16 所示。

3. 数字直接控制(DDC)系统中的 PID 算法

在模拟系统中,时域内互不影响的 PID 调节规律为

$$u(t) = K_P \left[e(t) + \frac{1}{T_I} \int_0^t e(t) \mathrm{d}t + T_D \frac{\mathrm{d}e(t)}{\mathrm{d}t} \right] \tag{10-3}$$

式中:K_P 为比例系数;

T_I 为积分时间常数;

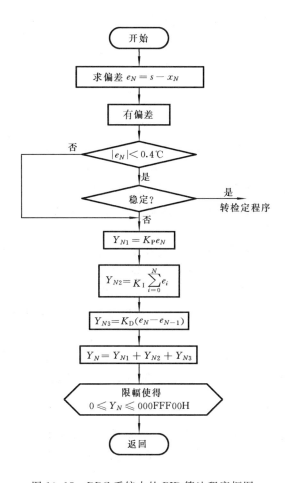

图 10-15 DDC 系统中的 PID 算法程序框图

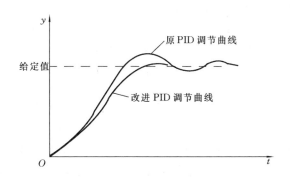

图 10-16 改进的 PID 算法与原 PID 算法控制效果对比图

T_D 为微分时间常数；

$e(t)$ 为输入偏差；

$u(t)$ 为调节器输出。

离散化(Z 变换)后可得到输出值

$$Y_N = K_P\left[e_N + \frac{\tau}{T_I}\sum_{i=0}^{N}e_i + \frac{T_D}{\tau}(e_N - e_{N-1})\right] \tag{10-4}$$

设
$$K_I = K_P\frac{\tau}{T_I}, \quad K_D = K_P\frac{T_D}{\tau}$$

则式(10-4)可写成

$$Y_N = K_Pe_N + K_I\sum_{i=0}^{N}e_i + K_D(e_N - e_{N-1}) \tag{10-5}$$

式(10-5)即为 PID 算法的位置型算式。由此可得到它的增量型算式：

$$\Delta Y_N = K_P(e_N - e_{N-1}) + K_Ie_N + K_D(e_N - 2e_{N-1} + e_{N-2}) \tag{10-6}$$

试验证明,当 DDC 系统的采样周期比系统时间常数小得多的时候,采用这种离散化方法得到的 PID 算式是可行的、有效的。但 PID 算法仍存在着一些缺点,使得在某些情况下控制效果受到影响,主要有下面几点。

①积分饱和。当定值控制系统中的定值有较大变化时,如果被控对象是慢过程,则偏差不能迅速消除,造成积分项作用过大,经常出现积分项过大使得数字调节器输出超过执行器能输出的最大值的情况。当被控对象已达到规定值时,输出仍然很大,从而出现过调。这种积分饱和现象可用积分分离的 PID 算式来消除,即在被调量开始跟踪时,取消积分作用,直至被调量接近新的定值时才引入积分作用。

②积分的截断效应。DDC 算法中有计算机的字长限制,当运算结果超出字长精度表示的范围时,就会溢出或截断。在使用增量型算式时,积分作用体现在上一次的输出 Y_{N-1} 中,而增量 ΔY_N 中的积分项为 K_Ie_N, $K_I = K_P\frac{\tau}{T_I}$,通常 $\tau \ll T_I$,所以 K_I 是一个远小于 1 的数。当 e_N 很小时,积分项因很小而被舍掉,积分作用消失,从而影响了控制效果。

③微分作用限制。在用完全微分型 PID 算式进行调节时,输出部件往往使微分作用受到限制。

针对上述问题,对 PID 算式进行如下改进。

(1)变速积分法

消除积分饱和就要设法改变积分项累加的速度,使之与偏差大小相适应,即偏差大时,积分累加速度要慢,以减弱积分作用;反之,当偏差较小时,积分累加速度要加快,以增强积分作用。为此,把每次要累加的 e_N 乘上一个系数,这个系数是 $|e_N|$ 的函数,如：

$$e_N' = f(|e_N|)e_N$$

$$f(|e_N|) = \begin{cases} \dfrac{A_I - |e_N|}{A_I}, & |e_N| \leqslant A_I \\ 0, & |e_N| > A_I \end{cases}$$

式中：A_I 为偏差限,当偏差大于此限后,不再进行积分;当偏差为零时,$f(|e_N|)=1$,达到最大值。将上面的关系式代入 PID 算式中的积分项,就可得到变速积分算式：

$$Y_I = K_I\sum_{i=0}^{N}e_i' = K_I\left(\sum_{i=0}^{N-1}e_i' + e_N'\right) = K_I\sum_{i=0}^{N}e_i' + \frac{A_I - |e_N|}{A_I}K_Ie_N \tag{10-7}$$

采用变速积分算式后,实现了比例作用消除大偏差、积分作用消除小偏差的理想的调节特性,从而消除了积分饱和,减小了超调,加快了过渡过程,改善了调节品质。同时,这种算式还使得参数间的相互作用减小,参数整定比较容易,使调节器的适应能力增强。

（2）准不完全微分

在完全微分型 PID 算式中，微分项是对理想微分作用的模拟，即

$$Y_D(t) = T_D \frac{\mathrm{d}e(t)}{\mathrm{d}t} \tag{10-8}$$

对应于阶跃输入，其输出为 δ 函数，在数字调节 PID 算式中，完全微分项为

$$Y_D = K_D(e_N - e_{N-1}) \tag{10-9}$$

输出脉冲幅度为 $K_D \Delta e$，宽度为一个采样周期，这样的微分作用弱而幅度大，造成输出波动太大，从而影响调节品质。

在模拟调节器中，元件本身的特性使得微分作用成为不完全的微分，即

$$W(S) = \frac{K_P T_D S}{1 + T_D S} \tag{10-10}$$

根据模拟调节器的不完全微分作用，要得到数字型不完全微分 PID 算式，推导很复杂，参数计算困难。为此，希望得到一种简化的不完全微分算式，即准不完全微分算式，其微分项表达式为

$$Y_D = K_D[e_N - Qe_{N-1} - (1-Q)e_{D-1}] \tag{10-11}$$

综上所述，应用变速积分和准不完全微分所得到的改进的 PID 算式为

$$Y_N = K_P e_N + K_I \left(\sum_{i=0}^{N-1} e_i' + \frac{A_I - |e_N|}{A_I} e_N \right) + K_D(e_N - e_D) \tag{10-12}$$

式中：$e_D = Qe_{N-1} + (1-Q)e_{D-1}$，称为不完全微分算子；

K_I 为积分系数；

K_D 为微分系数；

Q 为不完全微分算子的速度系数。

思考题与习题

1. 微机测试系统的输入接口和输出接口分别由哪些部分组成？画出其系统方块图。

2. 测量放大器与普通的放大器相比有何不同？它有哪些特点和用途？

3. 隔离放大器由哪些主要部件组成？它的作用是什么？

4. 输入接口中为什么不可缺少采样保持器？其工作原理及主要部件是什么？

5. A/D 转换器的输出有哪两种方法？应如何与 CPU 连接？A/D 转换结果通常是采用哪几种方法处理的？

6. 为什么要采用 DMA 传输方式？简述其传送过程。

7. 何谓改进的 PID 算法？为什么要采用改进的 PID 算法？

附　录

附录 A　铂铑 10-铂热电偶分度表

分度号:S　参比端温度:0℃

测量端温度/℃	0	1	2	3	4	5	6	7	8	9
	热电势/mV									
−10	−0.053	−0.058	−0.063	−0.068	−0.073	−0.078	−0.083	−0.088	−0.093	−0.098
−0	−0.000	−0.005	−0.011	−0.016	−0.021	−0.027	−0.032	−0.037	−0.042	−0.048
0	0.000	0.005	0.011	0.016	0.022	0.027	0.033	0.038	0.044	0.050
10	0.055	0.061	0.067	0.072	0.078	0.084	0.090	0.095	0.101	0.107
20	0.113	0.119	0.125	0.131	0.137	0.142	0.148	0.154	0.161	0.167
30	0.173	0.179	0.185	0.191	0.197	0.203	0.210	0.216	0.222	0.228
40	0.235	0.241	0.247	0.254	0.260	0.266	0.273	0.279	0.286	0.292
50	0.299	0.305	0.312	0.318	0.325	0.331	0.338	0.345	0.351	0.358
60	0.365	0.371	0.378	0.385	0.391	0.398	0.405	0.412	0.419	0.425
70	0.432	0.439	0.446	0.453	0.460	0.467	0.474	0.481	0.488	0.495
80	0.502	0.509	0.516	0.523	0.530	0.537	0.544	0.551	0.558	0.566
90	0.573	0.580	0.587	0.594	0.602	0.609	0.616	0.623	0.631	0.638
100	0.645	0.653	0.660	0.667	0.675	0.682	0.690	0.697	0.704	0.712
110	0.719	0.727	0.734	0.742	0.749	0.757	0.764	0.772	0.780	0.787
120	0.795	0.802	0.810	0.818	0.825	0.833	0.841	0.848	0.856	0.864
130	0.872	0.879	0.887	0.895	0.903	0.910	0.918	0.926	0.934	0.942
140	0.950	0.957	0.965	0.973	0.981	0.989	0.997	1.005	1.013	1.021
150	1.029	1.037	1.045	1.053	1.061	1.069	1.077	1.085	1.093	1.101
160	1.109	1.117	1.125	1.133	1.141	1.149	1.158	1.166	1.174	1.182
170	1.190	1.198	1.207	1.215	1.223	1.231	1.240	1.248	1.256	1.264
180	1.273	1.281	1.289	1.297	1.306	1.314	1.322	1.331	1.339	1.347
190	1.356	1.364	1.373	1.381	1.389	1.398	1.406	1.415	1.423	1.432
200	1.440	1.448	1.457	1.465	1.474	1.482	1.491	1.499	1.508	1.516
210	1.525	1.534	1.542	1.551	1.559	1.568	1.576	1.585	1.594	1.602
220	1.611	1.620	1.628	1.637	1.645	1.654	1.663	1.671	1.680	1.689
230	1.698	1.706	1.715	1.724	1.732	1.741	1.750	1.759	1.767	1.776
240	1.785	1.794	1.802	1.811	1.820	1.829	1.838	1.846	1.855	1.864
250	1.873	1.882	1.891	1.899	1.908	1.917	1.926	1.935	1.944	1.953
260	1.962	1.971	1.979	1.988	1.997	2.006	2.015	2.024	2.033	2.042
270	2.051	2.060	2.069	2.078	2.087	2.096	2.105	2.114	2.123	2.132
280	2.141	2.150	2.159	2.168	2.177	2.186	2.195	2.204	2.213	2.222
290	2.232	2.241	2.250	2.259	2.268	2.277	2.286	2.295	2.304	2.314
300	2.323	2.332	2.341	2.350	2.359	2.368	2.378	2.387	2.396	2.405
310	2.414	2.424	2.433	2.442	2.451	2.460	2.470	2.479	2.488	2.497
320	2.506	2.516	2.525	2.534	2.543	2.553	2.562	2.571	2.581	2.590
330	2.599	2.608	2.618	2.627	2.636	2.646	2.655	2.664	2.674	2.683
340	2.692	2.702	2.711	2.720	2.730	2.739	2.748	2.758	2.767	2.776
350	2.786	2.795	2.805	2.814	2.823	2.833	2.842	2.852	2.861	2.870
360	2.880	2.889	2.899	2.908	2.917	2.927	2.936	2.946	2.955	2.965
370	2.974	2.984	2.993	3.003	3.012	3.022	3.031	3.041	3.050	3.059
380	3.069	3.078	3.088	3.097	3.107	3.117	3.126	3.136	3.145	3.155
390	3.164	3.174	3.183	3.193	3.202	3.212	3.221	3.231	3.241	3.250
400	3.260	3.269	3.279	3.288	3.298	3.308	3.317	3.327	3.336	3.346
410	3.356	3.365	3.375	3.384	3.394	3.404	3.413	3.423	3.433	3.442
420	3.452	3.462	3.471	3.481	3.491	3.500	3.510	3.520	3.529	3.539
430	3.549	3.558	3.568	3.578	3.587	3.597	3.607	3.616	3.626	3.636
440	3.645	3.655	3.665	3.675	3.684	3.694	3.704	3.714	3.723	3.733

测量端温度/℃	0	1	2	3	4	5	6	7	8	9
	热电势/mV									
450	3.743	3.752	3.762	3.772	3.782	3.791	3.801	3.811	3.821	3.831
460	3.840	3.850	3.860	3.870	3.879	3.889	3.899	3.909	3.919	3.928
470	3.938	3.948	3.958	3.968	3.977	3.987	3.997	4.007	4.017	4.027
480	4.036	4.046	4.056	4.066	4.076	4.086	4.095	4.105	4.115	4.125
490	4.135	4.145	4.155	4.164	4.174	4.184	4.194	4.204	4.214	4.224
500	4.234	4.243	4.253	4.263	4.273	4.283	4.293	4.303	4.313	4.323
510	4.333	4.343	4.352	4.362	4.372	4.382	4.392	4.402	4.412	4.422
520	4.432	4.442	4.452	4.492	4.472	4.482	4.492	4.502	4.512	4.522
530	4.532	4.542	4.552	4.562	4.572	4.582	4.592	4.602	4.612	4.622
540	4.632	4.642	4.652	4.662	4.672	4.682	4.692	4.702	4.712	4.722
550	4.732	4.742	4.752	4.762	4.772	4.782	4.792	4.802	4.812	4.822
560	4.832	4.842	4.852	4.862	4.873	4.883	4.893	4.903	4.913	4.923
570	4.933	4.943	4.953	4.963	4.973	4.984	4.994	5.004	5.014	5.024
580	5.034	5.044	5.054	5.065	5.075	5.085	5.095	5.105	5.115	5.125
590	5.136	5.146	5.156	5.166	5.176	5.186	5.197	5.207	5.217	5.227
600	5.237	5.247	5.258	5.268	5.278	5.288	5.298	5.309	5.319	5.329
610	5.339	5.350	5.360	5.370	5.380	5.391	5.401	5.411	5.421	5.431
620	5.442	5.452	5.462	5.473	5.483	5.493	5.503	5.514	5.524	5.534
630	5.544	5.555	5.565	5.575	5.586	5.596	5.606	5.617	5.627	5.637
640	5.648	5.658	5.668	5.679	5.689	5.700	5.710	5.720	5.731	5.741
650	5.751	5.762	5.772	5.782	5.793	5.803	5.814	5.824	5.834	5.845
660	5.855	5.866	5.876	5.887	5.897	5.907	5.918	5.928	5.939	5.949
670	5.960	5.970	5.980	5.991	6.001	6.012	6.022	6.033	6.043	6.054
680	6.064	6.075	6.085	6.096	6.106	6.117	6.127	6.138	6.148	6.159
690	6.169	6.180	6.190	6.201	6.211	6.222	6.232	6.243	6.253	6.264
700	6.274	6.285	6.295	6.306	6.316	6.327	6.338	6.348	6.359	6.369
710	6.380	6.390	6.401	6.412	6.422	6.433	6.443	6.454	6.465	6.475
720	6.486	6.496	6.507	6.518	6.528	6.539	6.549	6.560	6.571	6.581
730	6.592	6.603	6.613	6.624	6.635	6.645	6.656	6.667	6.677	6.688
740	6.699	6.709	6.720	6.731	6.741	6.752	6.763	6.773	6.784	6.795
750	6.805	6.816	6.827	6.838	6.848	6.859	6.870	6.880	6.891	6.902
760	6.913	6.923	6.934	6.945	6.956	6.966	6.977	6.988	6.999	7.009
770	7.020	7.031	7.042	7.053	7.063	7.074	7.085	7.096	7.107	7.117
780	7.128	7.139	7.150	7.161	7.171	7.182	7.193	7.204	7.215	7.225
790	7.236	7.247	7.258	7.269	7.280	7.291	7.301	7.312	7.323	7.334
800	7.345	7.356	7.367	7.377	7.388	7.399	7.410	7.421	7.432	7.443
810	7.454	7.465	7.476	7.486	7.497	7.508	7.519	7.530	7.541	7.552
820	7.563	7.574	7.585	7.596	7.607	7.618	7.629	7.640	7.651	7.661
830	7.672	7.683	7.694	7.705	7.716	7.727	7.738	7.749	7.760	7.771
840	7.782	7.793	7.804	7.815	7.826	7.837	7.848	7.859	7.870	7.881
850	7.892	7.904	7.915	7.926	7.937	7.948	7.959	7.970	7.981	7.992
860	8.003	8.014	8.025	8.036	8.047	8.058	8.069	8.081	8.092	8.103
870	8.114	8.125	8.136	8.147	8.158	8.169	8.180	8.192	8.203	8.214
880	8.225	8.236	8.247	8.258	8.270	8.281	8.292	8.303	8.314	8.325
890	8.336	8.348	8.359	8.370	8.381	8.392	8.404	8.415	8.426	8.437
900	8.448	8.460	8.471	8.482	8.493	8.504	8.516	8.527	8.538	8.549
910	8.560	8.572	8.583	8.594	8.605	8.617	8.628	8.639	8.650	8.662
920	8.673	8.684	8.695	8.707	8.718	8.729	8.741	8.752	8.763	8.774
930	8.786	8.797	8.808	8.820	8.831	8.842	8.854	8.865	8.876	8.888
940	8.899	8.910	8.922	8.933	8.944	8.956	8.967	8.978	8.990	9.001
950	9.012	9.024	9.035	9.047	9.058	9.069	9.081	9.092	9.103	9.115
960	9.126	9.138	9.149	9.160	9.172	9.183	9.195	9.206	9.217	9.229
970	9.240	9.252	9.263	9.275	9.282	9.298	9.309	9.320	9.332	9.343
980	9.355	9.366	9.378	9.389	9.401	9.412	9.424	9.435	9.447	9.458
990	9.470	9.481	9.493	9.504	9.516	9.527	9.539	9.550	9.562	9.573

测量端温度/℃	0	1	2	3	4	5	6	7	8	9
	热电势/mV									
1000	9.585	9.596	9.608	9.619	9.631	9.642	9.654	9.665	9.677	9.689
1010	9.700	9.712	9.723	9.735	9.746	9.758	9.770	9.781	9.793	9.804
1020	9.816	9.828	9.839	9.851	9.862	9.874	9.886	9.897	9.909	9.920
1030	9.932	9.944	9.955	9.967	9.979	9.990	10.002	10.013	10.025	10.037
1040	10.048	10.060	10.072	10.083	10.095	10.107	10.118	10.130	10.142	10.154
1050	10.165	10.177	10.189	10.200	10.212	10.224	10.235	10.247	10.259	10.271
1060	10.282	10.294	10.306	10.318	10.329	10.341	10.353	10.364	10.376	10.388
1070	10.400	10.411	10.423	10.435	10.447	10.459	10.470	10.482	10.494	10.506
1080	10.517	10.529	10.541	10.553	10.565	10.576	10.588	10.600	10.612	10.624
1090	10.635	10.647	10.659	10.671	10.683	10.694	10.706	10.718	10.730	10.742
1100	10.754	10.765	10.777	10.789	10.801	10.813	10.825	10.836	10.848	10.860
1110	10.872	10.884	10.896	10.908	10.919	10.931	10.943	10.955	10.967	10.979
1120	10.991	11.003	11.014	11.026	11.038	11.050	11.062	11.074	11.086	11.098
1130	11.110	11.121	11.133	11.145	11.157	11.169	11.181	11.193	11.205	11.217
1140	11.229	11.241	11.252	11.264	11.276	11.288	11.300	11.312	11.324	11.336
1150	11.348	11.360	11.372	11.384	11.396	11.408	11.420	11.432	11.443	11.455
1160	11.467	11.479	11.491	11.503	11.515	11.527	11.539	11.551	11.563	11.575
1170	11.587	11.599	11.611	11.623	11.635	11.647	11.659	11.671	11.683	11.695
1180	11.707	11.719	11.731	11.743	11.755	11.767	11.779	11.791	11.803	11.815
1190	11.827	11.839	11.851	11.863	11.875	11.887	11.899	11.911	11.923	11.935
1200	11.947	11.959	11.971	11.983	11.995	12.007	12.019	12.031	12.043	12.055
1210	12.067	12.079	12.091	12.103	12.116	12.128	12.140	12.152	12.164	12.176
1220	12.188	12.200	12.212	12.224	12.236	12.248	12.260	12.272	12.284	12.296
1230	12.308	12.320	12.332	12.345	12.357	12.369	12.381	12.393	12.405	12.417
1240	12.429	12.441	12.453	12.465	12.477	12.489	12.501	12.514	12.526	12.538
1250	12.550	12.562	12.574	12.586	12.598	12.610	12.622	12.634	12.647	12.659
1260	12.671	12.683	12.695	12.707	12.719	12.731	12.743	12.755	12.767	12.780
1270	12.792	12.804	12.816	12.828	12.840	12.852	12.864	12.876	12.888	12.901
1280	12.913	12.925	12.937	12.949	12.961	12.973	12.985	12.997	13.010	13.022
1290	13.034	13.046	13.058	13.070	13.082	13.094	13.107	13.119	13.131	13.143
1300	13.155	13.167	13.179	13.191	13.203	13.216	13.228	13.240	13.252	13.264
1310	13.276	13.288	13.300	13.313	13.325	13.337	13.349	13.361	13.373	13.385
1320	13.397	13.410	13.422	13.434	13.446	13.458	13.470	13.482	13.495	13.507
1330	13.519	13.531	13.543	13.555	13.567	13.579	13.592	13.604	13.616	13.628
1340	13.640	13.652	13.664	13.677	13.689	13.701	13.713	13.725	13.737	13.749
1350	13.761	13.774	13.786	13.798	13.810	13.822	13.834	13.846	13.859	13.871
1360	13.883	13.895	13.907	13.919	13.931	13.944	13.956	13.968	13.980	13.992
1370	14.004	14.016	14.028	14.040	14.053	14.065	14.077	14.089	14.101	14.113
1380	14.125	14.138	14.150	14.162	14.174	14.186	14.198	14.210	14.222	14.235
1390	14.247	14.259	14.271	14.283	14.295	14.307	14.319	14.332	14.344	14.356
1400	14.368	14.380	14.392	14.404	14.416	14.429	14.441	14.453	14.465	14.477
1410	14.489	14.501	14.513	14.526	14.538	14.550	14.562	14.574	14.586	14.598
1420	14.610	14.622	14.635	14.647	14.659	14.671	14.683	14.695	14.707	14.719
1430	14.731	14.744	14.756	14.768	14.780	14.792	14.804	14.816	14.828	14.840
1440	14.852	14.865	14.877	14.889	14.901	14.913	14.925	14.937	14.949	14.961
1450	14.973	14.985	14.998	15.010	15.022	15.034	15.046	15.058	15.070	15.082
1460	15.094	15.106	15.118	15.130	15.143	15.155	15.167	15.179	15.191	15.203
1470	15.215	15.227	15.239	15.251	15.263	15.275	15.287	15.299	15.311	15.324
1480	15.336	15.348	15.360	15.372	15.384	15.396	15.408	15.420	15.432	15.444
1490	15.456	15.468	15.480	15.492	15.504	15.516	15.528	15.540	15.552	15.564
1500	15.576	15.589	15.601	15.613	15.625	15.637	15.649	15.661	15.673	15.685
1510	15.697	15.709	15.721	15.733	15.745	15.757	15.769	15.781	15.793	15.805
1520	15.817	15.829	15.841	15.853	15.865	15.877	15.889	15.901	15.913	15.925
1530	15.937	15.949	15.961	15.973	15.985	15.997	16.009	16.021	16.033	16.045
1540	16.057	16.069	16.080	16.092	16.104	16.116	16.128	16.140	16.152	16.164

测量端温度/	0	1	2	3	4	5	6	7	8	9
℃	热电势/mV									
1550	16.176	16.188	16.200	16.212	16.224	16.236	16.248	16.260	16.272	16.284
1560	16.296	16.308	16.319	16.331	16.343	16.355	16.367	16.379	16.391	16.403
1570	16.415	16.427	16.439	16.451	16.462	16.474	16.486	16.498	16.510	16.522
1580	16.534	16.546	16.558	16.569	16.581	16.593	16.605	16.617	16.629	16.641
1590	16.653	16.664	16.676	16.688	16.700	16.712	16.724	16.736	16.747	16.759
1600	16.771	16.783	16.795	16.807	16.819	16.830	16.842	16.854	16.866	16.878
1610	16.890	16.901	16.913	16.925	16.937	16.949	16.960	16.972	16.984	16.996
1620	17.008	17.019	17.031	17.043	17.055	17.067	17.078	17.090	17.102	17.114
1630	17.125	17.137	17.149	17.161	17.173	17.184	17.196	17.208	17.220	17.231
1640	17.243	17.255	17.267	17.278	17.290	17.302	17.313	17.325	17.337	17.349
1650	17.360	17.372	17.384	17.396	17.407	17.419	17.431	17.442	17.454	17.466
1660	17.477	17.489	17.501	17.512	17.524	17.536	17.548	17.559	17.571	17.583
1670	17.594	17.606	17.617	17.629	17.641	17.652	17.664	17.676	17.687	17.699
1680	17.711	17.722	17.734	17.745	17.757	17.769	17.780	17.792	17.803	17.815
1690	17.826	17.838	17.850	17.861	17.873	17.884	17.896	17.907	17.919	17.930
1700	17.942	17.953	17.965	17.976	17.988	17.999	18.010	18.022	18.033	18.045

附录 B　镍铬-镍硅热电偶分度表

分度号:K　　参比端温度:0℃

测量端温度/	0	1	2	3	4	5	6	7	8	9
℃	热电势/mV									
−40	−1.527	−1.563	−1.600	−1.636	−1.673	−1.709	−1.745	−1.781	−1.817	−1.853
−30	−1.156	−1.193	−1.231	−1.268	−1.305	−1.342	−1.379	−1.416	−1.453	−1.490
−20	−0.777	−0.816	−0.854	−0.892	−0.930	−0.968	−1.005	−1.043	−1.081	−1.118
−10	−0.392	−0.431	−0.469	−0.508	−0.547	−0.585	−0.624	−0.662	−0.701	−0.739
−0	−0.000	−0.039	−0.079	−0.118	−0.157	−0.197	−0.236	−0.275	−0.314	−0.353
0	0.000	0.039	0.079	0.119	0.158	0.198	0.238	0.277	0.317	0.357
10	0.397	0.437	0.477	0.517	0.557	0.597	0.637	0.677	0.718	0.758
20	0.798	0.838	0.879	0.919	0.960	1.000	1.041	1.081	1.122	1.162
30	1.203	1.244	1.285	1.325	1.366	1.407	1.448	1.489	1.529	1.570
40	1.611	1.652	1.693	1.734	1.776	1.817	1.858	1.899	1.940	1.981
50	2.022	2.064	2.105	2.146	2.188	2.229	2.270	2.312	2.353	2.394
60	2.436	2.477	2.519	2.560	2.601	2.643	2.684	2.726	2.767	2.809
70	2.850	2.892	5.933	2.975	3.016	3.058	3.100	3.141	3.183	3.224
80	3.266	3.307	3.349	3.390	3.432	3.473	3.515	3.556	3.598	3.639
90	3.681	3.722	3.764	3.805	3.847	3.888	3.930	3.971	4.012	4.054
100	4.095	4.137	4.178	4.219	4.261	4.302	4.343	4.384	4.426	4.467
110	4.508	4.549	4.590	4.632	4.673	4.714	4.755	4.796	4.837	4.878
120	4.919	4.960	5.001	5.042	5.083	5.124	5.164	5.205	5.246	5.287
130	5.327	5.368	5.409	5.450	5.490	5.531	5.571	5.612	5.652	5.693
140	5.733	5.774	5.814	5.855	5.895	5.936	5.976	6.016	6.057	6.097
150	6.137	6.177	6.218	6.258	6.298	6.338	6.378	6.419	6.459	6.499
160	6.539	6.579	6.619	6.659	6.699	6.739	6.779	6.819	6.859	6.899
170	6.939	6.979	7.019	7.059	7.099	7.139	7.179	7.219	7.259	7.299
180	7.338	7.378	7.418	7.458	7.498	7.538	7.578	7.618	7.658	7.697
190	7.737	7.777	7.817	7.857	7.897	7.937	7.977	8.017	8.057	8.097
200	8.137	8.177	8.216	8.256	8.296	8.336	8.376	8.416	8.456	8.497
210	8.537	8.577	8.617	8.657	8.697	8.737	8.777	8.817	8.857	8.898
220	8.938	8.978	9.018	9.058	9.099	9.139	9.179	9.220	9.260	9.300
230	9.341	9.381	9.421	9.462	9.502	9.543	9.583	9.624	9.664	9.705
240	9.745	9.786	9.826	9.867	9.907	9.948	9.989	10.029	10.070	10.111
250	10.151	10.192	10.233	10.274	10.315	10.355	10.396	10.437	10.478	10.519
260	10.560	10.600	10.641	10.682	10.723	10.764	10.805	10.846	10.887	10.928
270	10.969	11.010	11.051	11.093	11.134	11.175	11.216	11.257	11.298	11.339
280	11.381	11.422	11.463	11.504	11.546	11.587	11.628	11.669	11.711	11.752
290	11.793	11.835	11.876	11.918	11.959	12.000	12.042	12.083	12.125	12.166

测量端温度/℃	0	1	2	3	4	5	6	7	8	9
	热电势/mV									
300	12.207	12.249	12.290	12.332	12.373	12.415	12.456	12.498	12.539	12.581
310	12.623	12.664	12.706	12.747	12.789	12.831	12.872	12.914	12.955	12.997
320	13.039	13.080	13.122	13.164	13.205	13.247	13.289	13.331	13.372	13.414
330	13.456	13.497	13.539	13.581	13.623	13.665	13.706	13.748	13.790	13.832
340	13.874	13.915	13.957	13.999	14.041	14.083	14.125	14.167	14.208	14.250
350	14.292	14.334	14.376	14.418	14.460	14.502	14.544	14.586	14.628	14.670
360	14.712	14.754	14.796	14.838	14.880	14.922	14.964	15.006	15.048	15.090
370	15.132	15.174	15.216	15.258	15.300	15.342	15.384	15.426	15.468	15.510
380	15.552	15.594	15.636	15.679	15.721	15.763	15.805	15.847	15.889	15.931
390	15.974	16.016	16.058	16.100	16.142	16.184	16.227	16.269	16.311	16.353
400	16.395	16.438	16.480	16.522	16.564	16.607	16.649	16.691	16.733	16.776
410	16.818	16.860	16.902	16.945	16.987	17.029	17.072	17.114	17.156	17.199
420	17.241	17.283	17.326	17.368	17.410	17.453	17.495	17.537	17.580	17.622
430	17.664	17.707	17.749	17.792	17.834	17.876	17.919	17.961	18.004	18.046
440	18.088	18.131	18.173	18.216	18.258	18.301	18.343	18.385	18.428	18.470
450	18.513	18.555	18.598	18.640	18.683	18.725	18.768	18.810	18.853	18.895
460	18.938	18.980	19.023	19.065	19.108	19.150	19.193	19.235	19.278	19.320
470	19.363	19.405	19.448	19.490	19.533	19.576	19.618	19.661	19.703	19.746
480	19.788	19.831	19.873	19.916	19.959	20.001	20.044	20.086	20.129	20.172
490	20.214	20.257	20.299	20.342	20.385	20.427	20.470	20.512	20.555	20.598
500	20.640	20.683	20.725	20.768	20.811	20.853	20.896	20.938	20.981	21.024
510	21.066	21.109	21.152	21.194	21.237	21.280	21.322	21.365	21.407	21.450
520	21.493	21.535	21.578	21.621	21.663	21.706	21.749	21.791	21.834	21.876
530	21.919	21.962	22.004	22.047	22.090	22.132	22.175	22.218	22.260	22.303
540	22.346	22.388	22.431	22.473	22.516	22.559	22.601	22.644	22.687	22.729
550	22.772	22.815	22.857	22.900	22.942	22.985	23.028	23.070	23.113	23.156
560	23.198	23.241	23.284	23.326	23.369	23.411	23.454	23.497	23.539	23.582
570	23.624	23.667	23.710	23.752	23.795	23.837	23.880	23.923	23.965	24.008
580	24.050	24.093	24.136	24.178	24.221	24.263	24.306	24.348	24.391	24.434
590	24.476	24.519	24.561	24.604	24.646	24.689	24.731	24.774	24.817	24.859
600	24.902	24.944	24.987	25.029	25.072	25.114	25.157	25.199	25.242	25.284
610	25.327	25.369	25.412	25.454	25.497	25.539	25.582	25.624	25.666	25.709
620	25.751	25.794	25.836	25.879	25.921	25.964	26.006	26.048	26.091	26.133
630	26.176	26.218	26.260	26.303	26.345	26.387	26.430	26.472	26.515	26.557
640	26.599	26.642	26.684	26.726	26.769	26.811	26.853	26.896	26.938	26.980
650	27.022	27.065	27.107	27.149	27.192	27.234	27.276	27.318	27.361	27.403
660	27.445	27.487	27.529	27.572	27.614	27.656	27.698	27.740	27.783	27.825
670	27.867	27.909	27.951	27.993	28.035	28.078	28.120	28.162	28.204	28.246
680	28.288	28.330	28.372	28.414	28.456	28.498	28.540	28.583	28.625	28.667
690	28.709	28.751	28.793	28.835	28.877	28.919	28.961	29.002	29.044	29.086
700	29.128	29.170	29.212	29.254	29.296	29.338	29.380	29.422	29.464	29.505
710	29.547	29.589	29.631	29.673	29.715	29.756	29.798	29.840	29.882	29.924
720	29.965	30.007	30.049	30.091	30.132	30.174	30.216	30.257	30.299	30.341
730	30.383	30.424	30.466	30.508	30.549	30.591	30.632	30.674	30.716	30.757
740	30.799	30.840	30.882	30.924	30.965	31.007	31.048	31.090	31.131	31.173
750	31.214	31.256	31.297	31.339	31.380	31.422	31.463	31.504	31.546	31.587
760	31.629	31.670	31.712	31.753	31.794	31.836	31.877	31.918	31.960	32.001
770	32.042	32.084	32.125	32.166	32.207	32.249	32.290	32.331	32.372	32.414
780	32.455	32.496	32.537	32.578	32.619	32.661	32.702	32.743	32.784	32.825
790	32.866	32.907	32.948	32.990	33.031	33.072	33.113	33.154	33.195	33.236
800	33.277	33.318	33.359	33.400	33.441	33.482	33.523	33.564	33.604	33.645
810	33.686	33.727	33.768	33.809	33.850	33.891	33.931	33.972	34.013	34.054
820	34.095	34.136	34.176	34.217	34.258	34.299	34.339	34.380	34.421	34.461
830	34.502	34.543	34.583	34.624	34.665	34.705	34.746	34.787	34.827	34.868
840	34.909	34.949	34.990	35.030	35.071	35.111	35.152	35.192	35.233	35.273

测量端温度/℃	0	1	2	3	4	5	6	7	8	9
	热电势/mV									
850	35.314	35.354	35.395	35.435	35.476	35.516	35.557	35.597	35.637	35.678
860	35.718	35.758	35.799	35.839	35.880	35.920	35.960	36.000	36.041	36.081
870	36.121	36.162	36.202	36.242	36.282	36.323	36.363	36.403	36.443	36.483
880	36.524	36.564	36.604	36.644	36.684	36.724	36.764	36.804	36.844	36.885
890	36.925	36.965	37.005	37.045	37.085	37.125	37.165	37.205	37.245	37.285
900	37.325	37.365	37.405	37.445	37.484	37.524	37.564	37.604	37.644	37.684
910	37.724	37.764	37.803	37.843	37.883	37.923	37.963	38.002	38.042	38.082
920	38.122	38.162	38.201	38.241	38.281	38.320	38.360	38.400	38.439	38.479
930	38.519	38.558	38.598	38.638	38.677	38.717	38.756	38.796	38.836	38.875
940	38.915	38.954	38.994	39.033	39.073	39.112	39.152	39.191	39.231	39.270
950	39.310	39.349	39.388	39.428	39.467	39.507	39.546	39.585	39.625	39.664
960	39.703	39.743	39.782	39.821	39.861	39.900	39.939	39.979	40.018	40.057
970	40.096	40.136	40.175	40.214	40.253	40.292	40.332	40.371	40.410	40.449
980	40.488	40.527	40.566	40.605	40.645	40.684	40.723	40.762	40.801	40.840
990	40.879	40.918	40.957	40.996	41.035	41.074	41.113	41.152	41.191	41.230
1000	41.269	41.308	41.347	41.385	41.424	41.463	41.502	41.541	41.580	41.619
1010	41.657	41.696	41.735	41.774	41.813	41.851	41.890	41.929	41.968	42.006
1020	42.045	42.084	42.123	42.161	42.200	42.239	42.277	42.316	42.355	42.393
1030	42.432	42.470	42.509	42.548	42.586	42.625	42.663	42.702	42.740	42.779
1040	42.817	42.856	42.894	42.933	42.971	43.010	43.048	43.087	43.125	43.164
1050	43.202	43.240	43.279	43.317	43.356	43.394	43.432	43.471	43.509	43.547
1060	43.585	43.624	43.662	43.700	43.739	43.777	43.815	43.853	43.891	43.930
1070	43.968	44.006	44.044	44.082	44.121	44.159	44.197	44.235	44.273	44.311
1080	44.349	44.387	44.425	44.463	44.501	44.539	44.577	44.615	44.653	44.691
1090	44.729	44.767	44.805	44.843	44.881	44.919	44.957	44.995	45.033	45.070
1100	45.108	45.146	45.184	45.222	45.260	45.297	45.335	45.373	45.411	45.448
1110	45.486	45.524	45.561	45.599	45.637	45.675	45.712	45.750	45.787	45.825
1120	45.863	45.900	45.938	45.975	46.013	46.051	46.088	46.126	46.163	46.201
1130	46.238	46.275	46.313	46.350	46.388	46.425	46.463	46.500	46.537	46.575
1140	46.612	46.649	46.687	46.724	46.761	46.799	46.836	46.873	46.910	46.948
1150	46.985	47.022	47.059	47.096	47.134	47.171	47.208	47.245	47.282	47.319
1160	47.356	47.393	47.430	47.468	47.505	47.542	47.579	47.616	47.653	47.689
1170	47.726	47.763	47.800	47.837	47.874	47.911	47.948	47.985	48.021	48.058
1180	48.095	48.132	48.169	48.205	48.242	48.279	48.316	48.352	48.389	48.426
1190	48.462	48.499	48.536	48.572	48.609	48.645	48.682	48.718	48.755	48.792
1200	48.828	48.865	48.901	48.937	48.974	49.010	49.047	49.083	49.120	49.156
1210	49.192	49.229	49.265	49.301	49.338	49.374	49.410	49.446	49.483	49.519
1220	49.555	49.591	49.627	49.663	49.700	49.736	49.772	49.808	49.844	49.880
1230	49.916	49.952	49.988	50.024	50.060	50.096	50.132	50.168	50.204	50.240
1240	50.276	50.311	50.347	50.383	50.419	50.455	50.491	50.526	50.562	50.598
1250	50.633	50.669	50.705	50.741	50.776	50.812	50.847	50.883	50.919	50.954
1260	50.990	51.025	51.061	51.096	51.132	51.167	51.203	51.238	51.274	51.309
1270	51.344	51.380	51.415	51.450	51.486	51.521	51.556	51.592	51.627	51.662
1280	51.697	51.733	51.768	51.803	51.838	51.873	51.908	51.943	51.979	52.014
1290	52.049	52.084	52.119	52.154	52.189	52.224	52.259	52.294	52.329	52.364
1300	52.398	52.433	52.468	52.503	52.538	52.573	52.608	52.642	52.677	52.712
1310	52.747	52.781	52.816	52.851	52.886	52.920	52.955	52.989	53.024	53.059
1320	53.093	53.128	53.162	53.197	53.232	53.266	53.301	53.335	53.370	53.404
1330	53.439	53.473	53.507	53.542	53.576	53.611	53.645	53.679	53.714	53.748
1340	53.782	53.817	53.851	53.885	53.920	53.954	53.988	54.022	54.057	54.091
1350	54.125	54.159	54.193	54.228	54.262	54.296	54.330	54.364	54.398	54.432
1360	54.466	54.501	54.535	54.569	54.603	54.637	54.671	54.705	54.739	54.773
1370	54.807	54.841	54.875							

附录 C 铜-康铜热电偶分度表

参考端温度:0℃

$t/℃$	$E/\mu V$	$S/(\mu V/℃)$	dS/dt $/(\mu V/℃)$	$t/℃$	$E/\mu V$	$S/(\mu V/℃)$	dS/dt $/(\mu V/℃)$
−260	−6231.83	3.917	245.63	−215	−5822.88	13.537	158.06
−259	−6227.79	4.162	243.58	−214	−5809.26	13.694	156.14
−258	−6223.51	4.405	242.34	−213	−5795.49	13.850	154.33
−257	−6218.98	4.646	241.72	−212	−5781.56	14.003	152.64
−256	−6214.21	4.888	241.53	−211	−5767.48	14.155	151.06
−255	−6209.20	5.130	241.63	−210	−5753.25	14.305	149.59
−254	−6203.95	5.371	241.90	−209	−5738.87	14.454	148.23
−253	−6198.46	5.614	242.21	−208	−5724.34	14.602	146.96
−252	−6192.72	5.856	242.49	−207	−5709.67	14.748	145.79
−251	−6186.75	6.098	242.68	−206	−5694.85	14.893	144.70
−250	−6180.53	6.341	242.71	−205	−5679.88	15.038	143.71
−249	−6174.07	6.584	242.54	−204	−5664.77	15.181	142.79
−248	−6167.36	6.826	242.16	−203	−5649.52	15.323	141.95
−247	−6160.41	7.068	241.52	−202	−5634.13	15.465	141.18
−246	−6153.22	7.309	240.63	−201	−5618.59	15.605	140.47
−245	−6145.80	7.549	239.48	−200	−5602.92	15.746	139.82
−244	−6138.13	7.788	238.08	−199	−5587.10	15.885	139.23
−243	−6130.22	8.025	236.41	−198	−5571.15	16.024	138.68
−242	−6122.08	8.261	234.52	−197	−5555.05	16.163	138.18
−241	−6113.70	8.494	232.38	−196	−5538.82	16.301	137.72
−240	−6105.09	8.726	230.04	−195	−5522.45	16.438	137.29
−239	−6096.25	8.954	227.51	−194	−5505.95	16.575	136.90
−238	−6087.18	9.180	224.81	−193	−5489.30	16.712	136.53
−237	−6077.89	9.404	221.96	−192	−5472.52	16.848	136.18
−236	−6068.38	9.624	218.98	−191	−5455.61	16.984	135.85
−235	−6058.64	9.842	215.90	−190	−5438.55	17.120	135.54
−234	−6048.69	10.056	212.73	−189	−5421.37	17.255	135.25
−233	−6038.53	10.267	209.49	−188	−5404.04	17.390	134.96
−232	−6028.16	10.475	206.21	−187	−5386.59	17.525	134.68
−231	−6017.58	10.680	202.91	−186	−5368.99	17.660	134.41
−230	−6006.80	10.881	199.61	−185	−5351.27	17.794	134.14
−229	−5995.82	11.079	196.31	−184	−5333.40	17.928	133.88
−228	−5984.64	11.274	193.05	−183	−5315.41	18.062	133.61
−227	−5973.27	11.465	189.83	−182	−5297.28	18.195	133.35
−226	−5961.71	11.653	186.66	−181	−5279.02	18.328	133.09
−225	−5949.97	11.838	183.56	−180	−5260.62	18.461	132.82
−224	−5938.04	12.020	180.54	−179	−5242.10	18.594	132.55
−223	−5925.93	12.199	177.62	−178	−5223.44	18.727	132.29
−222	−5913.64	12.376	174.78	−177	−5204.54	18.859	132.01
−221	−5901.18	12.549	172.05	−176	−5185.72	18.991	131.74
−220	−5888.54	12.720	169.43	−175	−5186.66	19.122	131.47
−219	−5875.74	12.888	166.92	−174	−5147.47	19.254	131.19
−218	−5862.77	13.054	164.53	−173	−5128.16	19.385	130.91
−217	−5849.63	13.217	162.25	−172	−5108.71	19.515	130.63
−216	−5836.33	13.378	160.09	−171	−5089.12	19.646	130.65

$t/℃$	$E/\mu V$	$S/(\mu V/℃)$	dS/dt $/(\mu V/℃)$	$t/℃$	$E/\mu V$	$S/(\mu V/℃)$	dS/dt $/(\mu V/℃)$
−170	−5069.41	19.776	130.07	−125	−4051.24	25.419	121.92
−169	−5049.57	19.906	129.79	−124	−4025.76	25.541	121.74
−168	−5029.60	20.036	129.51	−123	−4000.16	25.662	121.55
−167	−5009.50	20.165	129.24	−122	−3974.43	25.784	121.35
−166	−4989.27	20.294	128.96	−121	−3948.59	25.905	121.15
−165	−4968.91	20.423	128.70	−120	−3922.62	26.026	120.94
−164	−4948.43	20.551	128.43	−119	−3896.54	26.147	120.72
−163	−4927.81	20.680	128.17	−118	−3870.33	26.268	120.49
−162	−4907.07	20.808	127.91	−117	−3844.00	26.388	120.26
−161	−4886.20	20.936	127.67	−116	−3817.56	26.508	120.02
−160	−4865.20	21.063	127.42	−115	−3790.99	26.628	119.77
−159	−4844.07	21.190	127.19	−114	−3764.30	26.748	119.52
−158	−4822.81	21.318	126.96	−113	−3737.49	26.867	119.26
−157	−4801.43	21.444	126.74	−112	−3710.57	26.986	119.00
−156	−4779.93	21.571	126.52	−111	−3683.52	27.105	118.73
−155	−4758.29	21.697	126.31	−110	−3656.36	27.224	118.46
−154	−4736.53	21.824	126.12	−109	−3629.07	27.342	118.19
−153	−4714.64	21.950	125.92	−108	−3601.67	27.460	117.91
−152	−4692.63	22.075	125.74	−107	−3574.15	27.578	117.64
−151	−4670.49	22.201	125.57	−106	−3546.52	27.695	117.36
−150	−4648.23	22.327	125.40	−105	−3518.76	27.812	117.08
−149	−4625.84	22.452	125.23	−104	−3490.89	27.929	116.80
−148	−4603.33	22.577	125.08	−103	−3462.90	28.046	116.52
−147	−4580.69	22.702	124.93	−102	−3434.80	28.162	116.24
−146	−4557.92	22.827	124.79	−101	−3406.58	28.278	115.96
−145	−4535.03	22.952	124.65	−100	−3378.24	28.394	115.69
−144	−4512.02	23.076	124.51	−99	−3349.79	28.510	115.42
−143	−4488.88	23.201	124.38	−98	−3321.22	28.625	115.15
−142	−4465.62	23.325	124.26	−97	−3292.54	28.740	114.88
−141	−4442.23	23.449	124.13	−96	−3263.74	28.855	114.62
−140	−4418.72	23.573	124.01	−95	−3234.83	28.969	114.37
−139	−4395.08	23.697	123.89	−94	−3205.80	29.084	114.12
−138	−4371.32	23.821	123.77	−93	−3176.66	29.198	113.87
−137	−4347.44	23.945	123.65	−92	−3147.41	29.311	113.63
−136	−4323.43	24.068	123.52	−91	−3118.04	29.425	113.40
−135	−4299.30	24.192	123.40	−90	−3088.56	29.538	113.17
−134	−4275.05	24.315	123.27	−89	−3058.96	29.651	112.95
−133	−4250.67	24.438	123.14	−88	−3029.26	29.764	112.73
−132	−4226.17	24.561	123.01	−87	−2999.44	29.877	112.51
−131	−4201.55	24.684	122.87	−86	−2969.50	29.989	113.30
−130	−4176.81	24.807	122.73	−85	−2939.46	30.101	112.10
−129	−4151.94	24.930	122.58	−84	−2909.30	30.213	111.89
−128	−4126.95	25.052	122.42	−83	−2879.03	30.325	111.70
−127	−4101.83	25.175	122.26	−82	−2848.65	30.437	111.50
−126	−4076.60	25.297	122.09	−81	−2818.16	30.548	111.31

$t/℃$	$E/\mu V$	$S/(\mu V/℃)$	dS/dt $/(\mu V/℃)$	$t/℃$	$E/\mu V$	$S/(\mu V/℃)$	dS/dt $/(\mu V/℃)$
−80	−2787.55	30.659	111.11	−35	−1298.94	35.407	99.52
−79	−2756.84	30.770	110.92	−34	−1263.49	35.507	99.38
−78	−2726.01	30.881	110.73	−33	−1227.93	35.606	99.26
−77	−2695.08	30.992	110.54	−32	−1192.27	35.705	99.16
−76	−2664.03	31.102	110.35	−31	−1156.52	35.804	99.07
−75	−2632.87	31.213	110.15	−30	−1120.67	35.903	98.99
−74	−2601.61	31.323	109.96	−29	−1084.71	36.002	98.91
−73	−2570.23	31.432	109.76	−28	−1048.66	36.101	98.84
−72	−2538.74	31.542	109.55	−27	−1012.51	36.200	98.76
−71	−2507.14	31.652	109.34	−26	−976.26	36.299	98.69
−70	−2475.44	31.761	109.12	−25	−939.91	36.397	98.60
−69	−2443.62	31.870	108.90	−24	−903.47	36.496	98.50
−68	−2411.70	31.979	108.67	−23	−866.92	36.594	98.37
−67	−2379.67	32.087	108.43	−22	−830.23	36.693	98.23
−66	−2347.52	32.195	108.19	−21	−793.54	36.791	98.05
−65	−2315.27	32.303	107.94	−20	−756.70	36.889	97.83
−64	−2282.92	32.411	107.68	−19	−719.76	36.986	97.58
−63	−2250.45	32.519	107.41	−18	−682.73	37.081	97.27
−62	−2217.88	32.626	107.13	−17	−645.59	37.181	96.91
−61	−2185.20	32.733	106.85	−16	−608.36	37.273	96.50
−60	−2152.41	32.840	106.55	−15	−571.04	37.374	96.03
−59	−2119.52	32.946	106.25	−14	−533.62	37.470	95.49
−58	−2086.52	33.052	105.94	−13	−496.10	37.565	94.90
−57	−2053.42	33.158	105.63	−12	−458.49	37.659	94.25
−56	−2020.21	33.264	105.31	−11	−420.78	37.753	93.54
−55	−1986.89	33.369	104.98	−10	−382.98	37.846	92.79
−54	−1953.47	33.474	104.66	−9	−345.09	37.939	92.01
−53	−1919.94	33.578	104.32	−8	−307.10	38.030	91.26
−52	−1886.31	33.682	103.99	−7	−269.03	38.121	90.41
−51	−1852.58	33.786	103.66	−6	−230.86	38.211	89.64
−50	−1818.74	33.889	103.33	−5	−192.61	38.301	88.94
−49	−1784.80	33.993	103.00	−4	−154.26	38.389	88.35
−48	−1750.75	34.095	102.68	−3	−115.83	38.477	87.92
−47	−1716.61	34.198	102.36	−2	−77.31	38.565	87.70
−46	−1682.36	34.300	102.05	−1	−38.70	38.653	87.79
−45	−1648.01	34.402	101.75	0	+0.00	38.741	66.38
−44	−1613.55	34.504	101.46	1	+38.8	38.808	67.60
−43	−1579.00	34.605	100.18	2	+77.6	38.876	68.76
−42	−1544.34	34.706	100.92	3	+116.5	38.945	69.88
−41	−1509.59	34.807	100.67	4	+155.5	39.016	70.94
−40	−1474.73	34.907	100.43	5	+194.6	39.087	71.96
−39	−1439.77	35.008	100.22	6	+233.7	39.160	72.94
−38	−1404.72	35.108	100.01	7	+272.9	39.233	73.86
−37	−1369.56	35.208	99.83	8	+312.1	39.307	74.70
−36	−1334.30	35.308	99.66	9	+351.5	39.382	75.59

$t/℃$	$E/\mu V$	$S/(\mu V/℃)$	dS/dt $/(\mu V/℃)$	$t/℃$	$E/\mu V$	$S/(\mu V/℃)$	dS/dt $/(\mu V/℃)$
10	390.9	39.458	76.39	55	2250.3	43.231	84.21
11	430.4	39.535	77.15	56	2293.6	43.315	84.02
12	470.0	39.613	77.86	57	2336.9	43.399	83.83
13	509.6	39.691	78.55	58	2380.4	43.483	83.62
14	549.4	39.770	79.19	59	2423.9	43.566	83.41
15	589.2	39.849	79.80	60	2467.5	43.649	83.20
16	629.1	39.929	80.37	61	2511.2	43.733	82.98
17	669.0	40.010	80.91	62	2555.0	43.815	82.75
18	709.1	40.091	81.41	63	2598.8	43.898	82.52
19	749.2	40.173	81.88	64	2642.8	43.930	82.28
20	789.4	40.255	82.33	65	2686.8	44.063	82.04
21	829.7	40.328	82.74	66	2730.9	44.145	81.79
22	870.1	40.420	83.12	67	2775.1	44.226	81.55
23	910.6	40.504	83.47	68	2819.3	44.308	81.29
24	951.1	40.587	83.80	69	2863.7	44.389	81.04
25	991.7	40.671	84.10	70	2908.1	44.470	80.78
26	1032.5	40.756	84.37	71	2952.6	44.550	80.52
27	1073.3	40.840	84.62	72	2997.2	44.631	80.26
28	1114.1	40.925	84.84	73	3041.9	44.711	79.99
29	1155.1	41.010	85.04	74	3086.6	44.791	79.73
30	1196.2	41.095	85.22	75	3131.5	44.870	79.46
31	1237.3	41.180	85.37	76	3176.4	44.950	79.19
32	1278.5	41.266	85.50	77	3221.4	45.029	78.92
33	1319.8	41.351	85.62	78	3266.4	45.107	78.65
34	1361.2	41.437	85.71	79	3311.6	45.186	78.38
35	1402.7	41.523	85.79	80	3356.8	45.264	78.10
36	1444.3	41.608	85.84	81	3402.1	45.342	77.82
37	1485.9	41.694	85.88	82	3447.5	45.420	77.56
38	1527.7	41.780	85.90	83	3492.9	45.497	77.29
39	1569.5	41.866	85.91	84	3538.5	45.574	77.01
40	1611.4	41.952	85.89	85	3584.1	45.651	76.74
41	1653.4	42.038	85.87	86	3629.8	45.728	76.47
42	1695.5	42.124	85.83	87	3675.5	45.804	76.20
43	1737.6	42.209	85.77	88	3721.4	45.880	75.93
44	1779.9	42.295	85.70	89	3767.3	45.956	75.66
45	1822.2	42.381	85.62	90	3813.2	46.032	75.39
46	1864.6	42.466	85.53	91	3859.4	46.107	75.13
47	1907.1	42.552	85.42	92	3905.5	46.182	74.86
48	1949.7	42.637	85.31	93	3951.7	46.257	74.60
49	1992.4	42.723	85.18	94	3998.0	46.331	74.34
50	2035.2	42.808	85.04	95	4044.4	46.405	74.08
51	2078.0	42.893	84.89	96	4090.8	46.479	73.82
52	2121.0	42.977	84.74	97	4137.4	46.553	73.56
53	2164.0	43.062	84.57	98	4183.9	46.626	73.30
54	2207.1	43.147	84.40	99	4230.6	46.700	73.05

$t/℃$	$E/\mu V$	$S/(\mu V/℃)$	dS/dt $/(\mu V/℃)$	$t/℃$	$E/\mu V$	$S/(\mu V/℃)$	dS/dt $/(\mu V/℃)$
100	4277.3	46.773	72.80	150	6702.4	50.149	63.20
101	4324.2	46.845	72.55	151	6752.5	50.212	63.06
102	4371.0	46.918	72.30	152	6802.8	50.275	62.92
103	4418.0	46.990	72.06	153	6852.1	50.338	62.78
104	4465.0	47.062	71.81	154	6903.5	50.400	62.65
105	4512.1	47.133	71.57	155	6953.9	50.463	62.51
106	4559.3	47.205	71.34	156	7004.4	50.526	62.37
107	4606.5	47.276	71.10	157	7054.9	50.588	62.24
108	4653.8	47.347	70.87	158	7105.6	50.650	62.11
109	4701.2	47.418	70.64	159	7156.2	50.712	61.98
110	4748.7	47.488	70.41	160	7207.0	50.774	61.84
111	4796.2	47.559	70.18	161	7257.8	50.836	61.71
112	4843.8	47.629	69.96	162	7308.7	50.897	61.58
113	4891.4	47.699	69.74	163	7359.6	50.959	61.46
114	4939.2	47.768	69.52	164	7410.6	51.020	61.33
115	4987.0	47.838	69.30	165	7461.6	51.082	61.20
116	5034.9	47.907	69.09	166	7512.7	51.143	61.07
117	5082.8	47.976	68.88	167	7563.9	51.204	60.94
118	5130.8	48.045	68.67	168	7615.2	51.265	60.82
119	5178.9	48.113	68.46	169	7666.4	51.325	60.69
120	5227.0	48.181	68.26	170	7717.8	51.386	60.57
121	5275.3	48.250	68.06	171	7769.2	51.446	60.44
122	5323.5	48.318	67.86	172	7820.7	51.507	60.32
123	5371.9	48.385	67.67	173	7872.2	51.567	60.19
124	5420.3	48.453	67.47	174	7928.8	51.627	60.07
125	5468.8	48.520	67.28	175	7975.5	51.687	59.94
126	5517.3	48.587	67.09	176	8027.2	51.747	59.82
127	5566.0	48.654	66.91	177	8079.0	51.807	59.69
128	5614.7	48.721	66.72	178	8130.8	51.886	59.57
129	5683.4	48.788	66.54	179	8182.7	51.926	59.44
130	5712.2	48.854	66.36	180	8234.7	51.985	59.32
131	5761.1	48.921	66.19	181	8286.7	52.045	59.19
132	5810.1	48.987	66.01	182	8338.8	52.104	59.07
133	5859.1	49.053	65.84	183	8390.9	52.163	58.94
134	5908.2	49.118	65.67	184	8443.1	52.222	58.81
135	5957.3	49.184	65.50	185	8495.3	52.280	58.69
136	6006.5	49.249	65.33	186	8547.6	52.339	58.56
137	6055.8	49.315	65.17	187	8600.0	52.397	58.43
138	6105.2	49.380	65.01	188	8652.4	52.456	58.31
139	6154.6	49.445	64.85	189	8704.9	52.514	58.18
140	6204.1	49.509	64.69	190	8757.5	52.572	58.05
141	6253.6	49.574	64.53	191	8810.1	52.630	57.92
142	6303.2	49.639	64.38	192	8862.7	52.688	57.79
143	6352.9	49.703	64.23	193	8915.4	52.746	57.66
144	6402.6	49.767	64.07	194	8968.2	52.803	57.53
145	6452.4	49.831	63.93	195	9021.1	52.861	57.40
146	6502.3	49.895	63.78	196	9073.9	52.918	57.27
147	6552.2	49.959	63.63	197	9126.9	52.975	57.13
148	6602.2	50.022	63.49	198	9179.9	53.032	53.00
149	6652.2	50.086	63.34	199	9233.0	53.089	56.87
				200	9286.1	53.146	56.73

附录 D 铂电阻温度计分度表

(-200~650 ℃)

$R_0 = 46.00$ Ω   分度号：B_{A1}

温度/℃	0	1	2	3	4	5	6	7	8	9
-200	7.95									
-190	9.96	9.76	9.56	9.36	9.16	8.96	8.75	8.55	8.35	8.15
-180	11.95	11.75	11.55	11.36	11.16	10.96	10.75	10.56	10.36	10.16
-170	13.93	13.73	13.54	13.34	13.14	12.94	12.75	12.55	12.35	12.15
-160	15.90	15.70	15.50	15.31	15.11	14.92	14.72	14.52	14.33	14.13
-150	17.85	17.65	17.46	17.26	17.07	16.87	16.68	16.48	16.29	16.09
-140	19.79	19.59	19.40	19.21	19.01	18.82	18.63	18.43	18.24	18.04
-130	21.72	21.52	21.33	21.14	20.95	20.75	20.56	20.37	20.17	19.98
-120	23.63	23.44	23.25	23.06	22.87	22.68	22.48	22.29	22.10	21.91
-110	25.54	25.35	25.16	24.97	24.78	24.59	24.40	24.21	24.02	23.82
-100	27.44	27.25	27.06	26.87	26.68	26.49	26.30	26.11	25.92	25.73
-90	29.33	29.14	28.95	28.76	28.57	28.38	28.19	28.00	27.82	27.63
-80	31.21	31.02	30.83	30.64	30.45	30.27	30.08	29.89	29.70	29.51
-70	33.08	32.89	32.70	32.52	32.33	32.14	31.96	31.77	31.58	31.39
-60	34.94	34.76	34.57	34.38	34.20	34.01	33.83	33.64	33.45	33.27
-50	36.80	36.62	36.43	36.24	36.06	35.87	35.69	35.50	35.32	35.13
-40	38.65	38.47	38.28	38.10	37.91	37.73	37.54	37.36	37.17	36.99
-30	40.50	40.31	40.13	39.95	39.76	39.58	39.39	39.21	39.02	38.84
-20	42.34	42.15	41.97	41.79	41.60	41.42	41.24	41.05	40.87	40.68
-10	44.17	43.99	43.81	43.62	43.44	43.26	43.07	42.89	42.71	42.52
-0	46.00	45.82	45.63	45.45	45.27	45.09	44.90	44.72	44.54	44.35
0	46.00									
10	47.82	48.01	48.19	48.37	48.55	48.73	48.91	49.09	49.28	49.46
20	49.64	49.82	50.00	50.18	50.37	50.55	50.73	50.91	51.09	51.27
30	51.45	51.63	51.81	51.99	52.18	52.36	52.54	52.72	52.90	53.08
40	53.26	53.40	53.62	53.80	53.98	54.16	54.34	54.52	54.70	54.88
50	55.06	55.24	55.42	55.60	55.78	55.96	56.14	56.32	56.50	56.68
60	56.86	57.04	57.22	57.39	57.57	57.75	57.93	58.11	58.29	58.47
70	58.65	58.83	59.00	59.18	59.36	59.54	59.72	59.90	60.07	60.25
80	60.43	60.61	60.79	60.07	61.14	61.32	61.50	61.68	61.86	62.04
90	62.21	62.39	62.57	62.74	62.92	63.10	63.28	63.45	63.63	63.81
100	63.99	64.16	64.34	64.52	64.70	64.87	65.05	65.22	65.40	65.58
110	65.76	65.93	66.11	66.28	66.46	66.64	66.81	66.99	67.16	67.34
120	67.52	67.69	67.87	68.05	68.22	68.40	68.57	68.75	68.93	69.10
130	69.28	69.45	69.63	69.80	69.98	70.15	70.33	70.50	70.68	70.85
140	71.03	71.20	71.38	71.55	71.73	71.90	72.08	72.25	72.43	72.60
150	72.78	72.95	73.12	73.30	73.47	73.65	73.82	74.00	74.17	74.34
160	74.52	74.69	74.87	75.04	75.21	75.39	75.56	75.73	75.91	76.80
170	76.26	76.43	76.60	76.77	76.95	77.12	77.29	77.47	77.64	77.81
180	77.99	78.16	78.33	78.50	78.68	78.85	79.02	79.19	79.27	79.54

温度/℃	0	1	2	3	4	5	6	7	8	9
190	79.71	79.88	80.05	80.23	80.40	80.57	80.75	80.92	81.09	81.26
200	81.43	81.60	81.78	81.95	82.12	82.29	82.46	82.63	82.81	82.98
210	83.15	83.32	83.49	83.66	83.83	84.00	84.18	84.35	84.52	84.69
220	84.86	85.03	85.20	85.37	85.54	85.71	85.88	86.45	86.22	86.39
230	86.56	86.73	86.90	87.07	87.24	87.41	87.58	87.75	87.92	88.09
240	88.26	88.43	88.60	88.77	88.94	89.11	89.28	89.45	89.62	89.79
250	89.96	90.12	90.29	90.46	90.63	90.80	90.97	91.14	91.31	91.48
260	91.64	91.81	91.98	92.15	92.32	92.40	92.66	92.82	92.90	93.16
270	93.33	93.50	93.66	93.83	94.00	94.17	94.33	94.50	94.67	94.84
280	95.00	95.17	95.34	95.51	95.67	95.84	96.01	96.18	96.34	96.51
290	96.68	96.84	97.01	97.18	97.34	97.51	97.68	97.84	98.01	98.18
300	98.34	98.51	98.68	98.84	99.01	99.18	99.34	99.51	99.57	99.84
310	100.01	100.17	100.34	100.50	100.67	100.83	101.00	101.17	101.33	101.50
320	101.66	101.83	101.90	102.16	102.33	102.49	102.65	102.82	102.98	103.15
330	103.31	103.48	103.64	103.81	103.97	104.14	104.30	104.46	104.63	104.79
340	104.96	105.12	105.29	105.45	105.62	105.78	105.94	106.11	106.27	106.43
350	106.60	106.76	106.92	107.09	107.25	107.42	107.58	107.74	107.90	108.07
360	108.28	108.39	108.56	108.72	108.88	109.05	109.21	109.37	109.54	109.70
370	109.86	110.02	110.19	110.35	110.51	110.67	110.84	111.00	111.16	111.32
380	111.48	111.56	111.81	111.97	112.13	112.29	112.46	112.62	112.78	112.94
390	113.10	113.26	113.43	113.59	113.55	113.91	114.07	114.23	114.39	114.50
400	114.72	114.88	115.04	115.20	115.36	115.52	115.68	115.84	116.00	116.16
410	116.32	116.48	116.64	116.80	116.97	117.13	117.29	117.45	117.61	117.77
420	117.93	118.09	118.25	118.41	118.57	118.73	118.89	119.04	119.20	119.36
430	119.52	119.68	119.84	120.00	120.16	120.32	120.48	120.64	120.80	120.96
440	121.11	121.27	121.43	121.59	121.75	121.91	122.07	122.23	122.38	122.54
450	122.70	122.86	123.02	123.18	123.33	123.49	123.65	123.81	123.96	124.12
460	124.28	124.44	124.60	124.76	124.91	125.07	125.23	125.39	125.54	125.70
470	125.86	126.02	126.17	126.33	126.49	126.64	126.80	126.96	127.11	127.27
480	127.43	127.58	127.74	127.90	128.05	128.21	128.37	128.52	128.68	128.84
490	128.99	129.14	129.30	129.46	129.61	129.77	129.92	130.08	130.23	130.39
500	130.55	130.70	130.86	131.02	131.17	131.33	131.48	131.63	131.79	131.95
510	132.10	132.26	132.41	132.57	132.72	132.88	133.03	133.19	133.34	133.50
520	133.65	133.81	133.96	134.12	134.27	134.43	134.58	134.73	134.89	135.04
530	135.20	135.35	135.50	135.66	135.81	135.97	136.12	136.27	136.43	136.58
540	136.73	136.89	137.04	137.19	137.35	137.50	137.65	137.81	137.96	138.11
550	138.27	138.42	138.57	138.73	138.88	139.03	139.18	139.33	139.48	139.64
560	139.79	139.94	140.10	140.25	140.40	140.55	140.70	140.86	141.01	141.16
570	141.32	141.47	141.62	141.77	141.92	142.07	142.22	142.37	142.53	142.68
580	142.83	142.98	143.13	143.28	143.44	143.59	143.74	143.89	144.04	144.19
590	144.34	144.49	144.64	144.79	144.94	145.09	145.24	145.40	145.55	145.70
600	145.85	146.00	146.15	146.30	146.45	146.60	146.75	146.90	147.05	147.20
610	147.35	147.50	147.65	147.80	147.95	148.10	148.24	148.39	148.54	148.69
620	148.84	148.99	149.14	149.29	149.44	149.59	149.74	149.89	150.03	150.18
630	150.33	150.48	150.63	150.78	150.93	151.07	151.22	151.37	151.52	151.67
640	151.81	151.96	152.11	152.26	152.41	152.55	152.70	152.85	153.00	153.15
650	153.30									

附录 E 铂电阻温度计分度表

(−200~650 ℃)

$R_0 = 100.00$ Ω   分度号：B_{A2}

温度/℃	0	1	2	3	4	5	6	7	8	9
−200	17.28									
−190	21.65	21.21	20.78	20.34	19.91	19.47	19.03	18.59	18.16	17.72
−180	25.98	25.55	25.12	24.69	24.25	23.82	23.39	22.95	22.52	22.08
−170	30.29	29.86	29.43	29.00	28.57	28.14	27.71	27.28	26.85	26.42
−160	34.56	34.13	33.71	33.28	32.85	32.43	32.00	31.57	31.14	30.17
−150	38.80	38.38	37.95	37.53	37.11	36.68	36.26	35.83	35.41	34.98
−140	43.02	42.60	42.18	41.76	41.33	40.91	40.49	40.07	39.65	39.22
−130	47.21	46.79	46.37	45.96	45.53	45.12	44.70	44.28	43.86	43.44
−120	51.38	50.96	50.54	50.13	49.71	49.29	48.88	48.46	48.04	47.63
−110	55.52	55.11	54.69	54.28	53.87	53.45	53.04	52.62	52.21	51.79
−100	59.65	59.23	58.82	58.41	58.00	57.59	57.17	56.76	56.35	55.93
−90	63.75	63.34	62.93	62.52	62.11	61.70	61.29	60.88	60.47	60.06
−80	67.84	67.43	67.02	66.61	66.21	65.80	65.39	64.98	64.57	64.16
−70	71.91	71.50	71.10	70.69	70.28	69.88	69.47	69.06	68.65	68.25
−60	75.96	75.56	75.15	74.75	74.34	73.94	73.53	73.13	72.72	72.32
−50	80.00	79.60	79.20	78.79	78.39	77.99	77.58	77.18	76.77	76.37
−40	84.03	83.63	83.22	82.82	82.42	82.002	81.62	81.21	80.81	80.41
−30	88.04	87.64	87.24	86.84	86.44	86.04	85.63	85.23	84.83	84.43
−20	92.04	91.64	91.24	90.84	90.44	90.04	89.64	89.24	88.84	88.44
−10	96.03	95.63	95.23	94.83	94.43	94.03	93.63	93.24	92.84	92.44
−0	100.00	99.60	99.21	98.81	98.41	98.01	97.62	97.22	96.82	96.42
0	100.00	100.40	100.79	101.19	101.59	101.98	102.38	102.78	103.17	103.57
10	103.96	104.36	104.75	105.15	105.54	105.94	106.33	106.73	107.12	107.52
20	107.91	108.31	108.70	109.10	109.49	109.88	110.28	110.67	111.07	111.46
30	111.85	112.25	112.64	113.03	113.43	113.82	114.21	114.60	115.00	115.39
40	115.78	116.17	116.57	116.96	117.35	117.74	118.13	118.52	118.91	119.31
50	119.70	120.09	120.48	120.87	121.26	121.65	122.04	122.43	122.82	123.21
60	123.60	123.99	124.38	124.77	125.16	125.55	125.94	126.33	126.72	127.10
70	127.49	127.88	128.27	128.66	129.05	129.44	129.82	130.21	130.60	130.99
80	131.37	131.76	132.15	132.54	132.92	133.31	133.70	134.08	134.47	134.86
90	135.24	135.63	136.02	136.40	136.79	137.17	137.56	137.94	138.33	138.72
100	139.10	139.49	139.87	140.26	140.64	141.02	141.41	141.79	142.18	142.56
110	142.95	143.33	143.71	144.10	144.48	144.86	145.25	145.63	146.01	146.40
120	146.78	147.16	147.55	147.93	148.31	148.69	149.07	149.46	149.84	150.22
130	150.60	150.98	151.37	151.15	152.13	152.51	152.89	153.27	153.65	154.03
140	154.41	154.79	155.17	155.55	155.93	156.31	156.69	157.07	157.45	157.83
150	158.21	158.59	158.97	159.35	159.73	160.11	160.49	160.86	161.24	161.62
160	162.00	162.38	162.76	163.13	163.51	163.89	164.27	164.64	165.02	165.40
170	165.78	166.15	166.53	166.91	167.28	167.66	168.03	168.41	168.79	169.16
180	169.54	169.91	170.29	170.67	171.04	171.42	171.79	172.17	172.54	172.92
190	173.29	173.67	174.04	174.41	174.79	175.16	175.54	175.91	176.28	176.66
200	177.03	177.40	177.78	178.15	178.52	178.90	179.27	179.64	180.02	180.39
210	180.76	181.13	181.51	182.18	182.25	182.62	182.99	183.36	183.74	184.11
220	184.48	184.85	185.22	185.59	185.96	186.33	186.70	187.07	187.44	187.81
230	188.18	188.55	188.92	189.29	189.66	190.03	190.40	190.77	191.14	191.51

温度/℃	0	1	2	3	4	5	6	7	8	9
240	191.88	192.24	192.61	192.98	193.35	193.72	194.09	194.45	194.82	195.19
250	195.56	195.02	196.29	196.66	197.03	197.39	197.76	198.13	198.50	198.86
260	199.23	199.54	199.96	200.33	200.69	201.06	201.42	201.79	202.16	202.52
270	202.89	203.25	203.62	203.98	204.35	204.71	205.08	205.44	205.80	206.17
280	206.53	206.90	207.26	207.63	207.99	208.35	208.72	209.08	209.44	209.81
290	210.17	210.53	210.89	211.26	211.62	211.98	212.34	212.71	213.07	213.43
300	213.79	214.15	214.51	214.88	215.24	215.60	215.96	216.32	216.68	217.04
310	217.40	217.76	218.12	218.49	218.85	219.21	219.57	219.93	220.29	220.64
320	221.00	221.36	221.72	222.08	222.44	222.80	223.16	223.52	223.88	224.23
330	224.59	224.95	225.331	225.67	226.02	226.38	226.74	227.10	227.45	227.81
340	228.17	228.53	228.88	229.24	229.60	229.95	230.31	230.67	231.02	231.38
350	231.73	232.09	232.45	232.80	233.16	233.51	233.87	234.22	234.58	234.93
360	235.29	235.64	236.00	236.35	236.71	237.06	237.41	237.77	238.12	238.48
370	238.83	239.18	239.54	239.89	240.24	240.60	240.95	241.30	241.65	242.01
380	242.36	242.17	243.06	243.42	243.77	244.12	244.47	244.82	245.17	245.53
390	245.88	246.23	246.58	246.93	247.28	247.63	247.98	248.33	248.68	249.03
400	249.38	249.73	250.08	250.43	250.78	251.13	251.48	251.83	252.18	252.53
410	252.88	253.23	253.58	253.92	254.27	254.62	254.97	255.332	255.67	256.01
420	256.36	256.71	257.08	257.40	257.75	258.10	258.45	258.79	259.14	259.49
430	259.83	260.18	260.53	260.87	261.22	261.57	261.91	262.26	262.60	262.95
440	263.29	263.64	263.98	264.33	264.67	265.02	265.36	265.71	266.05	266.40
450	266.74	267.09	267.43	267.77	268.12	268.46	268.80	269.15	269.49	269.83
460	270.18	270.52	270.86	271.21	271.89	271.89	272.23	272.58	272.92	273.26
470	273.60	273.94	274.29	274.63	274.97	275.31	275.65	275.99	276.33	276.67
480	277.01	277.36	277.70	278.04	278.38	278.72	279.06	279.40	279.74	280.08
490	280.41	280.75	281.08	281.42	281.76	282.10	282.44	282.78	283.12	283.46
500	283.80	284.14	284.48	284.82	285.16	285.50	285.83	286.17	286.51	286.85
510	287.18	287.52	288.20	288.86	288.53	288.87	289.20	289.54	289.88	290.21
520	290.55	290.89	291.22	291.22	291.89	292.23	292.56	292.90	293.223	293.57
530	293.91	294.24	294.57	294.57	295.24	295.58	295.91	296.25	296.58	296.91
540	297.25	297.58	297.92	298.25	298.58	298.91	299.25	299.58	299.91	300.25
550	300.58	300.91	301.24	301.58	301.91	302.24	302.57	302.90	303.23	303.57
560	303.90	304.23	304.56	304.89	305.22	305.55	305.88	306.22	306.55	306.88
570	307.21	307.54	307.87	308.20	308.53	308.86	309.18	309.51	309.84	310.17
580	310.50	310.83	311.16	311.49	311.82	312.15	312.47	312.80	313.13	313.46
590	313.79	314.11	314.44	314.77	315.10	315.42	315.75	316.08	316.41	316.73
600	317.06	317.39	317.71	318.04	318.37	318.69	319.01	319.34	319.67	319.90
610	320.32	320.65	320.97	321.30	321.62	321.95	322.27	322.60	322.92	323.25
620	323.57	323.89	324.22	324.54	324.87	325.19	325.51	325.84	326.16	326.48
630	326.80	327.13	327.45	327.78	328.10	328.42	328.74	329.06	329.39	329.71
640	330.03	330.35	330.68	331.00	331.32	331.64	331.96	332.28	332.60	332.93
650	333.25									

参 考 文 献

[1] 郑正泉,姚贵喜,马芳梅,等. 热能与动力工程测试技术[M]. 武汉:华中科技大学出版社,2001.

[2] 吕崇德. 热工参数测量与处理[M]. 北京:清华大学出版社,2001.

[3] 张秀彬. 热工测量原理及其现代技术[M]. 上海:上海交通大学出版社,1995.

[4] 费业泰. 误差理论与数据处理[M]. 北京:机械工业出版社,1996.

[5] Doebelin E O. Measurement System:Application and Design[M]. New York:MeGraw-Hill Book Company,1983.

[6] Beckwith T G,Buck N L. Mechanical Measurements[M]. Boston:Addison-Wesley Publishing Company,1978.

[7] 严兆大. 热能与动力工程测试技术[M]. 北京:机械工业出版社,2004.

[8] 何适生. 热工参数测量及仪表[M]. 北京:水利电力出版社,1990.

[9] 黄素逸. 动力工程现代测试技术[M]. 武汉:华中科技大学出版社,2001.

[10] 叶大均. 动力机械测试技术[M]. 上海:上海交通大学出版社,2001.

[11] 王子延. 热能与动力工程测试技术[M]. 西安:西安交通大学出版社,1998.

[12] 贾民平. 测试技术[M]. 北京:高等教育出版社,2001.

[13] 冯圣一. 热工测试新技术[M]. 北京:水利电力出版社,1995.

[14] 王家桢,王俊杰. 传感器与变送器[M]. 北京:清华大学出版社,1996.

[15] 赵庆国,陈永昌,夏国栋. 热能与动力工程测试技术[M]. 北京:化学工业出版社,2006.

[16] 朱德忠. 热物理激光测试技术[M]. 北京:科学出版社,1990.

[17] 刘习军,贾启芬,张文德. 工程振动与测试技术[M]. 天津:天津大学出版社,1999.

[18] 王佐民. 噪声与振动测量[M]. 北京:科学出版社,2009.

[19] 林宗虎. 气液固多相流测量[M]. 北京:计量出版社,1988.

[20] 卢文祥,杜润生. 工程测试与信息处理[M]. 武汉:华中科技大学出版社,2000.